Lecture Notes in Mathematics

Edited by A. Dold and B. Eckmann

T0253966

584

C. Brezinski

Accélération de la Convergence en Analyse Numérique

Springer-Verlag
Berlin · Heidelberg · New York 1977

Author
Claude Brezinski
UER d'iEEA-informatique
Université de Lille I
B.P. 36
59650 Villeneuve d'Ascq/France

Library of Congress Cataloging in Publication Data

Brezinski, Claude, 1941-
Accélération de la convergence en analyse numérique.

(Lecture notes in mathematics ; 584)
Includes index.
1. Numerical analysis--Acceleration of convergence. 2. Series. 3. Fractions, Continued. I.
I. Title. II. Series: Lecture notes in mathematics (Berlin) ; 584.
QA3.L28 no. 584 [QA297] 510'.8s [519.4] 77-6813

AMS Subject Classifications (1970): 65B05, 65B10, 65B15, 65B99, 65D15, 65F05, 65F10, 65F15, 65H10, 65L10

ISBN 3-540-08241-7 Springer-Verlag Berlin · Heidelberg · New York
ISBN 0-387-08241-7 Springer-Verlag New York · Heidelberg · Berlin

Printed in Germany

Printing and binding: Beltz Offsetdruck, Hemsbach/Bergstr.
2141/3140-543210

PLAN

Numerical analysis is very much
an experimental science.

P. Wynn

INTRODUCTION

Le but de ce livre est d'être une introduction aux méthodes d'accélération de la convergence en analyse numérique. L'accélération de la convergence est un domaine important de l'analyse numérique qui reste encore peu exploré à l'heure actuelle bien que des domaines voisins (approximants de Padé, fractions continues) fassent l'objet de nombreuses recherches.

Un grand nombre de méthodes utilisées en analyse numérique et en mathématiques appliquées sont des méthodes itératives. Il arrive malheureusement que, dans la pratique, ces méthodes convergent avec une telle lenteur que leur emploi effectif est à exclure. C'est pour cette raison que l'on utilise simultanément des méthodes d'accélération de la convergence. Ce livre est donc destiné aussi bien aux mathématiciens qui veulent étudier ce domaine qu'à tous ceux qui désirent utiliser les méthodes d'accélération de la convergence.

Dans ce qui suit, après de brefs rappels mathématiques, on s'attachera à l'étude d'un certain nombre d'algorithmes d'accélération de la convergence. On verra également que ces algorithmes débouchent sur des méthodes nouvelles en analyse numérique et qui n'ont qu'un rapport lointain avec le sujet initial : résolution des systèmes d'équations linéaires et non linéaires, calcul des valeurs propres d'une matrice, quadratures numériques, etc.

Bien qu'un certain nombre d'exemples numériques illustrent les théorèmes, ce livre est théorique. Un ouvrage pratique contenant de nombreuses applications ainsi que les programmes FORTRAN des algorithmes devrait bientôt paraître [35].

Je remercie particulièrement le rapporteur qui a lu mon texte et m'a suggéré de nombreuses améliorations ainsi que le Professeur A. DOLD qui a bien voulu en accepter la publication.

Ce livre est issu d'un cours de troisième cycle que j'enseigne à l'Université de Lille depuis 1973 ; de nombreuses personnes y ont donc contribué. Ma reconnaissance est acquise à F. CORDELLIER et B. GERMAIN BONNE pour leur aide précieuse et le temps qu'ils m'ont consacré ainsi qu'à Mademoiselle M. DRIESSENS pour sa parfaite dactylographie du texte.

Je tiens enfin à remercier le Professeur P. WYNN pour son soutien amical et ses conseils tout au long de ce travail.

CHAPITRE I

COMPARAISON DE SUITES CONVERGENTES

I - 1 Rappels

Les notions exposées dans ce chapitre font constamment appel aux relations de comparaison dont nous rappelons ici les définitions :

Soient $\{u_n\}$ et $\{v_n\}$ deux suites de nombres réels qui tendent vers zéro lorsque n tend vers l'infini :

Si $\exists N$ et $C > 0$: $\forall n > N$ on a $|v_n| < C \; |u_n|$

alors on écrit : $v_n = O(u_n)$

Si $\forall \varepsilon > 0 \quad \exists N$: $\forall n > N$ on a $|v_n| < \varepsilon \; |u_n|$ alors on écrit : $v_n = o(u_n)$.

En d'autres termes $\lim_{n\to\infty} v_n/u_n = 0$.

Les principales propriétés des relations de comparaison ainsi que les règles qui président à leur manipulation sont supposées connues. Pour un exposé général on pourra se reporter à [157] et, pour un exposé plus détaillé à [72] et [18]. On y trouvera aussi des notions sur les échelles de comparaison et les développements asymptotiques.

I - 2 Ordre d'une suite

Dans la suite du chapitre on ne considèrera que des suites de nombres réels positifs ou nuls qui convergent vers zéro. Ceci n'est pas restrictif : soit en effet (E,d) un espace métrique et $\{S_n\}$ une suite d'éléments de E qui converge vers S, les quantités $d(S_n,S)$ sont bien des nombres réels positifs ou nuls et la suite $d(S_n,S)$ converge bien vers zéro.

Définition 1 : On dit que la suite $\{u_n\}$ est d'ordre r si :

$u_{n+1} = O(u_n^r)$ et si $u_n^r = O(u_{n+1})$

Si on utilise la définition de la notation O ceci revient à dire que

$\exists\ 0 < A \leq B < +\infty$ tels que :

$$A \leq \frac{u_{n+1}}{u_n^r} \leq B \qquad \forall n > N$$

Théorème 1 : S'il existe, r est unique.

démonstration : supposons qu'il existe $p \neq r$ tel que la suite soit aussi d'ordre p. On a alors :

$C_2\ u_n^r \leq u_{n+1} \leq C_1\ u_n^r$ et $C_3\ u_n^p \leq u_{n+1} \leq C_4\ u_n^p$

d'où

$$u_{n+1} \leq C_1\ u_n^{r-p}\ u_n^p \leq \frac{C_1}{C_3}\ u_n^{r-p}\ u_{n+1}$$

ce qui donne :

$$1 \leq \frac{C_1}{C_3}\ u_n^{r-p}$$

si $r > p$ alors u_n^{r-p} tend vers 0 quand n tend vers l'infini.

On a donc $r = p$.

Si $r < p$ on écrit $u_{n+1} \leq C_4\ u_n^{p-r}\ u_n^r$ et la suite de la démonstration est identique.

REMARQUES :

1) Dans de nombreux ouvrages on trouve l'ordre d'une suite défini uniquement par $u_{n+1} = O(u_n^r)$. Il faut alors remarquer que cette définition n'assure pas l'unicité de r. En effet si nous considérons la suite $u_n = a^{b^n}$ avec $0 < a < 1$ et $b > 1$. Cette suite est d'ordre b d'après la définition 1 alors que :

$$u_{n+1} = u_n^b \leq u_n^c \text{ pour } 1 < c < b \text{ et } \forall n > N$$

d'où la nouvelle définition :

Définition 2 : si l'on a $u_{n+1} = O(u_n^r)$ on dira que la suite $\{u_n\}$ est d'ordre r au moins tandis que si l'on a $u_n^r = O(u_{n+1})$ on dira que la suite est d'ordre r au plus.

On a les propriétés évidentes suivantes :

<u>propriété 1</u> : si $u_{n+1} = O(u_n^r)$ alors $u_{n+1} = o\,(u_n^p)$ si $p < r$

<u>propriété 2</u> : si $u_n^r = O(u_{n+1})$ alors $u_n^p = o\,(u_{n+1})$ si $p > r$. r ne peut pas être inférieur à 1.

2) Dans l'exemple $u_n = a^{b^n}$ on voit que l'ordre b peut être un nombre réel positif. Si la suite $\{u_n\}$ est générée par $u_{n+1} = f(u_n)$ et si f est suffisamment différentiable au voisinage de zéro alors l'ordre r est égal au plus petit entier k tel que $f^{(i)}(0) = 0$ pour $i = 0, \ldots, k-1$ et $f^{(k)}(0) \neq 0$.

3) Dans certains ouvrages on rencontre souvent l'ordre d'une suite défini comme le plus petit réel positif r tel que :

$$\lim_{n\to\infty} \frac{u_{n+1}}{u_n^r} = C \neq 0 \text{ ou de } +\infty.$$

Cette limite peut ne pas exister mais $\{u_n\}$ peut cependant avoir un ordre au sens de la définition 1. Il n'y a qu'à considérer la suite $u_n = 1/n$ si n pair et $1/2n$ sinon.

4) Remarquons enfin que la définition 1 ne permet pas d'attribuer un ordre à n'importe quelle suite (par exemple $u_n = \lambda^{n^2}$ avec $0 < \lambda < 1$). On peut donc se poser la question de savoir si la définition 1 est insuffisante ou si l'on est réellement incapable de définir un ordre pour certaines suites.

<u>Définition 3</u> : on appelle coefficient asymptotique d'erreur le nombre

$$C = \limsup_{n\to\infty} \frac{u_{n+1}}{u_n^r}$$

Les notions d'ordre et de coefficient asymptotique d'erreur ne sont pas des notions purement théoriques ; elles ont une relation étroite avec le nombre de chiffres exacts obtenu :

puisque la suite $\{u_n\}$ converge vers zéro u_n représente l'erreur absolue. Posons $e_n = -\log_{10} u_n$; e_n est le nombre de chiffres significatifs décimaux exacts de u_n (par exemple si $u_n = 10^{-3} = 0{,}001$ on a bien $e_n = 3$).

Pour n suffisamment grand on a :

$$e_{n+1} = r\, e_n + R \text{ avec } R = -\log_{10} C.$$

On voit donc que si $r = 1$ on ajoute environ R chiffres significatifs exacts en passant de u_n à u_{n+1} : par exemple si $C = 0{,}999$ alors $R = 4.10^{-4}$ et il faudra 2500 termes de plus pour gagner un seul chiffre significatif.

Par contre si $r > 1$ on multiplie environ par r le nombre de chiffres significatifs exacts en passant de u_n à u_{n+1}. On voit donc l'intérêt des suites d'ordre plus grand que un.

<u>Propriété 3</u> : On a :

$$C = \limsup_{n\to\infty} \left[\frac{u_n}{u_0^{\,r^n}} \right]^p$$

avec $p = 1/n$ si $r = 1$ et $p = \dfrac{r-1}{r^n - 1}$ si $r > 1$.

La démonstration est laissée en exercice.

I - 3 Comparaison de deux suites

Soient maintenant $\{u_n\}$ et $\{v_n\}$ deux suites de nombres réels positifs qui convergent vers zéro. Nous allons donner un certain nombre de définitions qui permettent de comparer leurs "vitesses" de convergence.

<u>Définition 4</u> :

On dit que $\{u_n\}$ converge comme $\{v_n\}$ si :

$$u_n = O(v_n) \text{ et } v_n = O(u_n)$$

on peut affiner cette définition en disant que $\{v_n\}$ converge mieux que $\{u_n\}$ si le nombre C donné par :

$$C = \limsup_{n\to\infty} \frac{v_n}{u_n}$$

est strictement inférieur à un.

Théorème 2 : si $\lim_{n\to\infty} \frac{u_{n+1}}{u_n} = a < 1$ et $\lim_{n\to\infty} \frac{v_n}{u_n} = b$

alors $\{v_n\}$ converge mieux que $\{u_{n+k}\}$ $\forall k <$ Log b / Log a

démonstration :

$$\lim_{n\to\infty} \frac{v_n}{u_{n+k}} = \lim_{n\to\infty} \frac{v_n}{u_n} \cdot \lim_{n\to\infty} \frac{u_n}{u_{n+k}} = \frac{b}{a^k}$$

. Une condition suffisante pour que $\{v_n\}$ converge mieux que $\{u_{n+k}\}$ est que $0 \leq b / a^k < 1$. D'où Log b < k Log a ce qui donne la condition du théorème puisque Log a < 0. Il faut remarquer que si $b < 1$ alors $k > 0$ et que si $b > 1$ alors $k < 0$. Si $b = 0$ alors la proposition est vraie pour tout k positif.

Définition 5 :

on dit que $\{v_n\}$ converge plus vite que $\{u_n\}$ si $v_n = o(u_n)$

Soit T une méthode qui permet de transformer la suite $\{u_n\}$ en une suite $\{v_n\}$ qui converge également vers zéro. Si $v_n = o(u_n)$ on dit que l'on a accéléré la convergence et que la méthode T est une méthode d'accélération de la convergence.

Il est bien évident que l'on peut définir l'accélération de la convergence de façon différente. Il nous arrivera quelquefois par la suite de dire que $\{v_n\}$ converge plus vite que $\{u_n\}$ si $v_{n+1} - v_n = o(u_{n+1} - u_n)$. Si c'est cette définition qui est utilisée nous le préciserons toujours.

On a les résultats suivants :

Théorème 3 : hypothèses : 1 - $u_{n+1} = O(u_n)$

2 - $u_n = O(u_{n+1})$

3 - $u_{n+1} = o(u_n)$

4 - $v_n = O(u_n)$

5 - $v_n = o(u_n)$

alors 1 et 5 impliquent $v_n = o(u_{n-k})$ $\forall k \geq 0$

" 2 et 5 " $v_n = o(u_{n+k})$ "

alors 3 et 4 impliquent $v_n = o(u_{n-k})$ $\forall k \geq 0$

" 1 et 4 " $v_n = o(u_{n-k})$ "

" 2 et 4 " $v_n = O(u_{n+k})$ "

Ce théorème est très facile à établir. Le résultat fondamental auquel on aboutit est le suivant :

<u>Théorème 4</u> : Si $\{v_n\}$ est d'ordre r au moins, si $\{u_n\}$ est d'ordre p au plus et si $r > p$ alors $\{v_n\}$ converge plus vite que $\{u_n\}$.

Démonstration : on a par définition :

$$v_{n+1} \leq A\, v_n^r \quad \text{et} \quad u_n^p / B \leq u_{n+1}$$

et par récurrence :

$$v_{n+k} \leq A^{1/(1-r)} (v_n')^{r^k} \quad \text{et} \quad (u_n')^{p^k} / B^{1/(1-p)} \leq u_{n+k}$$

avec $$v_n' = A^{1/(r-1)} v_n \quad \text{et} \quad u_n' = u_n / B^{1/(p-1)}$$

d'où $$\frac{v_{n+k}}{u_{n+k}} \leq C \left(\frac{v_n'}{u_n'}\right)^{p^k} (v_n')^{r^k - p^k} \quad \text{avec } C = A^{1/(1-r)}\, B^{1/(1-p)}$$

Soit n un indice tel que $v_n' < 1$ ce qui est toujours possible puisque v_n tend vers zéro. Alors on a :

$$w_k = \left(\frac{v_n'}{u_n'}\right)^{p^k} (v_n')^{r^k - p^k}$$

$$\text{Log } w_k = p^k \left[\text{Log } \frac{v_n'}{u_n'} + \left(\left(\frac{r}{p}\right)^k - 1\right) \text{Log } v_n'\right]$$

or $\text{Log } v_n' < 0$ et $(r/p)^k - 1 > 0$. Donc $\lim_{k\to\infty} \text{Log } w_k = -$ car $p \geq 1$ et par conséquent $\lim_{k\to\infty} w_k = 0$ ce qui termine la démonstration.

Ce théorème montre que si deux suites ne sont pas du même ordre alors il suffit de comparer leurs ordres pour connaître celle qui converge plus vite que l'autre. La situation est beaucoup plus délicate si les deux suites ont le même ordre. Deux suites peuvent en effet avoir le même ordre et la même constante asymptotique d'erreur et cependant l'une peut converger plus vite que l'autre : par exemple considérons $u_n = 1/n$ et $v_n = 1/n^\alpha$ avec $\alpha > 1$. Ces deux suites sont d'ordre un et leur coefficient asymptotique d'erreur vaut un. Il est cependant clair que $\{v_n\}$ converge plus vite que $\{u_n\}$ d'une part et d'autre part on voit que $\{v_n\}$ converge comme $\{u_n^\alpha\}$ au sens de la définition 4. Les notions d'ordre et de coefficient asymptotique d'erreur ne sont donc pas des notions assez fines pour comparer les vitesses de convergence de deux suites ni pour chiffrer l'accélération de la convergence. On est donc amené à introduire une notion d'ordre dans la comparaison de la convergence de deux suites ; c'est la notion d'α-équivalence.

<u>définition 6</u> : On dit que $\{v_n\}$ est α-équivalente à $\{u_n\}$ si $v_n = O(u_n^\alpha)$ et $u_n^\alpha = O(v_n)$. α est le coefficient d'équivalence de $\{v_n\}$ par rapport à $\{u_n\}$

Remarques :

1°) Cette définition englobe celle de l'ordre d'une suite en prenant $v_n = u_{n+1}$.

2°) De même qu'il n'est pas toujours possible de définir un ordre pour toute suite convergente, il n'est pas toujours possible de comparer deux suites à l'aide de l'α-équivalence (par exemple $u_n = 1/n^2$ et $v_n = 1/n$ si n pair et $1/n^3$ si n impair).

Comme pour l'ordre d'une suite on a le :

<u>Théorème 5</u> : S'il existe, α est unique

démonstration : elle peut être calquée sur celle du théorème 1 ; nous la donnerons en utilisant les relations de comparaison sans utiliser leurs définitions.

Supposons qu'il existe β tel que $\{v_n\}$ soit β-équivalente à $\{u_n\}$. On a :

$$v_n = O(u_n^\alpha) \qquad u_n^\alpha = O(v_n)$$
$$v_n = O(u_n^\beta) \qquad u_n^\beta = O(v_n)$$

$v_n = O(u_n^\alpha) = O(u_n^{\alpha-\beta}\, u_n^\beta) = O(u_n^{\alpha-\beta}\, v_n)$ d'où

$$1 = O(u_n^{\alpha-\beta})$$

si $\alpha > \beta$ ceci est impossible car $u_n^{\alpha-\beta}$ tend vers 0 lorsque n tend vers l'infini.

Si $\alpha < \beta$ on écrit $v_n = O(u_n^{\beta}) = O(u_n^{\beta-\alpha}\ u_n^{\alpha})$ et la suite de la démonstration est identique. Par conséquent $\alpha = \beta$.

Théorème 6 : Si $\{v_n\}$ est α-équivalente à $\{u_n\}$ et si $\alpha \neq 0$ et est fini alors les deux suites ont le même ordre.

démonstration : Supposons que $\{u_n\}$ soit d'ordre p, on a :

$v_n = O(u_n^{\alpha}); u_n^{\alpha} = O(v_n); u_{n+1} = O(u_n^p)$ et $u_n^p = O(u_{n+1})$

en utilisant ces relations on obtient :

$v_{n+1} = O(u_{n+1}^{\alpha}) = O(u_n^{p\alpha}) = O(v_n^p)$

$v_n^p = O(u_n^{\alpha\ p}) = O(u_{n+1}^{\alpha}) = O(v_{n+1})$

ce qui démontre que $\{v_n\}$ est d'ordre p.

Le concept d'α-équivalence est un cas particulier d'une notion plus générale introduite par Bourbaki [18] : la notion d'ordre d'une suite par rapport à une autre.

Définition 7 :

On dit que $\{v_n\}$ est d'ordre α par rapport à $\{u_n\}$ si :

$$\lim_{n\to\infty} \frac{\text{Log } v_n}{\text{Log } u_n} = \alpha$$

propriété 4 : si $\{v_n\}$ est α-équivalente à $\{u_n\}$ alors $\{v_n\}$ est d'ordre α par rapport à $\{u_n\}$.

Démonstration : la définition de l'α-équivalence signifie qu'il existe deux constantes A et B telles que

$$0 < A \leqslant \frac{v_n}{u_n^{\alpha}} \leqslant B < +\infty \qquad \forall n > N$$

prenons le logarithme de cette inégalité ; il vient :

$\text{Log } A \leqslant \text{Log } v_n - \alpha \text{ Log } u_n \leqslant \text{Log } B$

d'où $\lim_{n\to\infty} \frac{\text{Log } v_n}{\text{Log } u_n} = \alpha$ puisque $\lim_{n\to\infty} \text{Log } u_n = -\infty$

Ainsi un certain nombre de théorèmes démontrés pour l'ordre d'une suite par rapport à une autre se transposent immédiatement en termes d'α-équivalence. Les démonstrations de ces théorèmes sont laissées en exercices.

Théorème 7 :

Si $\{v_n\}$ est α-équivalente à $\{u_n\}$ alors

$v_n = o(u_n^{\alpha-a})$ et $u_n^{\alpha+a} = o(v_n)$ $\forall a > 0$

Théorème 8 :

Pour que $\{v_n\}$ soit $+\infty$-équivalente à $\{u_n\}$ il est nécessaire que $v_n = o(u_n^{\alpha})$ $\forall\alpha \geq 0$

Théorème 9 :

Pour que $\{v_n\}$ soit $-\infty$-équivalente à $\{u_n\}$ il est nécessaire que $u_n^{-\alpha} = o(v_n)$ $\forall\alpha \geq 0$

L'ordre d'une suite par rapport à une autre possède un certain nombre de propriétés rassemblées dans l'énoncé suivant dont la démonstration est également laissée en exercice :

propriété 5 : Si $\{v_n\}$ est α-équivalente à $\{u_n\}$ avec α fini cela n'implique pas que le rapport v_n / u_n^{α} ait une limite. Si $\{v_n\}$ est α-équivalente à $\{u_n\}$ avec α fini alors $\{v_n u_n^{-\alpha}\}$ est o-équivalente à $\{u_n\}$.
Si $\{v_n\}$ et $\{s_n\}$ sont respectivement α_1 et α_2 - équivalentes à $\{u_n\}$ et si $\alpha_1 + \alpha_2$ est défini alors $\{v_n s_n\}$ est $(\alpha_1 + \alpha_2)$-équivalente à $\{u_n\}$. Si $\{v_n\}$ est α-équivalente à $\{u_n\}$ alors $\{u_n\}$ est $1/\alpha$ -équivalente à $\{v_n\}$.

Bien que la notion d'α-équivalence soit un cas particulier de la notion d'ordre d'une suite par rapport à une autre, elle peut cependant être plus intéressante car elle permet d'obtenir les résultats supplémentaires suivants :

Théorème 10 :

la relation définie par $\{u_n\} \approx \{v_n\}$ si $\{u_n\}$ est 1-équivalente à $\{v_n\}$ est une relation d'équivalence sur l'ensemble des suites convergentes d'éléments de E (E est l'espace métrique introduit en I.2).

Démonstration : elle est évidente et laissée en exercice.

Définition 8 : on écrira $\{v_n\} << \{u_n\}$ s'il existe $\alpha > 1$ tel que $\{v_n\}$ soit α-équivalente à $\{u_n\}$.

On a le :

Théorème 11 :

La relation définie par $\{v_n\} \leqslant< \{u_n\}$ si $\{u_n\} = \{v_n\}$ ou si $\{v_n\} << \{u_n\}$ est une relation d'ordre sur l'ensemble des suites convergentes d'éléments de E.

Démonstration : reflexivité $\{u_n\} = \{u_n\}$

antisymétrie si $\{u_n\} \leqslant< \{v_n\}$ et si $\{v_n\} \leqslant< \{u_n\}$

alors $\{u_n\} = \{v_n\}$

La transitivité est évidente.

Le fait que cette relation ne soit pas une relation d'ordre total explique pourquoi la notion d'α-équivalence ne permet pas de comparer n'importe quelles suites.

Prenons maintenant $E = \mathbb{R}$. S'il est possible de choisir dans chaque classe d'équivalence une et une seule suite telle que l'ensemble G de ces suites vérifie :

1°) toute suite de G est positive dans un voisinage de $+\infty$

2°) toute suite de G (autre qu'une suite constante) tend vers zéro

3°) toute suite dont chaque terme est le produit des termes correspondants de deux suites appartenant à G, appartient elle-même à G. Il en est de même pour toute élévation à une puissance réelle (et en particulier le quotient de deux fonctions de G est dans G).

alors l'ensemble G forme une échelle de comparaison. Il est donc possible d'obtenir le développement asymptotique de certaines suites réelles convergentes suivant l'échelle G.

Par exemple l'ensemble des suites de la forme $u_n = \lambda^n$ avec $0 \leqslant \lambda \leqslant 1$ forme une échelle de comparaison. Il en est de même des suites $u_n = 1/n^\alpha$ avec $\alpha \gtrsim 0$. Nous verrons plus loin que ces deux ensembles de suites jouent un rôle prépondérant dans certaines méthodes d'accélération de la convergence.

I - 4 Théorèmes sur la comparaison

Dans tout ce qui précède on a toujours implicitement supposé que l'on connaissait les limites respectives des suites utilisées. Bien souvent dans la pratique cette limite est précisément l'inconnue. Le but de ce paragraphe est de fournir un certain nombre de résultats qui permette d'éviter cet inconvénient. On supposera que E est complet.

Rappelons d'abord la définition de l'opérateur de différences Δ dont nous aurons constamment besoin dans toute la suite.

Définition 9 : Soit $\{f_n\}$ une suite d'éléments d'un ensemble E. On a :

$$\Delta^\circ f_n = f_n$$
$$\Delta^{k+1} f_n = \Delta^k f_{n+1} - \Delta^k f_n \qquad k = 0, 1, \ldots$$

Dans la suite de ce paragraphe nous supposerons toujours que les suites considérées sont des suites de nombres réels qui convergent vers zéro à moins qu'une autre condition ne soit explicitement spécifiée.

Théorème 12 :

Si $\exists N$ et $a < 1 < b$ tels que $\forall n > N$

$$\frac{v_{n+1}}{v_n} \notin [a,b] \text{ et si } \lim_{n\to\infty} \frac{u_n}{v_n} = c \text{ alors } \lim_{n\to\infty} \frac{\Delta u_n}{\Delta v_n} = c$$

démonstration : soit $\{z_n\}$ une suite qui converge vers c et $\{a_n\}$ une suite telle que $\exists N$ et $a < 1 < b$: $\forall n > N$ $\frac{a_{n+1}}{a_n} \notin [a,b]$.

Alors $\lim_{n\to\infty} \frac{a_{n+1} z_{n+1} - a_n z_n}{a_{n+1} - a_n} = c$ puisque les trois conditions du théorème de Toeplitz sont vérifiées (pour ce théorème voir chapitre II, théorème 22). Posons

$w_n = a_n z_n$ alors $z_n = w_n / a_n$ et $\lim_{n\to\infty} \frac{w_n}{a_n} = c$ entraîne $\lim_{n\to\infty} \frac{\Delta w_n}{\Delta a_n} = c$ pour toute suite $\{w_n\}$

Une condition nécessaire pour que $\lim_{n\to\infty} a_{n+1} / a_n \neq 1$ est que $\{a_n\}$converge vers zéro. Il en est donc de même pour la suite $\{w_n\}$ ce qui termine la démonstration du théorème.

remarques :

1°) Le théorème de Toeplitz entraîne qu'il y a convergence pour toute suite $\{z_n\}$. Il peut cependant exister des suites $\{z_n\}$ telle que la propriété reste vraie même si la condition sur $\{a_n\}$ n'est pas vérifiée.

2°) Ce théorème est l'analogue pour les suites (ou les séries) de la règle de l'Hospital pour les fonctions.

3°) La réciproque de ce théorème n'est pas vraie. Prenons par exemple $u_n = 1/n$ et $v_n = (-1)^n/n$. On a $\frac{\Delta u_n}{\Delta v_n} = \frac{(-1)^n}{2n+1}$ d'où $\lim_{n\to\infty} \frac{\Delta u_n}{\Delta v_n} = 0$ et $\frac{u_n}{v_n} = (-1)^n$

Démontrons maintenant un résultat un peu plus général :

Théorème 13 :

Si $v_n = O(\Delta v_n)$ et si $u_n = O(v_n)$ alors $\Delta u_n = O(\Delta v_n)$

démonstration : On a $|\Delta u_n| \leq |u_{n+1}| + |u_n| = O(v_{n+1}) + O(v_n)$.

De plus $v_{n+1} = \Delta v_n + v_n$ et $|v_{n+1}| \leq |\Delta v_n| + |v_n| = O(\Delta v_n)$ ce qui démontre le résultat.

On a de même le :

Théorème 14 :

Si $v_n = O(\Delta v_n)$ et si $u_n = o(v_n)$ alors $\Delta u_n = o(\Delta v_n)$

la démonstration est analogue à celle du théorème précédent. Donnons maintenant un théorème qui permet de déduire la limite de u_n/v_n à partir de celle de $\Delta u_n/\Delta v_n$.

Théorème 15 :

Si $\{v_n\}$ est strictement monotone alors $\lim_{n\to\infty} \frac{\Delta u_n}{\Delta v_n} = a$ entraîne $\lim_{n\to\infty} \frac{u_n}{v_n} = a$ que a soit fini ou non.

démonstration : la démonstration dans le cas où $\{v_n\}$ est strictement décroissante a été donnée par Bromwich [51]; nous reproduisons ici sa démonstration. Le cas strictement croissant est analogue ; il a été étudié par Clark [63].

Supposons que $\lim_{n\to\infty} \frac{\Delta u_n}{\Delta v_n} = a$; alors

$$\forall \varepsilon > 0 \ \exists N : \forall n > N \quad a - \varepsilon < \frac{\Delta u_n}{\Delta v_n} \quad a + \varepsilon$$

Or puisque $\Delta v_n < 0$ on a

$$(a - \varepsilon)(v_n - v_{n+1}) < u_n - u_{n+1} < (a + \varepsilon)(v_n - v_{n+1})$$

changeons n en n+1, n+2, ..., n+p-1 et ajoutons les inégalités ainsi obtenues :

$$(a - \varepsilon)(v_n - v_{n+p}) < u_n - u_{n+p} < (a+\varepsilon)(v_n - v_{n+p})$$

prenons la limite quand p tend vers l'infini ; il vient :

$$(a-\varepsilon)\ v_n \leqslant u_n \leqslant (a+\varepsilon)\ v_n$$

et par conséquent, puisque $v_n > 0$:

$$\left| \frac{u_n}{v_n} - a \right| \leqslant \varepsilon \qquad \forall n > N$$

ce qui démontre la première partie du théorème lorsque a est fini. Si a est infini alors $\forall A > 0 \quad \exists N : \forall n > N$

$$\frac{\Delta u_n}{\Delta v_n} > A$$

d'où

$$u_n - u_{n+p} > A(v_n - v_{n+p})$$

et

$$u_n \geqslant A\ v_n$$

en faisant tendre p vers l'infini; on a donc $\frac{u_n}{v_n} \geq A \quad \forall\ n > N$.

Si $\{v_n\}$ n'est pas strictement monotone alors le théorème peut ne pas être vrai de même que la règle de L'Hospital pour les fonctions peut être fausse si la dérivée du dénominateur change de signe autant de fois que l'on veut lorsque la variable tend vers sa limite.

I - 5 L'indice de comparaison

Soit maintenant à comparer, du point de vue numérique, la rapidité de convergence de deux suites. Le matériel dont on dispose est fourni par l'indice d'efficacité introduit par Ostrowski [147]: considérons une suite d'ordre $r > 1$ telle que le calcul de chaque terme nécessite p opérations arithmétiques élémentaires (on appelle opération arithmétique élémentaire l'une des opérations x : + - prise comme base de mesure ; on saura par exemple qu'une multiplication vaut 1,8 additions et une division 2,2 additions).

Considérons maintenant une autre suite d'ordre r^2 telle que le calcul de chaque terme nécessite 2p opérations arithmétiques élémentaires. Du point de vue du temps de calcul nécessaire pour obtenir une certaine précision on n'aura rien gagné : la seconde suite converge deux fois plus vite mais elle nécessite deux fois plus de calculs. En effet pour multiplier par r^2 le nombre de chiffres significatifs exacts il faut un seul terme supplémentaire pour la seconde suite soit 2p opérations et il faut deux termes supplémentaires pour la première suite soit p + p = 2p opérations. On dit que ces deux suites ont le même indice d'efficacité. Cet indice est défini par :

$$E(u_n) = r^{1/p} = E(r,p) \qquad \text{si } r > 1.$$

Il représente le facteur par lequel on multiplie le nombre de chiffres significatifs exacts par opération élémentaire. Plus l'indice d'efficacité est grand et plus la rapidité de convergence est élevée. Cet indice possède les propriétés évidentes suivantes :

propriété 6 :

$$E(nr,p) = n^{1/p}\, E(r,p)$$

$$E(r,np) = [E(r,p)]^{1/n}$$

$$E(r^n,np) = E(r,p)$$

$$E(r^n,p) = [E(r,p)]^n$$

$$E(r_1 r_2, p_1+p_2) = [E(r_1,p_1)^{p_1}\; E(r_2,p_2)^{p_2}]^{\frac{1}{p_1+p_2}}$$

Puisque la notion d'ordre n'est pas une notion assez finie, la comparaison de leurs indices d'efficacité n'est pas suffisante pour comparer deux suites. On est donc amené à introduire un indice de comparaison :

Définition 10 : supposons que $\{u_n\}$ soit α-équivalente à $\{v_n\}$. On appelle indice de comparaison de $\{u_n\}$ par rapport à $\{v_n\}$ la quantité :

$$C(u_n, v_n) = \alpha \frac{E(u_n)}{E(v_n)}$$

par exemple en supposant qu'une division vaut une multiplication on trouve que :

$$C(\frac{1}{n^2}, \frac{1}{n}) = 2 \text{ alors que } E(\frac{1}{n^2}) = E(\frac{1}{n}) = 1$$

ce qui rend mieux compte de la réalité que la comparaison des indices d'efficacité. L'indice de comparaison possède les propriétés suivantes :

Propriété 7 :

$$C(u_n, u_n) = 1$$

$$C(u_n, v_n) \cdot C(v_n, u_n) = 1$$

$$C(u_n, v_n) \cdot C(v_n, w_n) = C(u_n, w_n)$$

si $C(u_n, v_n) > 1$ alors la vitesse de convergence de $\{u_n\}$ est supérieure à celle de $\{v_n\}$. Si $r = 1$ on pourrait définir l'indice d'efficacité par $E(R,p) = R/p$ avec $R = -\log C$ où C est le coefficient asymptotique d'erreur.

I - 6 Développement asymptotique d'une série

Dans ce paragraphe on va démontrer pour les séries à termes positifs un théorème analogue à celui que l'on connait pour la partie principale d'une primitive (voir par exemple [72]). En traduisant ce résultat en termes de suites on trouve un procédé d'accélération de la convergence très utilisé : le procédé Δ^2 d'Aitken qui est un cas particulier de l'ε-algorithme ; ces méthodes seront étudiées au chapitre III. On remarque aussi que le théorème sur la partie principale d'une primitive est un cas particulier de la première forme confluente de l'ε-algorithme qui sera étudiée au chapitre IV. Ce paragraphe apparait donc comme le lien entre les résultats que nous venons d'énoncer sur les suites et certains procédés d'accélération de la convergence.

Etablissons maintenant ce résultat :

<u>Théorème 16</u> :

Soit u_n une série à termes positifs au voisinage de $+\infty$ et telle que Δu_n ne change pas de signe au voisinage de $+\infty$.

Posons $h_n = u_n / \Delta u_n$ et supposons que $\Delta h_n = o(1)$.

Alors :

- si $\Delta u_n > 0$ au voisinage de $+\infty$, la série diverge et l'on a au voisinage de $+\infty$

$$\sum_{n=0}^{k} u_n \sim \frac{u_k\, u_{k+1}}{\Delta u_k}$$

- si $\Delta u_n < 0$ au voisinage de $+\infty$ alors la série converge, et l'on a :

$$\sum_{n=k}^{\infty} u_n \sim - \frac{u_k^2}{\Delta u_k}$$

(le symbole $f_n \sim g_n$ signifie que $\lim_{n\to\infty} f_n / g_n = 1$ ou, en d'autres termes que $f_n - g_n = o(f_n) = o(g_n)$).

démonstration : si $\Delta u_n > 0$ alors $u_{n+1} > u_n > 0$ donc la série diverge. On a :

$$\sum_{n=0}^{k} u_n = \sum_{n=0}^{k} h_n\, \Delta u_n = h_k\, u_{k+1} - h_o\, u_o - \sum_{n=1}^{k} u_n\, \Delta h_{n-1} \text{ d'où}$$

$$u_o + \sum_{n=1}^{k} u_n (1 + \Delta h_{n-1}) = h_k\, u_{k+1} - h_o\, u_o$$

or $u_n (1 + \Delta h_{n-1}) \sim u_n$ car $\Delta h_n = o(1)$ donc

$$u_o + \sum_{n=1}^{k} u_n\, (1 + \Delta h_{n-1}) \sim \sum_{n=0}^{k} u_n \sim h_k\, u_{k+1} - h_o\, u_o$$

si $\sum_{n=0}^{\infty} u_n$ diverge alors $\sum_{n=0}^{k} u_n$ est prépondérant sur la constante $h_o\, u_o$ d'où la première partie du théorème.

Si $\Delta u_n < 0$ alors $|h_n - h_0| = |\sum_{k=0}^{n-1} \Delta h_k| = O(\sum_{k=0}^{n-1} |\Delta h_k|) = o(n)$ puisque la série $\sum_{k=0}^{\infty} 1$ diverge [72]. Par conséquent $\lim_{n\to\infty} n(1-u_{n+1}/u_n) = \infty$ et la série converge d'après le critère de Raabe [18]. On a :

$$\sum_{n=k}^{\infty} u_n = \sum_{n=k}^{\infty} h_n\, \Delta u_n = -h_k\, u_k - \sum_{n=k+1}^{\infty} u_n\, \Delta h_{n-1} \text{ d'où } u_k + \sum_{n=k+1}^{\infty} u_n(1+\Delta h_{n-1}) = -\,h_k\, u_k$$

or $u_n(1 + \Delta h_{n-1}) \sim u_n$ et donc $\sum_{n=k}^{\infty} u_n \sim -\,h_k\, u_k$.

On voit que, dans la démonstration de la seconde partie du théorème, on ne s'est servi ni de l'hypothèse de convergence de la série, ni du fait que la série est à termes positifs et que $\Delta u_n < 0$.

Le résultat $\sum_{n=k}^{\infty} u_n \sim -\,u_k^2 / \Delta u_k$ peut donc être démontré avec la seule hypothèse que $\Delta h_n = o(1)$. On voit que c'est un résultat très général.

En posant $S_n = \sum_{k=0}^{n} u_k$ et $S = \lim_{n\to\infty} S_n$

on peut transposer le théorème précédent pour l'appliquer aux suites de nombres réels ou complexes $\{S_n\}$ qui converge vers S, d'où le :

<u>Théorème 17</u> :

Soit $\{S_n\}$ une suite de nombres réels ou complexes qui converge vers S avec la propriété que :

$$\lim_{n\to\infty} \frac{\Delta S_{n+1}}{\Delta^2 S_{n+1}} - \frac{\Delta S_n}{\Delta^2 S_n} = 0$$

alors la suite notée $\{\varepsilon_2^{(n)}\}$ et définie par :

$$\varepsilon_2^{(n)} = S_n - \frac{(\Delta S_n)^2}{\Delta^2 S_n}$$

converge vers S et cela plus vite que $\{S_n\}$. De plus on a :

$$\varepsilon_2^{(n)} - S = o(\varepsilon_2^{(n)} - S_n)$$

Démonstration : c'est une simple transposition du théorème 16. La dernière partie se démontre en utilisant le fait que si $f_n \sim g_n$ alors $f_n - g_n = o(f_n) = o(g_n)$.

On verra au chapitre IV que l'on retrouve par ailleurs cette estimation de l'erreur $\varepsilon_2^{(n)} - S = o(\varepsilon_2^{(n)} - S_n)$.

La quantité $S_n - \dfrac{(\Delta S_n)^2}{\Delta^2 S_n}$ n'est autre qu'un procédé bien connu d'accélération de la convergence qui s'appelle le procédé Δ^2 d'Aitken. C'est un cas particulier d'un algorithme beaucoup plus puissant d'accélération de la convergence : l'ε-algorithme. C'est pour respecter les notations de cet algorithme que nous avons posé ici

$$\varepsilon_2^{(n)} = S_n - \frac{(\Delta S_n)^2}{\Delta^2 S_n}$$

Cette méthode sera étudiée très en détail au chapitre III.

On verra également au chapitre III que l'ε-algorithme utilise beaucoup la connexion qui existe entre suite et série de puissances. Nous terminerons ce chapitre en utilisant cette relation pour expliquer différemment ce qu'est accélérer la convergence.

Commençons par rappeler la :

<u>définition 11</u> : considérons la série de puissances $\sum_{k=0}^{\infty} a_k x^k$. On appelle rayon de convergence de cette série la quantité R définie par :

$$1 / R = \limsup_{k \to \infty} |a_k|^{1/k}$$

on sait que la série converge pour tout x tel que $|x| < R$.

Considérons maintenant les séries $\sum_{k=0}^{\infty} a_k x^k$ et $\sum_{k=0}^{\infty} b_k x^k$ dont les rayons de convergence respectifs sont R_1 et R_2. On a :

$$\frac{R_1}{R_2} = \frac{\limsup_{k\to\infty} |b_k|^{1/k}}{\limsup_{k\to\infty} |a_k|^{1/k}}$$

Supposons que $\limsup_{k\to\infty} |a_k|^{1/k} = \lim_{k\to\infty} |a_k|^{1/k}$. On a alors :

$\frac{R_1}{R_2} = \limsup_{k\to\infty} \left|\frac{b_k}{a_k}\right|^{1/k}$ ce qui signifie que $\frac{R_2}{R_1}$ est le rayon de convergence de la série $\sum_{k=0}^{\infty} \frac{b_k}{a_k} x^k$.

Donc si $R_2 / R_1 > 1$ alors la série $\sum_{k=0}^{\infty} b_k / a_k$ est convergente et par conséquent on a : $\lim_{k\to\infty} \frac{b_k}{a_k} = 0$

En transposant en termes de suites on obtient donc le :

<u>Théorème 18</u> :

Soient $\{S_n\}$ et $\{V_n\}$ deux suites convergentes telles que $\lim_{n\to\infty} |\Delta S_n|^{1/n} = 1/R_1$ et $\limsup_{n\to\infty} |\Delta V_n|^{1/n} = 1/R_2$ avec $R_1 < R_2$. Alors $\{V_n\}$ converge plus vite que $\{S_n\}$ en ce sens que :

$$\lim_{n\to\infty} \frac{\Delta V_n}{\Delta S_n} = 0$$

On voit donc que, dans ce cas, accélérer la convergence n'est autre qu'augmenter le rayon de convergence.

REMARQUE : on peut trouver un exposé des résultats de ce chapitre dans les références [32,33].

CHAPITRE II

LES PROCEDES DE SOMMATION

II - 1 Formulation générale du problème

Soit (c) l'espace des suites convergentes de nombres réels et soit $S = \{S_n\}$ un élément de (c). On muni c de la norme :

$$||S|| = \sup_n |S_n|$$

(c) est alors un espace de Banach (voir par exemple [244] p. 325).

Le dual topologique de (c) est ℓ^1, espace des suites de nombres réels telles que $\sum_{n=0}^{\infty} |S'_n|$ converge. On muni ℓ^1 de la norme $||S'|| = \sum_{n=0}^{\infty} |S'_n|$. C'est alors un espace de Banach (voir par exemple [243]). On désignera par $<.,.>$ la dualité entre (c) et ℓ^1.

Le problème est le suivant : étant donné $S \in$ (c) on veut transformer S en une autre suite $V = \{V_n\}$ à l'aide d'une application linéaire T de (c) dans l'espace des suites. On dira que T est un procédé de sommation et l'on veut naturellement que la suite $\{V_n\}$ converge et que $\lim_{n\to\infty} V_n = \lim_{n\to\infty} S_n$ quelquesoit $S = \{S_n\} \in$ (c).

L'application T est définie par une matrice infinie $A = (a_{nk})$ et il nous faut donc chercher les conditions à imposer à A pour que les deux conditions précédentes soient satisfaites. C'est ce problème que nous allons maintenant examiner.

Considérons la suite des formes linéaires continues sur (c) qui à $S = \{S_n\} \in$ (c) fait correspondre V_n $n^{\text{ième}}$ terme de la suite transformée $V = \{V_n\}$ par l'application linéaire T. On est donc ramené au problème de la convergence faible d'une suite de formes linéaires continues sur (c) ou, en d'autres termes, à la convergence faible d'une suite d'éléments de ℓ^1.

Pour ce faire nous disposons de deux théorèmes : le théorème de la borne uniforme (quelquefois appelé théorème de Banach-Steinhaus, voir [120]) et un théorème dérivé du principe de prolongement des identités (voir [71]).

- Soit E un espace de Banach et E' son dual topologique.
- Soit $\{e'_n\}$ une suite de E' qui converge faiblement vers $e'_\infty \in E'$ c'est-à-dire telle que $\forall\ x \in E$ on ait $\lim\limits_{n\to\infty} \langle x, e'_n \rangle = \langle x, e'_\infty \rangle$.
- Soit $\{e_n\}$ un système total d'éléments de E c'est-à-dire dont les combinaisons linéaires finies engendrent un sous-espace D partout dense dans E.
- Soit $\{x'_n\}$ une suite d'éléments de E'.

On a les résultats suivants :

Théorème 19 :

Une condition nécessaire et suffisante pour que $\{x'_n\}$ converge faiblement vers $x'_\infty \in E'$ est que :

1°) $||x'_n|| < M \qquad \forall n$

2°) $\lim\limits_{n\to\infty} \langle e_k, x'_n - x'_\infty \rangle = 0 \qquad \forall k$

Théorème 20 :

Soit $\{x'_n\}$ une suite d'éléments de E' qui converge faiblement vers $x'_\infty \in E'$. Si

$\lim\limits_{n\to\infty} \langle x, x'_n \rangle = \lim\limits_{n\to\infty} \langle x, e'_n \rangle$

$\forall x \in D$ alors $\lim\limits_{n\to\infty} \langle x, x'_n \rangle = \lim\limits_{n\to\infty} \langle x, e'_n \rangle \quad \forall x \in E$.

Démonstration : on a $\overline{D} = E$; donc $\forall x \in E$

il existe une suite $\{x_n\}$ d'éléments de D telle que $\lim\limits_{n\to\infty} x_n = x$.

Or $\langle x_n, x'_\infty \rangle = \langle x_n, e'_\infty \rangle\ \forall n$ et par conséquent $\langle x, x'_\infty \rangle = \langle x, e'_\infty \rangle\ \forall x \in E$ à cause de la continuité de x'_∞ et de e'_∞.

Nous allons appliquer les résultats de ces deux théorèmes à notre problème.

Pour cela nous prendrons E = (c) et e'_n sera la forme linéaire continue qui à $x = \{x_n\} \in c$ fait correspondre sa $n^{\text{ième}}$ composante x_n.

Le sous-espace D engendré par le système libre $e_0 = (1, 1, \ldots)$, $e_1 = (1,0,0, \ldots)$, $e_2 = (0, 1,0, \ldots)$ est partout dense dans (c) (voir par exemple [244]).

La $n^{\text{ième}}$ forme linéaire x'_n est définie par la $n^{\text{ième}}$ ligne de la matrice A et les conditions du théorème 19 s'écrivent :

1°) $||x'_n|| = \sum_{k=1}^{\infty} |a_{nk}| < M \quad \forall n$

2°) $\lim_{n\to\infty} \langle e_k, x'_n\rangle = \lim_{n\to\infty} a_{nk} = b_k \quad \forall k > 0$

$$\lim_{n\to\infty} \langle e_o, x'_n\rangle = \lim_{n\to\infty} \sum_{k=1}^{\infty} a_{nk} = b_o$$

d'où le théorème suivant :

Théorème 21 :

Une condition nécessaire et suffisante pour que la matrice A définisse un endomorphisme de (c) est que :

1°) $\sum_{k=1}^{\infty} |a_{nk}| < M \qquad \forall n$

2°) $\lim_{n\to\infty} a_{nk} = b_k \qquad k = 1, 2, \ldots$

3°) $\lim_{n\to\infty} \sum_{k=1}^{\infty} a_{nk} = b_o$

Si maintenant $b_k = 0$ pour $k = 1, 2, \ldots$ et si $b_o = 1$ alors les conditions du théorème 20 sont satisfaites car $\lim_{n\to\infty} \langle e_k, e'_n\rangle = 0$ pour $k = 1, 2, \ldots$ et $\lim_{n\to\infty} \langle e_o, e'_n\rangle = 1$. D'où le :

Théorème 22 : (Théorème de Toeplitz) :

Soit $\{S_n\}$ une suite convergente et soit $\{V_n\}$ la suite déduite de $\{S_n\}$ par :

$$\begin{pmatrix} V_0 \\ V_1 \\ \cdot \\ \cdot \\ \cdot \end{pmatrix} = A \begin{pmatrix} S_0 \\ S_1 \\ \cdot \\ \cdot \\ \cdot \end{pmatrix}$$

où $A = (a_{nk})$ est une matrice infinie. Une condition nécessaire et suffisante pour que la suite $\{V_n\}$ converge vers la même limite que $\{S_n\}$ et ceci quelquesoit $\{S_n\}$ est que les trois conditions suivantes soient vérifiées :

1°) $\sum_{k=1}^{\infty} |a_{nk}| < M \qquad \forall n$

2°) $\lim_{n\to\infty} a_{nk} = 0 \qquad k = 1, 2, \ldots$

3°) $\lim_{n\to\infty} \sum_{k=1}^{\infty} a_{nk} = 1$

Dans ce cas on dit que la matrice A définit un procédé régulier de sommation.

REMARQUE :

Le théorème de Toeplitz assure que $\{V_n\}$ converge vers la même limite que $\{S_n\}$ quelquesoit la suite $\{S_n\}$ convergente. Ce "quelquesoit $\{S_n\}$" provient de la convergence faible de $\{x'_n\}$ et assure toute sa généralité au théorème.
Il peut exister des procédés de sommation qui ne vérifient pas les conditions du théorème de Toeplitz et pour lesquels on a cependant $\lim_{n\to\infty} V_n = \lim_{n\to\infty} S_n$ mais seulement pour des suites d'un type bien particulier et non pour toute suite convergente $\{S_n\}$. Ce ne sont pas alors des procédés réguliers de sommation. D'où la :

<u>Définition 12</u> : Soit un procédé de sommation défini par une matrice A. Si, pour toute suite convergente $\{S_n\}$, la suite déduite $\{V_n\}$ à même limite alors on dit que le procédé de sommation est régulier.

II - 2 Etude de quelques procédés

Il existe trois procédés de sommation importants :

1°) Le procédé de Hölder

La matrice A est donnée par

$$\left.\begin{array}{ll} a_{ij} = 1/i & j = 1, \dots, i \\ a_{ij} = 0 & j > i \end{array}\right\} \quad i = 1, \dots, \infty$$

Cette matrice A définit la méthode notée (H, 1). La méthode (H, k) k entier est définie par la matrice A^k.

2°) Le procédé de Césaro :

La matrice A définissant le procédé noté (C, k) est donnée par $A = DHL^{k-1}$ où H est la matrice du procédé de Hölder (H, 1), où L est une matrice infinie triangulaire inférieure dont tous les termes sont égaux à 1 et où D est une matrice diagonale telle que la somme des éléments de chaque ligne de A soit égale à 1.

3°) Les méthodes d'Euler :

Elles sont définies par une matrice A dépendant d'un paramètre positif q :

$$\left.\begin{array}{ll} a_{ij} = \dfrac{q^{i-j}}{(q+1)^{i+1}} \dbinom{i+1}{j+1} & j = 1, \dots, i \\ a_{ij} = 0 & j > i \end{array}\right\} \quad i = 1, \dots$$

La plus utilisée des méthodes d'Euler est celle avec q = 1. Il existe de nombreuses autres méthodes de sommation. Elles ont été étudiées en détail par Hardy [107] et Peyerimhoff [155]. Les procédés de sommation ne sont pas des méthodes très intéressantes en ce qui concerne l'accélération de la convergence. Considérons par exemple la méthode définie par :

$$V_n = a\, S_n + bS_{n+1}$$

avec a + b = 1. Il est évident que cette méthode vérifie le théorème de Toeplitz.

On a :

$$V_n - S = a(S_n-S) + b(S_{n+1}-S)$$

et par conséquent une condition nécessaire et suffisante pour que $\{V_n\}$ converge plus vite que $\{S_n\}$ est que :

$$\lim_{n\to\infty} \frac{S_{n+1}-S}{S_n - S} = -\frac{a}{b}$$

ce qui restreint singulièrement l'ensemble des suites qui peuvent être accélérées par ce procédé. Pour qu'un procédé soit efficacement utilisable il faudrait qu'il soit capable d'accélérer la convergence de toutes les suites telles que

$$\lim_{n\to\infty} \frac{S_{n+1}-S}{S_n - S} = a \neq 1$$

Nous avons déjà rencontré à la fin du premier chapitre un procédé qui possède cette propriété : le procédé Δ^2 d'Aitken. Nous reviendrons en détail sur cette méthode ainsi que sur l'ε-algorithme au chapitre III.
Cependant avant de quitter définitivement les procédés de sommation il reste à parler en détail du procédé d'extrapolation de Richardson qui peut se rattacher à cette catégorie de méthodes et qui possède un certain nombre de propriétés très intéressantes. Le chapitre se terminera par une interprétation de certains procédés de sommation qui montre que ce sont des cas particuliers de l'ε-algorithme.

II - 3 Le procédé d'extrapolation de Richardson

Soit $\{S_n\}$ une suite qui converge vers S et soit $\{x_n\}$ une suite de paramètres qui converge vers zéro et telle qu'il n'existe pas deux indices distincts k et p tels que $x_k = x_p$ et que $x_n \neq 0$ $\forall n$.
Soit $T_k^{(n)}$ la valeur en x = 0 du polynôme d'interpolation de degré k qui passe par les k+1 couples :
(x_n, S_n), (x_{n+1}, S_{n+1}), ..., (x_{n+k}, S_{n+k}). A partir de la suite initiale $T_o^{(n)} = S_n$

on peut ainsi générer tout un ensemble de suites en faisant varier n et k : c'est le procédé d'extrapolation de Richardson [16]. Les quantités $T_k^{(n)}$ sont construites à partir du schéma de Neville-Aitken de construction du polynôme d'interpolation :

$$T_o^{(n)} = S_n$$

$$T_{k+1}^{(n)} = \frac{x_n \, T_k^{(n+1)} - x_{n+k+1} \, T_k^{(n)}}{x_n - x_{n+k+1}} \qquad n, k = 0, 1, \ldots$$

on place ces quantités dans un tableau à double entrée. L'indice inférieur k représente une colonne et l'indice supérieur représente une diagonale descendante. A partir des valeurs initiales $T_o^{(n)}$ on progresse de la gauche vers la droite ; les trois quantités $T_k^{(n)}$, $T_k^{(n+1)}$ et $T_{k+1}^{(n)}$ liées par la relation précédente sont situées au sommet d'un triangle dans lequel les deux quantités les plus à gauche servent à calculer celle située à droite comme cela est indiqué par les flèches dans le tableau suivant :

$$\begin{array}{ccccccccc}
T_o^{(o)} & & & & & & & & \\
 & \searrow & T_1^{(o)} & & & & & & \\
 & \nearrow & & \searrow & & & & & \\
T_o^{(1)} & & & & T_2^{(o)} & & & & \\
 & \searrow & T_1^{(1)} & \nearrow & & \searrow & T_3^{(o)} & & \\
 & \nearrow & & \searrow & & \nearrow & & & \\
T_o^{(2)} & & & & T_2^{(1)} & & & & T_4^{(o)} \\
 & \searrow & T_1^{(2)} & \nearrow & & & T_3^{(1)} & & \ddots \\
 & \nearrow & & & & & \vdots & \ddots & \\
T_o^{(3)} & & & & T_2^{(2)} & & & & \\
 & & T_1^{(3)} & & \vdots & & & & \\
 & & \vdots & & & & & & \\
T_o^{(4)} & & & & & & & & \\
\vdots & & & & & & & &
\end{array}$$

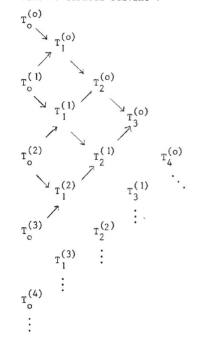

Puisque l'algorithme précédent est bâti à partir du polynôme d'interpolation on a bien évidemment le résultat fondamental suivant :

Théorème 23 :

Si $S_n = S + \sum_{i=1}^{k} a_i x_n^i \quad \forall n > N$ alors $T_k^{(n)} = S \quad \forall n > N$

On voit que l'application qui fait passer de la suite $\{T_k^{(n)}\}$ où k est fixé à la suite $\{T_{k+1}^{(n)}\}$ k fixé est un procédé de sommation. La matrice correspondante est donnée par :

$$a_{ii} = - \frac{x_{i+k+1}}{x_i - x_{i+k+1}}$$

$$a_{i,i+1} = \frac{x_i}{x_i - x_{i+k+1}}$$

et tous les autres termes sont nuls. On peut donc appliquer le théorème de Toeplitz à ce procédé et l'on obtient le :

Théorème 24 :

Une condition nécessaire et suffisante pour que $\lim_{n\to\infty} T_k^{(n)} = \lim_{n\to\infty} S_n$ pour toute suite convergente $\{S_n\}$ est que $\exists \alpha < 1 < \beta$:

$$\frac{x_{n+p+1}}{x_n} \notin [\alpha,\beta] \; \forall n \text{ et pour } p = 0, \ldots, k-1$$

Démonstration : pour que $\lim_{n\to\infty} T_k^{(n)} = \lim_{n\to\infty} S_n$ il faut et il suffit que les transformations linéaires de suite à suite $\{T_p^{(n)}\} \to \{T_{p+1}^{(n)}\}$ soient des procédés réguliers de sommation pour $p = 0, \ldots, k-1$. Les deux dernières conditions du théorème de Toeplitz sont automatiquement vérifiées puisque la matrice est bidiagonale et que $\sum_{j=1}^{\infty} a_{ij} = 1$ pour tout i. La première condition s'écrit :

$$\left|\frac{x_n}{x_n - x_{n+p+1}}\right| + \left|\frac{x_{n+p+1}}{x_n - x_{n+p+1}}\right| < M_p \quad \forall n$$

on doit avoir $K_p < |1 - \frac{x_{n+p+1}}{x_n}| \; \forall n$

Il doit donc exister α_p et β_p : $\alpha_p < 1 < \beta_p$ tels que $x_{n+p+1} / x_n \notin [\alpha_p, \beta_p] \; \forall n$,

d'où le théorème en prenant $\alpha = \inf_p \alpha_p$ et $\beta = \sup_p \beta_p$.

REMARQUE : on voit que ce résultat nécessite que $\lim_{n\to\infty} x_n = 0$ ou l'∞

Etudions maintenant la convergence des suites $\{T_k^{(n)}\}$ pour n fixé. Le résultat suivant, appelé condition (α), a été démontré par Laurent [128] en partant du théorème 19 et en explicitant les coefficients du polynôme d'interpolation. La démonstration est laissée à titre d'exercice.

Théorème 25 : (condition (α)) :

Soit $\{x_n\}$ une suite de nombres positifs strictement décroissants et tendant vers zéro quand n tend vers l'infini.

Une condition nécessaire et suffisante pour que $\lim_{k\to\infty} T_k^{(n)} = \lim_{k\to\infty} S_k \; \forall n$ et ceci pour toute suite convergente $\{S_n\}$ est qu'il existe $\alpha > 1$ tel que $\frac{x_n}{x_{n+1}} \geq \alpha$.

REMARQUE : les théorèmes 24 et 25 entraînent la convergence pour toute suite convergente $\{S_n\}$. Cependant dans des cas particuliers il est possible de se passer de conditions sur $\{x_n\}$; on trouvera de tels théorèmes dans [41].

Etudions maintenant les conditions d'accélération de la convergence. On a le :

Théorème 26 :

Supposons que la condition (α) soit vérifiée. Une condition nécessaire et suffisante pour que $\{T_{k+1}^{(n)}\}$ k fixé converge vers S plus vite que $\{T_k^{(n)}\}$k fixé est que :

$$\lim_{n\to\infty} \frac{T_k^{(n+1)} - S}{T_k^{(n)} - S} = \lim_{n\to\infty} \frac{x_{n+k+1}}{x_n}$$

démonstration : supposons que $\{T_{k+1}^{(n)}\}$ k fixé converge plus vite que $\{T_k^{(n)}\}$, on a :

$$\lim_{n} \frac{T_{k+1}^{(n)} - S}{T_k^{(n)} - S} = 0 = \lim_{n\to\infty} \frac{x_n (T_k^{(n+1)} - S) - x_{n+k+1} (T_k^{(n)} - S)}{(T_k^{(n)} - S)(x_n - x_{n+k+1})}$$

$$= \lim_{n\to\infty} \frac{\dfrac{T_k^{(n+1)} - S}{T_k^{(n)} - S} - \dfrac{x_{n+k+1}}{x_n}}{1 - \dfrac{x_{n+k+1}}{x_n}}$$

puisque la condition (α) est vérifiée alors $\lim_{n\to\infty} \frac{x_{n+k+1}}{x_n} \neq 1 \ \forall k$, ce qui démontre que la condition est nécessaire.

Réciproquement si la condition du théorème est vérifiée alors $\{T_{k+1}^{(n)}\}$ k fixé converge plus vite que $\{T_k^{(n)}\}$ k fixé.

Une application très importante du procédé d'extrapolation de Richardson est celui des quadratures numériques à l'aide de la méthode des trapèzes : soit à calculer

$$I = \int_a^b f(x)\, dx$$

la formule des trapèzes avec un pas $h = (b-a)/n$ nous donne une valeur approchée $\bar{I}$ de I :

$$\bar{I} = \frac{h}{2} (f(x_o) + 2 \sum_{i=1}^{n-1} f(x_i) + f(x_n))$$

avec $x_i = a + ih$ pour $i = 0, \ldots, n$.

On sait que l'on a, pour une fonction f suffisamment différentiable :

$$\bar{I} = I + a_1 h^2 + a_2 h^4 + \ldots$$

Appliquons la méthode des trapèzes au calcul de I avec les pas $h_o = H$, $h_1 = h_o/\alpha$, $h_2 = h_1/\alpha$ avec $\alpha > 1$. On obtient ainsi une suite de valeurs approchées de I à l'aide de la méthode des trapèzes que l'on notera S_o, S_1, ...

On peut utiliser le procédé de Richardson pour accélérer cette suite en prenant $x_n = h_n^2$ puisque l'erreur est un polynôme pair en h. On a alors :

$$T_k^{(n)} = I + a_k^{(k)} h_n^{2k+2} + \dots$$

d'où

$$\lim_{n\to\infty} \frac{T_k^{(n+1)} - I}{T_k^{(n)} - I} = \lim_{n\to\infty} \left(\frac{h_{n+1}}{h_n}\right)^{2k+2} = \frac{1}{\alpha^{2k+2}}$$

d'autre part on a :

$$\frac{h_{n+k+1}}{h_n} = \frac{\alpha^{2n}}{\alpha^{2n+2k+2}} = \frac{1}{\alpha^{2k+2}}$$

ce qui démontre que $\forall k$ $\{T_{k+1}^{(n)}\}$ k fixé converge plus vite que $\{T_k^{(n)}\}$ k fixé car la condition du théorème 26 est satisfaite.

Quand $\alpha = 2$ ce procédé est plus connu sous le nom de méthode de Romberg. Elle s'écrit :

$$T_0^{(n)} = S_n$$

$$T_{k+1}^{(n)} = \frac{2^{2k+2}\, T_k^{(n+1)} - T_k^{(n)}}{2^{2k+2} - 1}$$

Donnons un exemple numérique. Soit à calculer

$I = \int_0^1 \frac{dx}{x+0.01} = 4.6151205 17$. Avec $H = 1/3$ et $\alpha=2$ on obtient :

$T_0^{(o)} = 18.29$ $\quad T_0^{(1)} = 10.61$ $\quad T_0^{(2)} = 7.06$ $\quad T_0^{(3)} = 5.51$

$T_0^{(4)} = 4.91$ $\quad T_0^{(5)} = 4.69$ $\quad T_0^{(6)} = 4.63$ $\quad T_0^{(7)} = 4.62$

$T_0^{(8)} = 4.616$

A partir de ces neuf valeurs dont la meilleure a trois chiffres exacts on trouve

$T_2^{(o)} = 5.72$

$T_2^{(1)} = 4.94$ $\quad T_4^{(c)} = 4.67$

$T_2^{(2)} = 4.68$ $\quad T_4^{(1)} = 4.6234$ $\quad T_6^{(o)} = 4.61570$

$T_2^{(3)} = 4.62$ $T_4^{(2)} = 4.6157$ $T_6^{(1)} = 4.61514$ $T_8^{(o)} = 4.615120793$

$T_2^{(4)} = 4.6159$ $T_4^{(3)} = 4.61514$ $T_6^{(2)} = 4.615120794$

$T_2^{(5)} = 4.615155$ $T_4^{(4)} = 4.6151208$

$T_2^{(6)} = 4.6151214$

c'est-à-dire que l'on obtient 7 chiffres exacts.

On a vu dans l'application du procédé de Richardson à la méthodes des trapèzes que l'on avait été amené à effectuer le changement de variable $x = h^2$. Dans certains cas il peut être intéressant d'effectuer d'autres changements de variables suivant la nature de la suite que l'on a à accélérer. Pour ces questions on pourra se reporter à [34].

Si l'on ne connait pas explicitement la dépendance de S_n par rapport au paramètre x_n on peut songer à prendre $x_n = \Delta S_n$. On obtient alors l'algorithme :

$$T_o^{(n)} = S_n$$

$$T_{k+1}^{(n)} = \frac{\Delta S_n \cdot T_k^{(n+1)} - \Delta S_{n+k+1} \cdot T_k^{(n)}}{\Delta S_n - \Delta S_{n+k+1}}$$

qui a été obtenu et étudié par Germain-Bonne [87]. Pour cette méthode on a le :

<u>Théorème 27</u> :

Pour l'algorithme précédent une condition nécessaire et suffisante pour que $T_k^{(n)} = S$ $\forall n > N$ est que la suite $\{S_n\}$ vérifie :

$$a_o(S_n - S) + a_1 \Delta S_n + \ldots + a_k (\Delta S_n)^k = 0 \quad \forall n > N$$

démonstration : elle est évidente à partir de la définition du polynôme d'interpolation comme un rapport de deux déterminants. On a :

$$T_k^{(n)} = \frac{\begin{vmatrix} S_n & \cdots & S_{n+k} \\ x_n & \cdots & x_{n+k} \\ \cdots & \cdots & \cdots \\ x_n^k & \cdots & x_{n+k}^k \end{vmatrix}}{\begin{vmatrix} 1 & \cdots & 1 \\ x_n & \cdots & x_{n+k} \\ \cdots & \cdots & \cdots \\ x_n^k & \cdots & x_{n+k}^k \end{vmatrix}}$$

La condition est nécessaire car on doit avoir :

$$\begin{vmatrix} S_n - S & \cdots & S_{n+k} - S \\ \Delta S_n & \cdots & \Delta S_{n+k} \\ \cdots & \cdots & \cdots \\ (\Delta S_n)^k & \cdots & (\Delta S_{n+k})^k \end{vmatrix} = 0$$

qui a lieu s'il existe $a_o, \ldots, a_k$ non tous nuls tels que

$$a_o(S_n - S) + a_1 \Delta S_n + \ldots + a_k(\Delta S_n)^k = 0 \quad \forall n > N$$

Réciproquement il est évident que cette condition est suffisante.

Remarques : 1°) si k = 0 on obtient

$$T_1^{(n)} = \frac{S_n S_{n+2} - S_{n+1}^2}{\Delta^2 S_n} = S_n - \frac{(\Delta S_n)^2}{\Delta^2 S_n}$$

qui n'est autre que le procédé Δ^2 d'Aitken.

2°) On voit que $T_k^{(n)}$ est continu et différentiable par rapport aux variables $S_n, \ldots, S_{n+k}$.

II - 4 Interprétation des procédés totaux

Nous allons maintenant donner une interprétation de certains procédés de sommation : les procédés totaux.

<u>définition 13</u> : Soit un procédé régulier de sommation défini par une matrice A. Appliquons ce procédé à une suite constante $S_n = S \quad \forall n$. Si la suite transformée $\{V_n\}$ est telle que $V_n = S \quad \forall n$ on dit que le procédé de sommation est total.

On a immédiatement le :

<u>théorème 28</u> :

Une condition nécessaire et suffisante pour que le procédé régulier défini par la matrice A soit total est que :

$$\sum_{k=1}^{\infty} a_{nk} = 1 \qquad n = 1, 2, \ldots$$

Jusqu'à présent nous avions appliqué le procédé de sommation à partir du premier terme de la suite $\{S_n\}$:

$$V_n = \sum_{p=1}^{\infty} a_{np} S_p \qquad n = 1, 2, \ldots$$

En appliquant ce procédé à partir d'un terme quelconque de $\{S_n\}$ on obtient tout un ensemble de suites :

$$V_k^{(n)} = \sum_{p=1}^{\infty} a_{kp} S_{p+n} \qquad n = 0, 1, \ldots$$
$$k = 1, 2, \ldots$$

k étant fixé étudions la convergence de la suite $\{V_k^{(n)}\}$.

On voit immédiatement que :

<u>Théorème 29</u> :

Une condition nécessaire et suffisante pour que $\lim_{n\to\infty} V_k^{(n)} = \lim_{n\to\infty} S_n$ est que :

$$\sum_{p=1}^{\infty} a_{kp} = 1$$

Cherchons maintenant quelle doit être la forme exacte de la suite $\{S_n\}$ pour que $V_k^{(n)} = S \quad \forall n$. Nous supposerons que $\forall k$ il existe $p(k)$ tel que $\forall p > p(k) \; a_{kp} = 0$.

Pour k fixé $V_k^{(n)}$ sera égal à S $\forall n$ si et seulement si l'équation aux différences :

$$S = \sum_{p=1}^{p(k)} a_{kp} S_{p+n} \quad \text{est vérifiée quelquesoit } n.$$

La solution générale de cette équation aux différences est connue (voir par exemple [106]) d'où le résultat :

Théorème 30 :

Soit un procédé total de sommation défini par la matrice infinie A telle que $\forall k \quad \exists p(k) : \forall p > p(k)$ on ait $a_{kp} = 0$. Une condition nécessaire et suffisante pour que $\sum_{p=1}^{p(k)} a_{kp} S_{p+n} = S \quad \forall n$ est que :

1°) $$S_n = S + \sum_{i=1}^{p} A_i(n)\, r_i^n + \sum_{i=p+1}^{q} [B_i(n) \cos b_i n + C_i(n) \sin b_i n]\, e^{w_i n}$$

$$+ \sum_{i=1}^{m} c_i\, \delta_{in}$$

où A_i, B_i et C_i sont des polynômes en n tels que si d_i est égal au degré de A_i plus un pour $i = 1, \ldots, p$ et au plus grand des degrés de B_i et de C_i plus un pour $i = p+1, \ldots, q$ on ait :

$$m + \sum_{i=1}^{p} d_i + 2 \sum_{i=p+1}^{q} d_i = p(k) - 1$$ avec m=o s'il n'y a aucun terme en δ_{in}

2°) le polynôme :
$$\sum_{p=1}^{p(k)} a_{kp}\, t^{p-1}$$

admette les p racines réelles distinctes $r_i \quad i = 1, \ldots, p$

les $2(q-p)$ racines complexes distinctes données par $e^{w_i} (\cos b_i \pm j \sin b_i)$ $i = p+1, \ldots, q$ et m racines nulles $(j = \sqrt{-1})$.

Les conséquences de ce théorème sont importantes. On peut interpréter un procédé total comme une extrapolation pour n infini par une somme d'exponentielles de la forme donnée au 1°) du théorème 30.

Les r_i, les w_i et les b_i sont fixés et spécifiques du procédé de sommation utilisé. Les seules inconnues sont les coefficients des polynômes A_i, B_i et C_i ainsi que les c_i et S, ce qui explique pourquoi les procédés de sommation sont linéaires. La détermination de ces inconnues nécessite la connaissance de p(k) termes de la suite initiale. Tout procédé total de sommation est un cas particulier d'un procédé où les r_i, les w_i et les b_i ne seraient pas fixés mais seraient également des inconnues. Un tel procédé existe : c'est l'ε-algorithme. Sur ces questions et sur la formalisation de l'interprétation des procédés de sommation comme des extrapolations on pourra consulter [25].

Les procédés réguliers de sommation sont, par définition, convergents pour toute suite convergente. Cependant, comme nous le montre le théorème 30 (et nous le reverrons au paragraphe IV-8) ils ne sont capables d'accélérer la convergence que pour des suites bien particulières parce qu'ils ne font aucune hypothèse sur la suite à transformer. Etant donnée une suite, il faut, pour accélérer sa convergence, supposer qu'elle a une loi de formation assez régulière. La connaissance, même approximative, de cette loi permettra alors de bâtir une transformation de suite capable d'accélérer la convergence. L'étude de telles transformations fait l'objet des chapitres suivants. Il est bien évident qu'il faudra construire des transformations capables d'accélérer la convergence de classes de suites les plus vastes possibles. Tous les procédés que nous étudierons sont des procédés simultanés d'accélération de la convergence c'est-à-dire qu'ils construisent, en parallèle à la suite à transformer et sans la modifier, une seconde suite qui doit converger plus rapidement vers la même limite. Ces méthodes sont non linéaires.

CHAPITRE III

L'ε-ALGORITHME

L'ε-algorithme est sans doute l'algorithme d'accélération de la convergence le plus puissant connu à l'heure actuelle. D'autre part c'est pour cet algorithme que l'on dispose du plus de résultats théoriques. C'est pour ces deux raisons qu'un chapitre entier est consacré à son étude. D'autres algorithmes non linéaires d'accélération de la convergence seront étudiés au chapitre IV.

III - 1 Le procédé Δ^2 d'Aitken

Comme nous l'avons déjà vu le procédé Δ^2 d'Aitken consiste à transformer la suite $\{S_n\}$ en une suite $\{\varepsilon_2^{(n)}\}$ donnée par :

$$\varepsilon_2^{(n)} = \frac{S_{n+2}\, S_n - S_{n+1}^2}{S_{n+2} - 2S_{n+1} + S_n} = S_{n+1} - \frac{\Delta S_n \,.\, \Delta S_{n+1}}{\Delta^2 S_n}$$

Ce procédé a été trouvé par Aitken [1]. On a encore :

$$\varepsilon_2^{(n)} = S_{n+1} - \frac{\Delta S_{n+1}}{\dfrac{\Delta S_{n+1}}{\Delta S_n} - 1}$$

cette dernière forme nous permet d'énoncer immédiatement le :

Théorème 31 :

Si $\exists\ \alpha < 1 < \beta$ tels que $\Delta S_{n+1} / \Delta S_n \notin [\alpha,\beta]\ \forall n > N$ alors $\lim\limits_{n\to\infty} \varepsilon_2^{(n)} = \lim\limits_{n\to\infty} S_n$.

La démonstration de ce théorème est évidente.

Etant donnée une suite $\{S_n\}$ il se peut que certains termes de la suite $\{\varepsilon_2^{(n)}\}$ ne puissent pas être calculés si $\Delta^2 S_n = 0$. Un théorème de convergence comme le théorème précédent ne s'applique donc qu'aux termes de la suite $\{\varepsilon_2^{(n)}\}$qui peuvent effectivement être calculés.

Avec les conditions du théorème 31 tous les termes $\varepsilon_2^{(n)}$ peuvent être calculés pour $n > N$ car la condition $\Delta S_{n+1} / \Delta S_n \notin [\alpha,\beta]$ $\forall n > N$ impose que $\Delta S_{n+1} \neq \Delta S_n$ et donc que $\Delta^2 S_n \neq 0$ pour tout $n > N$.

En ce qui concerne l'accélération de la convergence on a le :

Théorème 32 :

Si on applique le procédé Δ^2 d'Aitken à une suite $\{S_n\}$ qui converge vers S et si :

$$\lim_{n\to\infty} \frac{S_{n+1} - S}{S_n - S} = \lim_{n\to\infty} \frac{\Delta S_{n+1}}{\Delta S_n} = \rho \neq 1 \text{ alors}$$

$\{\varepsilon_2^{(n)}\}$ converge vers S plus vite que $\{S_{n+1}\}$

démonstration : en utilisant la définition de l'accélération de la convergence on voit immédiatement que $\{\varepsilon_2^{(n)}\}$ converge plus vite que $\{S_{n+1}\}$ si

$$\lim_{n\to\infty} \frac{\dfrac{S_{n+2} - S}{S_{n+1} - S} - 1}{\dfrac{\Delta S_{n+1}}{\Delta S_n} - 1} = 1$$

si la condition du théorème est satisfaite alors, puisque $\rho \neq 1$, $\{\varepsilon_2^{(n)}\}$ converge vers S d'une part et, d'autre part, $\{\varepsilon_2^{(n)}\}$ converge plus vite que $\{S_{n+1}\}$

REMARQUE : on voit qu'il est nécessaire d'introduire des hypothèses supplémentaires sur la suite $\{S_n\}$ pour avoir accélération de la convergence au lieu d'avoir simplement la convergence.

Nous allons maintenant étudier quelles sont les conditions que doivent vérifier la suite $\{S_n\}$ pour que $\varepsilon_2^{(n)} = S \quad \forall n > N$.

On a vu que :

$$\varepsilon_2^{(n)} = \frac{S_{n+2}\, S_n - S_{n+1}^2}{\Delta^2 S_n}$$

ce qui peut encore s'écrire :

$$\varepsilon_2^{(n)} = \frac{\begin{vmatrix} S_n & S_{n+1} \\ \Delta S_n & \Delta S_{n+1} \end{vmatrix}}{\begin{vmatrix} 1 & 1 \\ \Delta S_n & \Delta S_{n+1} \end{vmatrix}}$$

On veut donc que :

$$\frac{\begin{vmatrix} S_n & S_{n+1} \\ \Delta S_n & \Delta S_{n+1} \end{vmatrix}}{\begin{vmatrix} 1 & 1 \\ \Delta S_n & \Delta S_{n+1} \end{vmatrix}} = S \quad \forall n > N$$

d'où

$$\begin{vmatrix} S_n - S & S_{n+1} - S \\ \Delta S_n & \Delta S_{n+1} \end{vmatrix} = \begin{vmatrix} S_n - S & S_{n+1} - S \\ S_{n+1} - S & S_{n+2} - S \end{vmatrix} = 0 \qquad \forall n > N$$

par conséquent, pour que ce déterminant soit nul, il faut et il suffit qu'il existe a_0 et a_1 non tous les deux nuls tels que :

$$a_0(S_n - S) + a_1(S_{n+1} - S) = 0 \quad \forall n > N$$

Si $a_0 + a_1 = 0$ alors on voit que $S_n = S_{n+1}$ $\forall n$ et on ne peut pas alors appliquer le procédé Δ^2 d'Aitken à la suite $\{S_n\}$.

Inversement si $a_0(S_n - S) + a_1(S_{n+1} - S) = 0$ $\forall n > N$ avec $a_0 + a_1 \neq 0$ alors $\varepsilon_2^{(n)} = S$ $\forall n > N$, d'où le :

<u>Théorème 33</u> :

Une condition nécessaire et suffisante pour que $\varepsilon_2^{(n)} = S$ $\forall n > N$ est que la suite $\{S_n\}$ vérifie :

$$a_0(S_n - S) + a_1(S_{n+1} - S) = 0 \quad \forall n > N$$

avec $a_0 + a_1 \neq 0$.

Résolvons maintenant l'équation aux différences du théorème 33. On trouve immédiatement que $S_n = S + \alpha\lambda^n$ $\forall n > N$. La condition $a_o + a_1 \neq 0$ se traduit par $\lambda \neq 1$. D'où le :

Théorème 34 :

Une condition nécessaire et suffisante pour que $\varepsilon_2^{(n)} = S$ $\forall n > N$ est que la suite $\{S_n\}$ soit telle :

$$S_n = S + \alpha\lambda^n \quad \forall n > N$$

avec $\lambda \neq 1$.

REMARQUES :

1°) On voit que $\varepsilon_2^{(n)} = S$ $\forall n > N$ même si $|\lambda| > 1$ c'est-à-dire même si la suite $\{S_n\}$ est divergente. Si $|\lambda| < 1$ S est alors la limite de $\{S_n\}$. Le procédé Δ^2 d'Aitken donne donc la limite d'une suite convergente dont le reste est une progression géométrique.

2°) Le procédé Δ^2 d'Aitken peut donc être interprété comme une extrapolation par une exponentielle ; étant donnés trois termes consécutifs S_n, S_{n+1} et S_{n+2} d'une suite, on détermine α , λ et S tels que :

$$S_n = S + \alpha\lambda^n$$

$$S_{n+1} = S + \alpha\lambda^{n+1}$$

$$S_{n+2} = S + \alpha\lambda^{n+2}$$

puis on prend $\varepsilon_2^{(n)} = S$. On recommence ensuite avec S_{n+1}, S_{n+2} et S_{n+3} pour obtenir $\varepsilon_2^{(n+1)}$.

III - 2 La transformation de Shanks et l'ε-algorithme

Shanks [170] a introduit et étudié une transformation non linéaire de suite à suite qui généralise le procédé Δ^2 d'Aitken en ce sens que cette transformation appelée $e_k(S_n)$ est construite de sorte que $e_k(S_n) = S$ $\forall n > N$ pour toute suite $\{S_n\}$ telle que :

$$\sum_{i=0}^{k} a_i(S_{n+i} - S) = 0 \quad \forall n > N$$

avec $\sum_{i=0}^{k} a_i \neq 0$.

On doit donc avoir :

$$\begin{vmatrix} S_n - S & \dots\dots & S_{n+k} - S \\ S_{n+1} - S & \dots & S_{n+k+1} - S \\ \text{-----} & & \text{-----} \\ S_{n+k} - S & \dots & S_{n+2k} - S \end{vmatrix} = 0 \qquad \forall n > N$$

Remplaçons la seconde ligne par sa différence avec la première, la troisième par sa différence avec la seconde et ainsi de suite. On obtient ainsi :

$$\begin{vmatrix} S_n & \dots\dots & S_{n+k} \\ \Delta S_n & \dots\dots & \Delta S_{n+k} \\ \text{-----} & & \text{-----} \\ \Delta S_{n+k-1} & \dots & \Delta S_{n+2k-1} \end{vmatrix} = S \begin{vmatrix} 1 & \dots\dots & 1 \\ \Delta S_n & \dots\dots & \Delta S_{n+k} \\ \text{-----} & & \text{-----} \\ \Delta S_{n+k-1} & \dots & \Delta S_{n+2k-1} \end{vmatrix}$$

D'où la transformation $e_k(S_n)$ de Shanks qui, en faisant de nouveau des combinaisons de lignes et de colonnes, s'écrit :

$$e_k(S_n) = \frac{\begin{vmatrix} S_n & \dots\dots & S_{n+k} \\ S_{n+1} & \dots\dots & S_{n+k+1} \\ \text{-----} & & \text{-----} \\ S_{n+k} & \dots\dots & S_{n+2k} \end{vmatrix}}{\begin{vmatrix} \Delta^2 S_n & \dots\dots & \Delta^2 S_{n+k-1} \\ \text{-----} & & \text{-----} \\ \Delta^2 S_{n+k-1} & \dots & \Delta^2 S_{n+2k-2} \end{vmatrix}}$$

Cette formule a été en réalité découverte par Jacobi [115] puis reprise par Schmidt [168].

Par construction même de cette transformation on a le :

Théorème 35 :

une condition nécessaire et suffisante pour que $e_k(S_n) = S \ \forall n > N$ est que la suite $\{S_n\}$

vérifie

$$\sum_{i=0}^{k} a_i \, (S_{n+i} - S) = 0 \quad \forall n > N$$

avec $\sum\limits_{i=0}^{k} a_i \neq 0.$

REMARQUE :

Si l'on prend k = 1 on voit que $e_1(S_n) = \varepsilon_2^{(n)} \quad \forall n$

Du point de vue pratique on voit que la mise en oeuvre de la transformation $e_k(S_n)$ de Shanks est difficile dès que k atteint 4 ou 5 car elle nécessite l'évaluation de déterminants.

L'ε-algorithme est un algorithme récursif dû à P. Wynn [223] pour éviter le calcul effectif de ces déterminants. Les règles de cet algorithme sont les suivantes :

$$\varepsilon_{-1}^{(n)} = 0 \quad \varepsilon_0^{(n)} = S_n \qquad n = 0, 1, \ldots$$

$$\varepsilon_{k+1}^{(n)} = \varepsilon_{k-1}^{(n+1)} + \frac{1}{\varepsilon_k^{(n+1)} - \varepsilon_k^{(n)}} \qquad k, n = 0, 1, \ldots$$

On place ces quantités dans un tableau à double entrée : le tableau ε. L'indice inférieur k représente une colonne et l'indice supérieur n une diagonale descendante. La relation de l'ε-algorithme relie, dans ce tableau, des quantités situées aux quatre sommets d'un losange. La quantité située la plus à droite est calculée à partir des trois autres comme l'indiquent les flèches dans le schéma suivant :

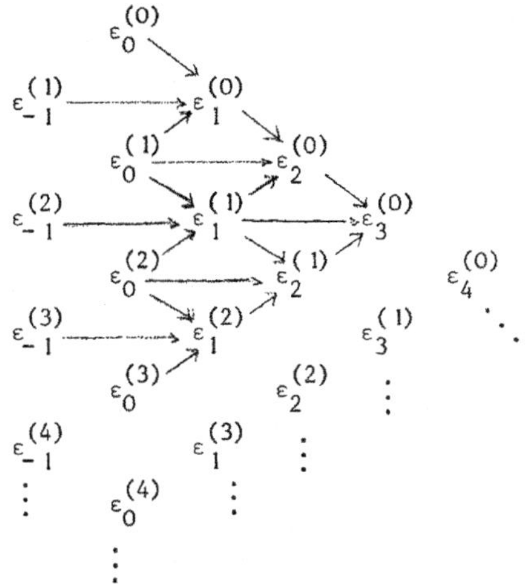

A partir des conditions initiales on progresse donc de gauche à droite dans ce tableau.

Le calcul de $\varepsilon_{2k}^{(n)}$ nécessite la connaissance de $S_n, S_{n+1}, \ldots, S_{n+2k}$.

Voyons maintenant la façon dont l'ε-algorithme est relié à la transformation de Shanks ; auparavant on a la :

<u>définition 14</u> : soit $\{u_n\}$ une suite de nombres. On appelle déterminants de Hankel, les déterminants définis par :

$$H_0^{(n)}(u_n) = 1 \qquad n = 0, 1, \ldots$$

$$H_k^{(n)}(u_n) = \begin{vmatrix} u_n & \cdots\cdots & u_{n+k-1} \\ u_{n+1} & \cdots\cdots & u_{n+k} \\ \hline u_{n+k-1} & \cdots & u_{n+2k-2} \end{vmatrix} \qquad \begin{array}{l} n = 0, 1, \ldots \\ k = 1, 2, \ldots \end{array}$$

<u>Propriété 8</u> : on a :

$$e_k(S_n) = \frac{H_{k+1}^{(n)}(S_n)}{H_k^{(n)}(\Delta^2 S_n)}$$

<u>Propriété 9</u> : les déterminants de Hankel d'une suite $\{u_n\}$ vérifient la relation :

$$H_k^{(n+1)}(u_{n+1}).\ H_k^{(n-1)}(u_{n-1}) - [H_k^{(n)}(u_n)]^2 = H_{k+1}^{(n-1)}(u_{n-1}).\ H_{k-1}^{(n+1)}(u_{n+1})$$

pour n, k = 1, 2, ...

<u>Propriété 10</u> : On appelle développement de Schweins de quotients de déterminants la relation :

$$\frac{\begin{vmatrix} b_1 & a_{12} & \cdots & a_{1n} \\ \hline b_n & a_{n2} & \cdots & a_{nn} \end{vmatrix}}{\begin{vmatrix} a_{11} & a_{12} & \cdots & a_{1n} \\ \hline a_{n1} & a_{n2} & \cdots & a_{nn} \end{vmatrix}} - \frac{\begin{vmatrix} b_1 & a_{12} & \cdots\cdots & a_{1,n-1} \\ \hline b_{n-1} & a_{n-1,2} & \cdots & a_{n-1,n-1} \end{vmatrix}}{\begin{vmatrix} a_{11} & a_{12} & \cdots\cdots & a_{1,n-1} \\ \hline a_{n-1,1} & a_{n-1,2} & \cdots & a_{n-1,n-1} \end{vmatrix}} = \frac{\begin{vmatrix} b_1 & a_{11} & \cdots\cdots & a_{1,n-1} \\ \hline b_n & a_{n1} & \cdots\cdots & a_{n,n-1} \end{vmatrix} \begin{vmatrix} a_{12} & \cdots\cdots & a_{1n} \\ \hline a_{n-1,2} & \cdots & a_{n-1,n} \end{vmatrix}}{\begin{vmatrix} a_{11} & a_{12} & \cdots\cdots & a_{1,n-1} \\ \hline a_{n-1,1} & a_{n-1,2} & \cdots & a_{n-1,n-1} \end{vmatrix} \begin{vmatrix} a_{11} & a_{12} & \cdots & a_{1n} \\ \hline a_{n1} & a_{n2} & \cdots & a_{nn} \end{vmatrix}}$$

Sur ce développement on pourra consulter [2].

Nous pouvons maintenant établir le résultat fondamental qui relie la transformation Shanks et l'ε-algorithme [223] :

Théorème 36 :

$$\varepsilon_{2k}^{(n)} = e_k(S_n) \qquad \varepsilon_{2k+1}^{(n)} = 1/e_k\,(\Delta S_n)$$

démonstration : il est facile de voir immédiatement que :

$$\varepsilon_1^{(n)} = 1/e_0\,(\Delta S_n) = 1/\Delta S_n$$

$$\varepsilon_2^{(n)} = e_1\,(S_n) = \frac{S_{n+2}\,S_n - S_{n+1}^2}{\Delta^2\,S_n}$$

supposons avoir démontré la propriété jusqu'à la colonne 2k. Démontrons qu'elle est encore vraie pour la colonne 2k+1. En utilisant la propriété 8 la relation :

$$\varepsilon_{2k+1}^{(n)} = \varepsilon_{2k-1}^{(n+1)} + 1\,/\,(\varepsilon_{2k}^{(n+1)} - \varepsilon_{2k}^{(n)})$$

devient :

$$\frac{\begin{vmatrix} 1 & \cdots & 1 \\ \Delta^2 S_n & \cdots & \Delta^2 S_{n+k} \\ \cdots & & \cdots \\ \Delta^2 S_{n+k-1} & \cdots & \Delta^2 S_{n+2k-1} \end{vmatrix}}{\begin{vmatrix} \Delta S_n & \cdots & \Delta S_{n+k} \\ \cdots & & \cdots \\ \Delta S_{n+k} & \cdots & \Delta S_{n+2k} \end{vmatrix}} - \frac{\begin{vmatrix} 1 & \cdots & 1 \\ \Delta^2 S_{n+1} & \cdots & \Delta^2 S_{n+k} \\ \cdots & & \cdots \\ \Delta^2 S_{n+k-1} & \cdots & \Delta^2 S_{n+2k-2} \end{vmatrix}}{\begin{vmatrix} \Delta S_{n+1} & \cdots & \Delta S_{n+k} \\ \cdots & & \cdots \\ \Delta S_{n+k} & \cdots & \Delta S_{n+2k-1} \end{vmatrix}} =$$

$$\frac{1}{\dfrac{\begin{vmatrix} S_{n+1} & \cdots & S_{n+k+1} \\ \Delta S_{n+1} & \cdots & \Delta S_{n+k+1} \\ \cdots & & \cdots \\ \Delta S_{n+k} & \cdots & \Delta S_{n+2k} \end{vmatrix}}{\begin{vmatrix} 1 & \cdots & 1 \\ \Delta S_{n+1} & \cdots & \Delta S_{n+k+1} \\ \cdots & & \cdots \\ \Delta S_{n+k} & \cdots & \Delta S_{n+2k} \end{vmatrix}} - \dfrac{\begin{vmatrix} S_n & \cdots & S_{n+k} \\ \Delta S_n & \cdots & \Delta S_{n+k} \\ \cdots & & \cdots \\ \Delta S_{n+k-1} & \cdots & \Delta S_{n+2k-1} \end{vmatrix}}{\begin{vmatrix} 1 & \cdots & 1 \\ \Delta S_n & \cdots & \Delta S_{n+k} \\ \cdots & & \cdots \\ \Delta S_{n+k-1} & \cdots & \Delta S_{n+2k-1} \end{vmatrix}}}$$

en réarrangeant les lignes et les colonnes, le membre de gauche de cette relation peut s'écrire :

$$
\frac{\begin{vmatrix} 1 & \cdots & 1 & 1 \\ \Delta^2 S_{n+1} & \cdots & \Delta^2 S_{n+k} & \Delta^2 S_n \\ \vdots & & \vdots & \vdots \\ \Delta^2 S_{n+k} & \cdots & \Delta^2 S_{n+2k-1} & \Delta^2 S_{n+k-1} \end{vmatrix}}{\begin{vmatrix} \Delta S_{n+1} & \cdots & \Delta S_{n+k} & \Delta S_n \\ \Delta^2 S_{n+1} & \cdots & \Delta^2 S_{n+k} & \Delta^2 S_n \\ \vdots & & \vdots & \vdots \\ \Delta^2 S_{n+k} & \cdots & \Delta^2 S_{n+2k-1} & \Delta^2 S_{n+k-1} \end{vmatrix}} - \frac{\begin{vmatrix} 1 & \cdots & 1 \\ \Delta^2 S_{n+1} & & \Delta^2 S_{n+k} \\ \vdots & & \vdots \\ \Delta^2 S_{n+k-1} & \cdots & \Delta^2 S_{n+2k-2} \end{vmatrix}}{\begin{vmatrix} \Delta S_{n+1} & \cdots & \Delta S_{n+k} \\ \Delta^2 S_{n+1} & \cdots & \Delta^2 S_{n+k} \\ \vdots & & \vdots \\ \Delta^2 S_{n+k-1} & \cdots & \Delta^2 S_{n+2k-2} \end{vmatrix}}
$$

D'où en utilisant un développement de Schweins et en inversant les rapports :

$$
\frac{\begin{vmatrix} 1 & \cdots & 1 & 1 \\ \Delta S_{n+1} & \cdots & \Delta S_{n+k} & \Delta S_n \\ \Delta^2 S_{n+1} & \cdots & \Delta^2 S_{n+k} & \Delta^2 S_n \\ \vdots & & \vdots & \vdots \\ \Delta^2 S_{n+k-1} & \cdots & \Delta^2 S_{n+2k-2} & \Delta^2 S_{n+k-2} \end{vmatrix} \cdot \begin{vmatrix} \Delta^2 S_{n+1} & \cdots & \Delta^2 S_{n+k} \\ \vdots & & \vdots \\ \Delta^2 S_{n+k} & \cdots & \Delta^2 S_{n+2k-1} \end{vmatrix}}{\begin{vmatrix} \Delta S_{n+1} & \cdots & \Delta S_{n+k} & \Delta S_n \\ \Delta^2 S_{n+1} & \cdots & \Delta^2 S_{n+k} & \Delta^2 S_n \\ \vdots & & \vdots & \vdots \\ \Delta^2 S_{n+k} & \cdots & \Delta^2 S_{n+2k-1} & \Delta^2 S_{n+k-1} \end{vmatrix} \cdot \begin{vmatrix} \Delta S_{n+1} & \cdots & \Delta S_{n+k} \\ \Delta^2 S_{n+1} & \cdots & \Delta^2 S_{n+k} \\ \vdots & & \vdots \\ \Delta^2 S_{n+k-1} & \cdots & \Delta^2 S_{n+2k-2} \end{vmatrix}} =
$$

$$
\frac{\begin{vmatrix} 1 & \cdots & 1 \\ \Delta S_n & \cdots & \Delta S_{n+k} \\ \vdots & & \vdots \\ \Delta S_{n+k-1} & \cdots & \Delta S_{n+2k-1} \end{vmatrix} \cdot \begin{vmatrix} 1 & \cdots & 1 \\ \Delta S_{n+1} & \cdots & \Delta S_{n+k+1} \\ \vdots & & \vdots \\ \Delta S_{n+k} & \cdots & \Delta S_{n+2k} \end{vmatrix}}{\begin{vmatrix} \Delta S_n & \cdots & \Delta S_{n+k} \\ \vdots & & \vdots \\ \Delta S_{n+k} & \cdots & \Delta S_{n+2k} \end{vmatrix} \cdot \begin{vmatrix} \Delta S_{n+1} & \cdots & \Delta S_{n+k} \\ \vdots & & \vdots \\ \Delta S_{n+k} & \cdots & \Delta S_{n+2k-1} \end{vmatrix}}
$$

Quant au membre de droite de la première relation il peut s'écrire :

$$(-1)^k \frac{\begin{vmatrix} 1 & \cdots\cdots & 1 \\ \Delta S_n & \cdots\cdots & \Delta S_{n+k} \\ \vdots & & \vdots \\ \Delta S_{n+k-1} & \cdots & \Delta S_{n+2k-1} \end{vmatrix} \cdot \begin{vmatrix} 1 & \cdots\cdots & 1 \\ \Delta S_{n+1} & \cdots\cdots & \Delta S_{n+k+1} \\ \vdots & & \vdots \\ \Delta S_{n+k} & \cdots\cdots & \Delta S_{n+2k} \end{vmatrix}}{D}$$

avec

$$D = \begin{vmatrix} \Delta S_{n+1} & \cdots\cdots & \Delta S_{n+k+1} \\ \vdots & & \vdots \\ \Delta S_{n+k} & \cdots\cdots & \Delta S_{n+2k} \\ S_{n+1} & \cdots\cdots & S_{n+k+1} \end{vmatrix} \cdot \begin{vmatrix} \Delta S_{n+1} & \cdots\cdots & \Delta S_{n+k} & \Delta S_n \\ \vdots & & \vdots & \vdots \\ \Delta S_{n+k} & \cdots\cdots & \Delta S_{n+2k-1} & \Delta S_{n+k-1} \\ 1 & \cdots\cdots & 1 & 1 \end{vmatrix}$$

$$- \begin{vmatrix} \Delta S_{n+1} & \cdots\cdots & \Delta S_{n+k} & \Delta S_n \\ \vdots & & \vdots & \vdots \\ \Delta S_{n+k} & \cdots\cdots & \Delta S_{n+2k-1} & \Delta S_{n+k-1} \\ S_{n+1} & \cdots\cdots & S_{n+k} & S_n \end{vmatrix} \cdot \begin{vmatrix} \Delta S_{n+1} & \cdots\cdots & \Delta S_{n+k+1} \\ \vdots & & \vdots \\ \Delta S_{n+k} & \cdots\cdots & \Delta S_{n+2k} \\ 1 & \cdots\cdots & 1 \end{vmatrix}$$

en utilisant une identité dérivée de [2] :

$$\begin{vmatrix} a_1 & a_2 \\ b_1 & b_2 \end{vmatrix} = \begin{vmatrix} |a_1| & |b_2| - |b_1| & |a_2| \end{vmatrix}$$

On trouve que :

$$D = \begin{vmatrix} \Delta S_{n+1} & \cdots\cdots & \Delta S_{n+k+1} & \Delta S_n \\ \vdots & & \vdots & \vdots \\ \Delta S_{n+k} & \cdots\cdots & \Delta S_{n+2k} & \Delta S_{n+k-1} \\ S_{n+1} & \cdots\cdots & S_{n+k+1} & S_n \\ 1 & \cdots\cdots & 1 & 1 \end{vmatrix} \cdot \begin{vmatrix} \Delta S_{n+1} & \cdots\cdots & \Delta S_{n+k} \\ \vdots & & \vdots \\ \Delta S_{n+k} & \cdots\cdots & \Delta S_{n+2k-1} \end{vmatrix}$$

ce qui démontre l'égalité des deux membres de la première égalité. On démontre de la même façon que la propriété énoncée dans le théorème reste vraie pour la colonne 2k+2, ce qui termine la démonstration.

REMARQUE : on voit que seules les quantités d'indice inférieur pair sont intéressantes. Les autres ne sont que des calculs intermédiaires.

La conséquence immédiate de ce théorème est donc la :

Propriété 10 :

$$\varepsilon_{2k}^{(n)} = \frac{H_{k+1}^{(n)}(S_n)}{H_k^{(n)}(\Delta^2 S_n)} \quad \text{et} \quad \varepsilon_{2k+1}^{(n)} = \frac{H_k^{(n)}(\Delta^3 S_n)}{H_{k+1}^{(n)}(\Delta S_n)}$$

La démonstration du théorème 36 prouve également la relation suivante entre les déterminants de Hankel :

Propriété 11 :

$$H_k^{(n)}(\Delta^2 u_n) \,.\, H_k^{(n)}(u_n) - [H_k^{(n)}(\Delta u_n)]^2 = H_{k+1}^{(n)}(u_n) \,.\, H_{k-1}^{(n)}(\Delta^2 u_n)$$

III - 3 Propriétés de l' ε-algorithme

Si l'on écrit la définition de $\varepsilon_{2k+2}^{(n)}$ et de $\varepsilon_{2k}^{(n)}$ à partir des déterminants de Hankel et si l'on effectue un développement de Schweins de $\varepsilon_{2k+2}^{(n)} - \varepsilon_{2k}^{(n)}$ on trouve la propriété suivante :

Propriété 12 :

$$\varepsilon_{2k+2}^{(n)} - \varepsilon_{2k}^{(n)} = - \frac{[H_{k+1}^{(n)}(\Delta S_n)]^2}{H_{k+1}^{(n)}(\Delta^2 S_n) \,.\, H_k^{(n)}(\Delta^2 S_n)}$$

La démonstration est laissée en exercice.

On a vu que le calcul de $\varepsilon_{2k}^{(n)}$ nécessitait la connaissance de $S_n, S_{n+1}, \ldots, S_{n+2k}$. Supposons que nous inversions la numérotation de ces 2k+1 termes on a le résultat :

Propriété 13 : Soit $\varepsilon_{2k}^{(n)}$ la valeur obtenue en appliquant l'ε-algorithme à $S_n, S_{n+1}, \ldots S_{n+2k}$. Si on applique l'$\varepsilon$-algorithme à $u_n = S_{n+2k}, u_{n+1} = S_{n+2k-1}, \ldots, u_{n+2k} = S_n$ on obtient la même quantité $\varepsilon_{2k}^{(n)}$ $n, k = 0, 1, \ldots$

démonstration : elle est évidente en utilisant la propriété 10. Cela revient à intervertir des lignes et des colonnes dans les déterminants de Hankel. Ce résultat a été obtenu par Gilewicz [90] qui en donne une démonstration faisant intervenir la connexion entre l'ε-algorithme et la table de Padé.

L'ε-algorithme est une transformation non linéaire de suite à suite, c'est-à-dire que si on l'applique à la somme terme à terme de deux suites les quantités $\varepsilon_k^{(n)}$ que l'on obtient ne sont pas les sommes des quantités obtenues en appliquant l'ε-algorithme séparément à chacune des suites. Cependant on a la :

<u>Propriété 14</u> : si l'application de l'ε-algorithme à $\{S_n\}$ et à $\{aS_n + b\}$ fournit respectivement les quantités $\varepsilon_k^{(n)}$ et $\bar{\varepsilon}_k^{(n)}$ alors :

$$\bar{\varepsilon}_{2k}^{(n)} = a\ \varepsilon_{2k}^{(n)} + b \qquad\qquad \bar{\varepsilon}_{2k+1}^{(n)} = \varepsilon_{2k+1}^{(n)} / a$$

démonstration : elle est évidente à partir de la définition des $\varepsilon_k^{(n)}$ à l'aide des déterminants de Hankel. Elle est laissée en exercice.

Wynn a également démontré le résultat suivant [242] :

<u>Propriété 15</u> : si on applique l'ε-algorithme à une suite $\{S_n\}$ qui vérifie $\sum_{i=0}^{k} a_i S_{n+i} = a$ pour tout n et si les racines $\lambda_1, \ldots, \lambda_k$ du polynôme $\sum_{i=0}^{k} a_i \lambda^i$ sont réelles, distinctes et telles que :

$|\lambda_1| > |\lambda_2| > \ldots > |\lambda_j| > 1 > |\lambda_{j+1}| > \ldots > |\lambda_k|$ alors

$$\lim_{n\to\infty} \frac{\varepsilon_{2i-1}^{(n+1)}}{\varepsilon_{2i-1}^{(n)}} = \frac{1}{\lambda_i} \qquad i = 1, \ldots, k$$

et

$$\lim_{n\to\infty} \frac{\varepsilon_{2i-2}^{(n+1)}}{\varepsilon_{2i-2}^{(n)}} = \begin{cases} \lambda_i & i = 1, \ldots, j \\ 1 & i = j+1, \ldots, k \end{cases}$$

si $a \neq 0$ et λ_i pour $i = 1, \ldots, k$ si $a = 0$

la démonstration de cette propriété est liée au :

<u>Théorème 37</u> :

Une condition nécessaire et suffisante pour que $\varepsilon_{2k}^{(n)} = S\ \ \forall n > N$ est que :

$$S_n = S + \sum_{i=1}^{p} A_i(n)\, r_i^n + \sum_{i=p+1}^{q} [B_i(n) \cos b_i n + C_i(n) \sin b_i n]\ e^{w_i n}$$

$$+ \sum_{i=0}^{m} c_i \, \delta_{in} \qquad \forall n > N$$

avec $r_i \neq 1$ pour $i = 1,\ldots,p$

A_i, B_i et C_i sont des polynômes en n tels que si d_i est égal au degré de A_i plus un pour $i = 1, \ldots, p$ et au plus grand des degrés de B_i et de C_i plus un pour $i = p+1, \ldots, q$ on ait :

$$m + \sum_{i=1}^{p} d_i + 2 \sum_{i=p+1}^{q} d_i = k-1$$

avec la convention que $m = -1$ s'il n'y a aucun terme en δ_{in}.

Démonstration : de même que le théorème 34 était une conséquence immédiate du théorème 33, ce théorème est la conséquence du théorème 35. Il n'y a aucune démonstration à faire, on écrit seulement la solution générale de l'équation aux différences du théorème 35. La condition $\sum_{i=0}^{k} a_i \neq 0$ impose simplement que $r_i \neq 1$ $i = 1, \ldots, p$

On remarquera que ce théorème est une généralisation du théorème 34 obtenu pour le procédé Δ^2 d'Aitken ainsi que du théorème 30 pour les procédés de sommation totaux.

On peut donc interpréter l'ε-algorithme comme une extrapolation par une somme de telles exponentielles où les coefficients de A_i, B_i et C_i ainsi que les r_i, b_i w_i et c_i sont des inconnues. Sur ce théorème on pourra consulter [47]. Wynn [195] a également démontré le résultat suivant :

<u>Propriété 16</u> : si on applique l'ε-algorithme à une suite $\{S_n\}$ telle que :

$$\sum_{i=0}^{k} a_i \, S_{n+i} = 0 \qquad \forall n > N$$

avec $\sum_{i=0}^{k} a_i \neq 0$ alors :

$$\varepsilon_0^{(n)} \varepsilon_1^{(n)} - \varepsilon_1^{(n)} \varepsilon_2^{(n)} + \varepsilon_2^{(n)} \varepsilon_3^{(n)} - \ldots + \varepsilon_{2k-2}^{(n)} \varepsilon_{2k-1}^{(n)} = - \sum_{i=1}^{k} i \, a_i \Big/ \sum_{i=0}^{k} a_i \qquad \forall n > N$$

Démonstration : la relation de l'ε-algorithme peut s'écrire :

$$\varepsilon_{i+1}^{(n)}\varepsilon_i^{(n+1)} - \varepsilon_{i-1}^{(n+1)}\varepsilon_i^{(n+1)} - \varepsilon_i^{(n)}\varepsilon_{i+1}^{(n)} + \varepsilon_{i-1}^{(n+1)}\varepsilon_i^{(n)} = 1$$

faisons $i = 0, \ldots, 2k-1$ et effectuons une somme alternée des équations ainsi obtenue c'est-à-dire la première moins la seconde plus la troisième et ainsi de suite. Si l'on pose :

$$B(n) = \varepsilon_0^{(n)}\varepsilon_1^{(n)} - \varepsilon_1^{(n)}\varepsilon_2^{(n)} + \ldots + \varepsilon_{2k-2}^{(n)}\varepsilon_{2k-1}^{(n)}$$

on trouve, en utilisant le théorème 35 et le fait que $\varepsilon_{2k}^{(n)} = 0\ \forall n$, que la combinaison précédente s'écrit :

$$B(n) - B(n+1) = 0 \qquad \forall n$$

ce qui démontre que $B(n)$ = constante $\forall n$. Cette première partie de la démonstration a été obtenue par Bauer [15]. La valeur de la constante à laquelle est égale $B(n)$ a été obtenue par Wynn. La démonstration est trop longue et trop technique pour être donnée ici.

En effectuant des éliminations dans la relation de l'ε-algorithme, Wynn [212] a obtenu la :

<u>Propriété 17</u> :

$$[\varepsilon_{k+2}^{(n-1)} - \varepsilon_k^{(n)}]^{-1} - [\varepsilon_k^{(n)} - \varepsilon_{k-2}^{(n+1)}]^{-1} = [\varepsilon_k^{(n+1)} - \varepsilon_k^{(n)}]^{-1} - [\varepsilon_k^{(n)} - \varepsilon_k^{(n-1)}]^{-1}$$

démonstration : on a :

$$\varepsilon_{k+1}^{(n-1)} - \varepsilon_{k-1}^{(n)} = [\varepsilon_k^{(n)} - \varepsilon_k^{(n-1)}]^{-1}$$

$$\varepsilon_{k+1}^{(n)} - \varepsilon_{k-1}^{(n+1)} = [\varepsilon_k^{(n+1)} - \varepsilon_k^{(n)}]^{-1}$$

soustrayons et réarrangeons les termes à gauche du signe égal :

$$\varepsilon_{k+1}^{(n)} - \varepsilon_{k+1}^{(n-1)} - [\varepsilon_{k-1}^{(n+1)} - \varepsilon_{k-1}^{(n)}] = [\varepsilon_k^{(n+1)} - \varepsilon_k^{(n)}]^{-1} - [\varepsilon_k^{(n)} - \varepsilon_k^{(n-1)}]^{-1}$$

d'où la relation cherchée puisque

$$\varepsilon_{k+2}^{(n-1)} - \varepsilon_k^{(n)} = [\varepsilon_{k+1}^{(n)} - \varepsilon_{k+1}^{(n-1)}]^{-1}$$

$$\varepsilon_k^{(n)} - \varepsilon_{k-2}^{(n+1)} = [\varepsilon_{k-1}^{(n+1)} - \varepsilon_{k-1}^{(n)}]^{-1}$$

comme on le voit la relation de la propriété 17 permet de passer de colonnes paires à colonnes paires dans le tableau ε. On relie ainsi cinq quantités situées aux sommets et au centre d'un losange :

$$\begin{matrix} & N & \\ W & C & E \\ & S & \end{matrix}$$

la relation s'écrit donc (règle de la croix) :

$$(C-N)^{-1} + (C-S)^{-1} = (C-W)^{-1} + (C-E)^{-1}$$

En partant de là, Cordellier [65] a donné une interprétation géométrique de l'ε-algorithme. Cette relation est également le point de départ de l'obtention des règles particulières de l'ε-algorithme comme nous le verrons au paragraphe IV.8.

Soit G_k l'ensemble des suites finies de 2k+1 termes telles que si $x = (S_n, \ldots, S_{n+2k}) \in G_k$ alors $H_k^{(n)} (\Delta^2 S_n) \neq 0$. Soit E_k l'application qui à $x = (S_n, \ldots, S_{n+2k}) \in G_k$ fait correspondre $\varepsilon_{2k}^{(n)} = H_{k+1}^{(n)} (S_n) / H_k^{(n)} (\Delta^2 S_n)$. Par conséquent puisque $H_k^{(n)}(\Delta^2 S_n) \neq 0$ l'application E_k est continue dans G_k. D'où le :

<u>Théorème 38</u> :

L'ε-algorithme est continu dans G_k.

$H_{k+1}^{(n)} (S_n)$ et $H_k^{(n)}(\Delta^2 S_n)$ sont des applications différentiables de G_k dans $\mathbb{R}$ puisque un déterminant est différentiable par rapport à chacun de ses éléments ; d'où le :

<u>Théorème 39</u> :

L'ε-algorithme est différentiable dans G_k.

III - 4 Interprétation de l'ε-algorithme

Nous allons maintenant montrer que le calcul de $\varepsilon_{2k}^{(n)}$ revient à résoudre le système suivant :

$$a_o S_n + a_1 S_{n+1} + \ldots + a_k S_{n+k} = C$$

$$a_o S_{n+1} + a_1 S_{n+2} + \ldots + a_k S_{n+k+1} = C$$

$$a_o S_{n+k} + a_1 S_{n+k+1} + \ldots + a_k S_{n+2k} = C$$

où C est une constante arbitraire non nulle puis à calculer :

$$\varepsilon_{2k}^{(n)} = C / \sum_{i=0}^{k} a_i$$

Dans ce système remplaçons la seconde ligne par sa différence avec la première, la troisième par sa différence avec la seconde et ainsi de suite ; on obtient :

$$a_o S_n + \ldots\ldots + a_k S_{n+k} = C$$

$$a_o \Delta S_n + \ldots\ldots + a_k \Delta S_{n+k} = 0$$

$$a_o \Delta S_{n+k-1} + \ldots + a_k \Delta S_{n+2k-1} = 0$$

Effectuons maintenant la même opération sur les colonnes :

$$b_o S_n + b_1 \Delta S_n + \ldots\ldots + b_k \Delta S_{n+k-1} = C$$

$$b_o \Delta S_n + b_1 \Delta^2 S_n + \ldots\ldots + b_k \Delta^2 S_{n+k-1} = 0$$

$$b_o \Delta S_{n+k-1} + b_1 \Delta^2 S_{n+k-1} + \ldots + b_k \Delta^2 S_{n+2k-2} = 0$$

avec $b_j = \sum_{i=j}^{k} a_i$ pour $j = 0, \ldots, k$

d'où immédiatement :

$$b_o = \sum_{i=0}^{k} a_i = C \frac{H_k^{(n)}(\Delta^2 S_n)}{H_{k+1}^{(n)}(S_n)}$$

ce qui montre que :

$$C / \sum_{i=0}^{k} a_i = \varepsilon_{2k}^{(n)}$$

On voit que $H_k^{(n)}(\Delta^2 S_n) \neq 0$ entraîne $\sum_{i=0}^{k} a_i \neq 0$ et réciproquement. De plus si l'on remplace C par aC où a est une constante non nulle alors les a_i sont remplacés par $a\, a_i$ et par conséquent $\varepsilon_{2k}^{(n)} = C / \sum_{i=0}^{k} a_i$ demeure inchangé.

On peut également démontrer l'identité entre ces deux façons de procéder en posant $C = \varepsilon_{2k}^{(n)} \sum_{i=0}^{k} a_i$, d'où :

$$\frac{a_0 S_n + \dots + a_k S_{n+k} = \varepsilon_{2k}^{(n)} \sum_{i=0}^{k} a_i}{a_0 S_{n+k} + \dots + a_k S_{n+2k} = \varepsilon_{2k}^{(n)} \sum_{i=0}^{k} a_i}$$

ou encore

$$\frac{a_0(S_n - \varepsilon_{2k}^{(n)}) + \dots + a_k(S_{n+k} - \varepsilon_{2k}^{(n)}) = 0}{a_0\,(S_{n+k} - \varepsilon_{2k}^{(n)}) + \dots + a_k(S_{n+2k} - \varepsilon_{2k}^{(n)}) = 0}$$

d'où, pour avoir une solution différente de la solution nulle :

$$\begin{vmatrix} S_n - \varepsilon_{2k}^{(n)} \dots\dots & S_{n+k} - \varepsilon_{2k}^{(n)} \\ \hline S_{n+k} - \varepsilon_{2k}^{(n)} \dots & S_{n+2k} - \varepsilon_{2k}^{(n)} \end{vmatrix} = 0$$

ce qui démontre, d'après le théorème 35, que l'on a bien :

$$\varepsilon_{2k}^{(n)} = H_{k+1}^{(n)}(S_n) \;/\; H_k^{(n)}(\Delta^2 Sn).$$

On peut également, comme l'a fait Greville [105], poser $\sum_{i=0}^{k} a_i = 1$ ce qui donne $C = \varepsilon_{2k}^{(n)}$ d'où le nouveau système de k+2 équations à k+2 inconnues :

$$a_0 + \dots + a_k = 1$$

$$- \varepsilon_{2k}^{(n)} + a_0 S_n + \dots + a_k S_{n+k} = 0$$

$$\text{- - - - - - - - - - - - - - - - - -}$$

$$- \varepsilon_{2k}^{(n)} + a_0 S_{n+k} + \dots + a_k S_{n+2k} = 0$$

A l'aide de cette interprétation algébrique, Germain-Bonne [88] a démontré qu'il y avait identité entre l'application de l'ε-algorithme et la méthode des moments telle qu'elle est décrite, par exemple, dans le livre de Vorobyev [184].

Considérons les vecteurs :

$$x_i = \begin{pmatrix} S_i \\ S_{i+1} \\ \vdots \\ S_{i+k-1} \end{pmatrix} \qquad \text{pour } i = 0, \dots, k+1$$

La méthode des moments revient à chercher la matrice carrée A d'ordre k+1 et le vecteur $b \in \mathbb{R}^{k+1}$ tels que :

$$x_1 = Ax_0 + b$$
$$\text{-------------}$$
$$x_{k+1} = Ax_k + b$$

On a donc
$$\Delta x_1 = A.\Delta x_0$$
$$\text{----------}$$
$$\Delta x_k = A.\Delta x_{k-1}$$

La matrice A est de la forme :

$$\begin{pmatrix} 0 & 1 & \cdots\cdots\cdots & 0 \\ 0 & 0 & 1 \cdots\cdots & 0 \\ - & - & - \; - \; - & - \\ 0 & 0 & 0 \cdots\cdots & 1 \\ a_1 & a_2 & a_3 \cdots\cdots & a_k \end{pmatrix}$$

La dernière ligne de chacun des systèmes précédents détermine les a_i. Toutes les composantes de b sont nulles sauf la dernière qui est égale à $S_k - a_1 S_0 - \ldots - a_k S_{k-}$ Toutes les composantes du vecteur x tel que x = Ax + b sont égales à la quantité $\varepsilon_{2k}^{(0)}$ obtenue par application de l'ε-algorithme à $S_0, \ldots, S_{2k}$.

Il semble que la liaison entre l'ε-algorithme et la méthode des moments soit beaucoup plus profonde qu'une simple liaison algébrique et qu'elle passe par la théorie des polynômes orthogonaux. Cette question est actuellement à l'étude.

Revenons au début de l'interprétation algébrique. Nous avons vu que l'application de l'ε-algorithme à $S_n, \ldots, S_{n+2k}$ revenait à résoudre le système :

$$\begin{pmatrix} S_n & \cdots\cdots\cdots & S_{n+k} \\ - & - \; - \; - & - \\ S_{n+k} & \cdots\cdots\cdots & S_{n+2k} \end{pmatrix} \begin{pmatrix} a_0 \\ \cdot \\ \cdot \\ \cdot \\ a_k \end{pmatrix} = \begin{pmatrix} 1 \\ \cdot \\ \cdot \\ \cdot \\ 1 \end{pmatrix}$$

puis à calculer $\varepsilon_{2k}^{(n)} = 1 / \sum_{i=0}^{k} a_i$. Si nous appelons $A_{k+1}^{(n)}$ la matrice de ce système, on voit que $\varepsilon_{2k}^{(n)}$ est égal à la somme des éléments de $[A_{k+1}^{(n)}]^{-1}$. on peut donc calculer $\varepsilon_{2k}^{(n)}$ si l'on possède une méthode simple pour obtenir $[A_{k+1}^{(n)}]^{-1}$. Une telle méthode existe et est classique en analyse numérique : c'est la méthode de bordage qui permet de calculer $[A_{k+1}^{(n)}]^{-1}$ si l'on connaît $[A_k^{(n)}]^{-1}$ (voir par exemple [77]). Si l'on tient compte de la structure particulière des matrices de Hankel $A_k^{(n)}$ alors une variante de la méthode de bordage due à Trench [175] nous permet un calcul simple de $\{\varepsilon_{2k}^{(n)}\}$ pour n fixé et k = 0,1,... A première vue, cette méthode est beaucoup plus compliquée que l'ε-algorithme ; cependant elle nécessite environ trois fois moins d'opérations arithmétiques que l'ε-algorithme. Cette méthode est la suivante :

initialisations : $\gamma_{-1} = 0 \quad \lambda_{-1} = 1 \quad d_{-1} = 1 \quad d_{-2} = 0 \quad \lambda_0 = S_n$

$u_i^{(-2)} = 0 \quad \forall\, i$

$u_0^{(-1)} = 1$ et $u_i^{(-1)} = 0 \quad \forall\, i \neq 0$

$u_p^{(q)} = 0 \quad \forall\, q > p+1$ et $\forall\, q < 0$

$u_{p+1}^{(p)} = 1 \quad \forall\, p \geq 0$

$\varepsilon_0^{(n)} = S_n$

Calcul de $\varepsilon_{2k+2}^{(n)}$ pour n ≥ 0 fixé et pour k = 0,1,... par :

$$\gamma_k = \sum_{i=0}^{k} S_{n+k+i+1}\, u_i^{(k-1)}$$

$$u_i^{(k)} = (\gamma_{k-1}\lambda_{k-1}^{-1} - \gamma_k \lambda_k^{-1})\, u_i^{(k-1)} + u_{i-1}^{(k-1)} - \lambda_k \lambda_{k-1}^{-1}\, u_i^{(k-2)} \quad \text{pour } i=0,\ldots,k \text{ et } u_{k+1}^{(k)} = 1.$$

$$d_k = (\gamma_{k-1}\lambda_{k-1}^{-1} - \gamma_k \lambda_k^{-1} + 1)\, d_{k-1} - \lambda_k \lambda_{k-1}^{-1}\, d_{k-2}$$

$$\lambda_{k+1} = \sum_{i=0}^{k+1} S_{n+k+i+1}\, u_i^{(k)}$$

et enfin $$[\varepsilon_{2k+2}^{(n)}]^{-1} = [\varepsilon_{2k}^{(n)}]^{-1} + d_k^2\, \lambda_{k+1}^{-1}$$

Une étude complète de cette méthode se trouve dans [27].

III - 5 L'ε-algorithme et la table de Padé

L'importance de ce paragraphe est primordiale. Beaucoup de physiciens sont intéressés par l'approximation de Padé car ils obtiennent souvent la solution de leurs problèmes sous forme de série de puissances ; chaque terme de la série étant très difficile à calculer ils emploient l'approximation de Padé pour essayer d'améliorer leurs résultats et d'avoir le moins possible de termes à calculer. Nous allons montrer l'identité entre l'ε-algorithme et la moitié supérieure de la table de Padé. Etant donnée une série de puissances $f(x) = \sum_{i=0}^{\infty} c_i x^i$ il est possible de construire, sous certaines conditions, une suite double de fonctions rationnelles de x qui seront notées $[p/q]$, avec :

$$[p / q] = \frac{\sum_{i=0}^{p} a_i x^i}{\sum_{i=0}^{q} b_i x^i}$$

Cette fonction rationnelle $[p / q]$ possède la propriété fondamentale que son développement en puissances croissantes de x coïncide avec celui de f(x) jusqu'au terme de degré p+q compris.

En d'autres termes on a :

$$f(x) - [p / q] = O(x^{p+q+1})$$

La fraction rationnelle $[p / q]$ s'appelle approximant de Padé de f(x). La table à double entrée obtenue en plaçant $[p / q]$ à l'intersection de la ligne q et de la colonne p pour p, q = 0, 1, ... s'appelle la table de Padé [149]. De nombreux ouvrages ont été écrits sur la table de Padé : les deux plus importants sont ceux de Perron [152] et de Wall [185]. On pourra également consulter [9,96,97] qui sont plus récents.

Le calcul des coefficients a_i et b_i de $[p / q]$ s'effectue en écrivant que :

$$[p/q] = P(x) / Q(x) \text{ et } f(x)\, Q(x) - P(x) = O(x^{p+q+1})$$

ou en d'autres termes :

$$(c_0 + c_1 x + c_2 x^2 + \dots)(b_0 + b_1 x + \dots + b_q x^q) - (a_0 + a_1 x + \dots + a_p x^p) = O(x^{p+q+1})$$

ou encore :

$$(c_o + c_1 x + \dots)(b_o + \dots + b_q x^q) = a_o + \dots + a_p x^p + 0.x^{p+1} + \dots + 0.x^{p+q}$$

$$+ 0(x^{p+q+1})$$

En identifiant de part et d'autre du signe égal les coefficients des termes de même degré en x on obtient les coefficients b_i comme solution du système de q équations à q+1 inconnues :

$$c_{p+1} b_o + c_p b_1 + \dots + c_{p-q+1} b_q = 0$$

$$\text{-------------------------------------}$$

$$c_{p+q} b_o + c_{p+q-1} b_1 + \dots + c_p b_q = 0$$

en prenant $b_o = 1$ puis les a_i sont calculés en utilisant les p+1 relations :

$$c_o b_o = a_o$$

$$c_1 b_o + c_o b_1 = a_1$$

$$c_2 b_o + c_1 b_1 + c_o b_2 = a_2$$

$$\text{-------------------------}$$

$$c_p b_o + c_{p-1} b_1 + \dots + c_{p-q} b_q = a_p$$

avec la convention que tous les c_i avec i négatif sont nuls.

On a le :

<u>Théorème 40</u> :

une condition nécessaire et suffisante pour que [p / q] existe est que :

$$H_q^{(p-q+1)} (c_{p-q+1}) \neq 0$$

démonstration : c'est la condition pour que le système linéaire donnant les b_i admette une solution. Cette solution est d'ailleurs unique d'où le :

<u>Théorème 41</u> :

s'il existe [p / q] est unique

Longman [133] a proposé une méthode pour calculer les coefficients a_i et b_i d'un approximant de Padé en fonction des coefficients des approximants adjacents : dénotons par

a'_i et b'_i les coefficients de $[p / q-1]$, par a_i et b_i ceux de $[p-1,q]$ et par a^*_i et b^*_i ceux de $[p-1 / q-1]$; on a les relations suivantes :

$$b'_i = b_i - \frac{b^*_{i-1} b_q}{b^*_{q-1}} \qquad i = 1, \ldots, q-1$$

$$b'_o = 1$$

$$a_i = a'_i - \frac{a^*_{i-1} a'_p}{a^*_{p-1}} \qquad i = 1, \ldots, p-1$$

$$a_o = c_o$$

On trouvera des méthodes similaires dans [27,61,227].
Les approximants de Padé possèdent un certain nombre de propriétés ; pour énoncer ces propriétés il sera plus facile de dénoter par $[p/q]_f(x)$ l'approximant de Padé $[p/q]$ correspondant à la série f(x). On a :

Propriété 18 :

si $f(o) \neq o$ alors $[p/q]_{1/f}(x) = 1 / [q/p]_f(x)$

Propriété 19 :

si $f(o) = o$ alors $[p-1/q]_{f/x}(x) = [p/q]_f(x)/x$

Propriété 20 :

soit $R_k(x)$ un polynôme de degré k en x

si $p \geq q+k$ alors :

$$[p/q]_{f+R_k}(x) = [p/q]_f(x) + R_k(x)$$

On a également le résultat suivant :

Propriété 21 :

$$[p/q] = \frac{\begin{vmatrix} \sum_{i=0}^{p-q} c_i x^{q+i} & \cdots\cdots & \sum_{i=0}^{p} c_i x^i \\ c_{p-q+1} & \cdots\cdots & c_{p+1} \\ \hline c_p & \cdots\cdots & c_{p+q} \end{vmatrix}}{\begin{vmatrix} x^q & \cdots\cdots & 1 \\ c_{p-q+1} & \cdots\cdots & c_{p+1} \\ \hline c_p & \cdots\cdots & c_{p+q} \end{vmatrix}}$$

Supposons que l'approximant de Padé [p/q] soit en fait, après simplification par un facteur commun, le rapport d'un polynôme de degré exactement égal à p-k sur un polynôme de degré exactement égal à q-k. Cette fraction rationnelle coïncide avec f jusqu'au terme de degré p + q - 2k inclus puisqu'elle coïncide en réalité avec f jusqu'au terme de degré p + q inclus. C'est, par conséquent, un approximant de Padé et, en raison de leur unicité [p/q] ≡ [p-k/q-k].

Multiplions maintenant le numérateur et le dénominateur de [p-k / q-k] par un même polynôme de degré n ≤ k. On obtient le rapport d'un polynôme de degré p-k+n sur un polynôme de degré q-k+n qui coïncide avec f jusqu'au terme de degré p+q-2k+2n (puisqu'il coïncide en fait avec f jusqu'au terme de degré p+q inclus) ; c'est donc un approximant de Padé et, en raison de leur unicité, on a :

$$[p - n / q - n] \equiv [p/q] \qquad \text{pour } n = 0,\dots,k$$

Montrons maintenant que si deux approximants adjacents sur une diagonale, c'est-à-dire [p/q] et [p-1 / q-1], sont identiques alors, en fait, on a :

$$[p/q] \equiv [p-1/q] \equiv [p/q-1] \equiv [p-1/q-1]$$

Les coefficients des dénominateurs de [p/q] et [p-1/q-1] sont identiques ; on a donc :

$$\begin{pmatrix} c_{p-1} & \cdots\cdots & c_{p-q+1} \\ - - - & - - - & - - - \\ c_{p+q-3} & \cdots\cdots & c_{p-1} \end{pmatrix} \begin{pmatrix} b_1 \\ \vdots \\ b_{q-1} \end{pmatrix} = - \begin{pmatrix} c_p \\ \vdots \\ c_{p+q-2} \end{pmatrix}$$

$$\begin{pmatrix} c_p & \cdots & c_{p-1} & \cdots & c_{p-q+1} \\ - - - & - - - & - - - & - - - & - - - \\ c_{p+q-2} & & c_{p+q-3} & \cdot\cdot & c_{p-1} \\ c_{p+q-1} & & c_{p+q-2} & \cdot\cdot & c_p \end{pmatrix} \begin{pmatrix} b_1 \\ \vdots \\ b_{q-1} \\ b_q \end{pmatrix} = - \begin{pmatrix} c_{p+1} \\ \vdots \\ c_{p+q-1} \\ c_{p+q} \end{pmatrix}$$

On a évidemment $b_q = 0$ puisque le polynôme est en fait de degré q-1.

Considérons maintenant [p/q-1]. Ses coefficients b'_i sont donnés par :

$$\begin{pmatrix} c_p & \cdots\cdots & c_{p-q+2} \\ - & - - - - - - & - \\ c_{p+q-2} & \cdots\cdots & c_p \end{pmatrix} \begin{pmatrix} b'_1 \\ \vdots \\ b'_{q-1} \end{pmatrix} = - \begin{pmatrix} c_{p+1} \\ \vdots \\ c_{p+q-1} \end{pmatrix}$$

En comparant avec le système précédent, on voit que $b'_i = b_i$ pour $i = 1,\ldots,q-1$ et, par conséquent, que $a'_i = a_i \ \forall\ i$. Considérons maintenant [p-1/q]. Ses coefficients b''_i sont donnés par :

$$\begin{pmatrix} c_{p-1} & \cdots\cdots & c_{p-q} \\ - & - - - - - - & - \\ c_{p+q-2} & \cdots\cdots & c_{p-1} \end{pmatrix} \begin{pmatrix} b''_1 \\ \vdots \\ b''_q \end{pmatrix} = - \begin{pmatrix} c_p \\ \vdots \\ c_{p+q-1} \end{pmatrix}$$

En comparant avec le premier système, on voit que $b''_i = b_i$ pour $i = 1,\ldots,q-1$ et que $b''_q = 0$. On a aussi $a''_i = a_i \ \forall\ i$. Les quatre approximants de Padé sont donc identiques. Si nous appliquons cette propriété au cas où $[p-n/q-n] \equiv [p/q]$ pour $n = 0,\ldots,k$ alors on voit que tous les approximants [p-n/q-m] sont identiques pour $n,m = 0,\ldots,k$. C'est ce qu'on appelle la structure en blocs (carrés) de la table de Padé puisque tous ces approximants remplissent un bloc carré de la table de Padé dont les quatre angles sont [p-k/q-k], [p-k/q], [p/q-k] et [p/q]. C'est Padé [149] qui, le premier, a étudié en détail cette structure en blocs. Sur cette question on pourra consulter également [93,185].

La connexion qui existe entre la table de Padé et l'ε-algorithme a été mise en lumière par Shanks [170] et Wynn [213] :

<u>Théorème 42</u> :

Soit $f(x) = \sum_{i=0}^{\infty} c_i x^i$ une série de puissances. Si on applique l'ε-algorithme aux sommes partielles de cette série : $S_n = \sum_{i=o}^{n} c_i x^i$ alors :

$$\varepsilon_{2k}^{(n)} = [n + k/k]$$

démonstration : on a vu au début de ce paragraphe que

$$\varepsilon_{2k}^{(n)} = \frac{\begin{vmatrix} S_n & \cdots\cdots & S_{n+k} \\ \Delta S_n & \cdots\cdots & \Delta S_{n+k} \\ \hline \Delta S_{n+k-1} & \cdots & \Delta S_{n+2k-1} \end{vmatrix}}{\begin{vmatrix} 1 & \cdots\cdots & 1 \\ \Delta S_n & \cdots\cdots & \Delta S_{n+k} \\ \hline \Delta S_{n+k-1} & \cdots & \Delta S_{n+2k-1} \end{vmatrix}}$$

on a $\Delta S_n = c_{n+1} x^{n+1}$ d'où

$$\varepsilon_{2k}^{(n)} = \frac{\begin{vmatrix} \sum_{i=0}^{n} c_i x_i & \cdots\cdots & \sum_{i=0}^{n+k} c_i x^i \\ c_{n+1} x^{n+1} & \cdots & c_{n+k+1} x^{n+k+1} \\ \hline c_{n+k} x^{n+k} & \cdots & c_{n+2k} x^{n+2k} \end{vmatrix}}{\begin{vmatrix} 1 & \cdots\cdots\cdots & 1 \\ c_{n+1} x^{n+1} & \cdots\cdots & c_{n+k+1} x^{n+k+1} \\ \hline c_{n+k} x^{n+k} & \cdots\cdots & c_{n+2k} x^{n+2k} \end{vmatrix}}$$

Multiplions la première colonne du numérateur et du dénominateur par x^k, les secondes par x^{k-1}, etc. et les dernières par 1. On obtient :

$$\varepsilon_{2k}^{(n)} = \frac{\begin{vmatrix} \sum_{i=0}^{n} c_i x^{k+i} & \ldots\ldots & \sum_{i=0}^{n+k} c_i x^i \\ c_{n+1} x^{n+k+1} & \ldots & c_{n+k+1} x^{n+k+1} \\ \cdots & \cdots & \cdots \\ c_{n+k} x^{n+2k} & \ldots & c_{n+2k} x^{n+2k} \end{vmatrix}}{\begin{vmatrix} x^k & \ldots\ldots\ldots\ldots & 1 \\ c_{n+1} x^{n+k+1} & \ldots & c_{n+k+1} x^{n+k+1} \\ \cdots & \cdots & \cdots \\ c_{n+k} x^{n+2k} & \ldots & c_{n+2k} x^{n+2k} \end{vmatrix}}$$

divisons maintenant les secondes lignes du numérateur et du dénominateur par x^{n+k+1}, les troisièmes par x^{n+k+2}, etc. et les dernières par x^{n+2k}. On trouve que $\varepsilon_{2k}^{(n)} = [n+k/k]$ d'après la propriété 21.

L'ε-algorithme permet donc de construire la moitié de la table de Padé. L'autre moitié de la table de Padé peut être obtenue en utilisant la relation de la propriété 17 de la façon suivante :

on part des conditions aux limites extérieures $[-1/q] = 0$ et $[p/-1] = \infty$ et des conditions aux limites intérieures $[p\,/\,0] = \sum_{i=0}^{p} c_i x^i$ pour $p = 0, 1, \ldots$ et $[0\,/\,q] = \left(\sum_{i=0}^{q} d_i x^i\right)^{-1}$ où la série $\sum_{i=0}^{\infty} d_i x^i$ est telle que :

$$\left(\sum_{i=0}^{\infty} c_i x^i\right)\left(\sum_{i=0}^{\infty} d_i x^i\right) = 1.$$

La propriété 17 s'écrit :

$$([p\,/\,q+1] - [p\,/\,q])^{-1} - ([p\,/\,q] - [p\,/\,q-1])^{-1} = ([p+1/q] - [p\,/\,q])^{-1} - ([p\,/\,q] - [p-1\,/\,q])^{-1}$$

On obtient par conséquent ainsi toute la table de Padé :

	∞	∞	--------	∞
0	[0/0]	[1/0]	--------	[p/0]
0	[0/1]	[1/1]	--------	[p/1]
⋮	⋮	⋮		⋮
0	[0/q]	[1/q]	--------	[p/q]

Remarque 1 : Une colonne du tableau ε correspond à une ligne de la table de Padé.

Remarque 2 : La méthode de bordage du paragraphe précédent permet de calculer les coefficients des approximants de Padé.

Remarque 3 : Si f(x) est une fraction rationnelle de degré N sur M et si on applique l'ε-algorithme aux sommes partielles de f alors, pour $N \geq M$, on a :

$$\varepsilon_{2M}^{(n)} = f(x) \qquad \forall\, n \geq N - M$$

Ce résultat n'est pas en contradiction avec les théorèmes 35 et 37. Supposons en effet que :

$$f(x) = \sum_{i=0}^{\infty} c_i\, x^i = \sum_{i=0}^{N} a_i\, x^i \Big/ \sum_{i=0}^{M} b_i\, x^i \qquad \text{avec} \quad N \geq M$$

alors, par identification des termes de même degré en x, on trouve que :

$$b_0\, c_n + b_1\, c_{n-1} + \ldots + b_M\, c_{n-M} = 0 \qquad \text{pour} \quad n = N+1,\ N+2,\ \ldots$$

Si l'on multiplie cette égalité par x^n alors on a :

$$b_0\, c_n\, x^n + b_1\, x\, c_{n-1}\, x^{n-1} + \ldots + b_M\, x^M\, c_{n-M}\, x^{n-M} = 0 \qquad \text{pour} \quad n = N+1, \ldots$$

Si nous sommons ces égalités à partir de $n = p \geq N+1$, alors on obtient :

$$b_0 \sum_{n=p}^{\infty} c_n\, x^n + b_1\, x \sum_{n=p}^{\infty} c_{n-1}\, x^{n-1} + \ldots + b_M\, x^M \sum_{n=p}^{\infty} c_{n-M}\, x^{n-M} = 0$$

pour p = N+1, N+2,... fixé. Ce qui peut s'écrire :

$$b_0(f(x) - S_{p-1}) + b_1 x(f(x) - S_{p-2}) + \ldots + b_M\, x^M(f(x) - S_{p-M-1}) = 0$$

pour p = N+1, N+2,... en posant $S_k = \sum_{i=0}^{k} c_i\, x^i$ pour tout k.

En posant $f(x) = S$, $e_M = b_0$, $e_{M-1} = b_1 x$, ..., $e_0 = b_M x^M$, cette égalité peut s'écrire pour x fixé :

$$\sum_{i=0}^{M} e_i (S_{n+i} - S) = 0 \quad \text{pour} \quad n = N-M,\ N-M+1,\ \ldots$$

ce qui est autre que la relation du théorème 35 et par conséquent :

$$\varepsilon_{2M}^{(n)} = S = f(x) \qquad \forall\, n \geq N-M$$

Inversement, considérons une suite $\{S_n\}$ qui vérifie :

$$\sum_{i=0}^{M} e_i (S_{n+i} - S) = 0 \qquad \forall\, n \geq N-M$$

posons $c_0 = S_0$ et $c_i = \Delta S_{i-1}$ pour $i = 1,2,\ldots$

et
$$f(x) = \sum_{i=0}^{\infty} c_i\, x^i.$$

Alors $f(1) = S$ et S_n est égal à la $n^{\text{ième}}$ somme partielle de $f(1)$. L'égalité précédente s'écrit donc :

$$\sum_{i=0}^{M} e_i \sum_{j=n+1}^{\infty} c_{i+j} = 0 \quad \text{pour tout} \quad n \geq N-M$$

D'où encore :

$$\sum_{j=n+1}^{\infty} \sum_{i=0}^{M} e_i\, c_{i+j} = 0 \qquad \text{pour tout} \quad n \geq N-M.$$

En écrivant cette égalité pour n et n+1 et en soustrayant, on trouve que :

$$\sum_{i=0}^{M} e_i\, c_{n+i+1} = 0 \qquad \text{pour tout} \quad n \geq N-M$$

ce qui démontre que $f(x)$ est le développement en puissances croissantes de x d'une fraction rationnelle dont le numérateur est un polynôme de degré N en x et dont le dénominateur est de degré M avec $N \geq M$ puisque $n \geq 0$. Il y a donc équivalence totale entre les suites vérifiant les théorèmes 35 et 37 et les sommes partielles de fractions rationnelles.

Terminons ce paragraphe par la liaison entre les approximants de Padé et les polynômes orthogonaux. Etant donnée une suite $\{c_n\}$ on se définit la fonctionnelle c sur l'espace des polynômes réels par :

$$c(x^n) = c_n \quad \text{pour} \quad n = 0, 1, \ldots$$

Il est tout à fait classique [3] de construire une famille de polynômes orthogonaux $\{P_n\}$ par rapport à cette fonctionnelle c, c'est-à-dire que :

$$c(P_k\, P_n) = 0 \quad \text{si} \quad k \neq n.$$

On peut définir également des polynômes de seconde espèce $\{Q_n\}$ par :

$$Q_n(t) = c\left(\frac{P_n(x) - P_n(t)}{x - t}\right)$$

où t est un paramètre et où c agit sur la variable x. P_n est de degré n et Q_n est de degré n-1. Posons :

$$\tilde{P}_n(x) = x^n\, P_n(x^{-1})$$

$$\tilde{Q}_n(x) = x^{n-1}\, Q_n(x^{-1})$$

Considérons la série $f(x) = \sum_{i=0}^{\infty} c_i\, x^i$; alors on a :

$$[n-1/n]_f(x) = \tilde{Q}_n(x) \,/\, \tilde{P}_n(x).$$

Cette connexion entre la théorie des polynômes orthogonaux et les approximants de Padé est très intéressante car elle permet de bâtir une théorie très cohérente des approximants de Padé, des fractions continues et de certaines méthodes d'accélération de la convergence. Elle permet également de rattacher entre autre les approximants de Padé aux formules de quadrature de Gauss, à la méthode des moments, à celle de Lanczos, à l'approximation d'opérateurs et à la méthode du gradient conjugué. Ce point de vue est actuellement en plein développement. Sur ce sujet, on pourra consulter [4,5, 94, 179, 180, 181, 182].

On trouvera les développements récents sur la table de Padé dans [60,206].

III - 6 Théorèmes de convergence

Avant de donner des théorèmes de convergence pour l'ε-algorithme il faut préciser un point important. On voit que lorsqu'on applique l'ε-algorithme à une suite $\{S_n\}$ il se peut que deux quantités $\varepsilon_k^{(n+1)}$ et $\varepsilon_k^{(n)}$ deviennent égales pour une certaine valeur de k et de n. Il est alors impossible de continuer à construire le tableau ε car il y aurait une division par zéro. Dans la suite la convergence devra toujours être comprise avec la restriction énoncée par Wynn [235] : "bien que des conditions spéciales puissent être imposées à la suite $\{S_n\}$ pour éviter cette division par zéro, dans l'exposition d'une théorie générale où l'on impose aucune condition sur la suite initiale, les résultats énoncés ne concernent que les nombres qui peuvent être calculés". Une autre remarque importante est que les théorèmes de convergence concernant la table de Padé donnent des théorèmes de convergence pour l'ε-algorithme, inversement les théorèmes de convergence établis pour l'ε-algorithme fournissent des théorèmes de convergence ponctuelle pour la table de Padé. Le premier théorème que nous allons énoncer a été démontré par Montessus de Ballore [144] pour la table de Padé. Nous le donnons ici en termes d'ε-algorithme et de suite et sans démonstration :

<u>Théorème 43</u> :

Soit $\{S_n\}$ une suite qui converge vers S et qui est telle que $\lim\sup_{n\to\infty} |\Delta S_n|^{1/n} = 1$.

Soit f(z) la série associée :

$$f(z) = \sum_{i=0}^{\infty} c_i z^i \text{ avec } c_o = S_o \text{ et } c_k = \Delta S_{k-1} \text{ pour } k = 1, 2, \ldots$$

Supposons que f(z) possède k pôles comptés avec leurs multiplicités sur le cercle $|z| = 1$ et pas d'autres singularités. Si on applique l'ε-algorithme à la suite $\{S_n\}$ alors la suite $\{\varepsilon_{2k}^{(n)}\}$ converge vers S lorsque n tend vers l'infini.

Il existe de nombreux théorèmes de convergence pour la table de Padé. En général ce sont des théorèmes de convergence uniforme, en mesure ou en capacité.

Sur ces questions on pourra consulter par exemple les références [10,97] ainsi que les articles de Wynn [207,208,209,210,211]et ceux de Basdevant [13, 14]. Pour être complet il faudrait également citer les articles de Zinn-Justin, Bessis, Nuttall, etc . . On trouvera les références à ces articles dans ceux qui viennent d'être cités et dans [37].

Si nous ne nous intéressons qu'aux suites alors des théorèmes de convergence simple sont suffisants. Ces théorèmes se divisent en plusieurs groupes suivant les hypothèses faites :

- théorèmes de convergence pour des suites de forme bien déterminée : par exemple $S_n = S + \sum_{i=1}^{\infty} \alpha_i \lambda_i^n$
- théorèmes de convergence pour des classes de suites présentant certaines propriétés particulières comme, par exemple, les suites totalement monotones.
- théorèmes de convergence pour des suites dont on connait la loi de formation : par exemple $S_{n+1} = f(S_n, S_{n-1}, \ldots, S_{n-k})$
- théorèmes de convergence pour la colonne 2k du tableau ε quand on connait certaines propriétés des colonnes précédentes.

Pour le premier groupe, on a les résultats suivants qui ont été obtenus par Wynn [234] et que nous donnons ici sans démonstration.

<u>Théorème 44</u> :

Si on applique l'ε-algorithme à une suite $\{S_n\}$ telle que :

$$S_n \sim S + \sum_{i=1}^{\infty} a_i \,(n+b)^{-i} \qquad a_1 \neq 0$$

alors pour k fixé :

$$\varepsilon_{2k}^{(n)} \sim S + \frac{a_1}{(k+1)(n+b)}$$

<u>Théorème 45</u> :

si on applique l'ε-algorithme à une suite $\{S_n\}$ telle que :

$$S_n \sim S + (-1)^n \sum_{i=1}^{\infty} a_i (n+b)^{-i} \qquad a_1 \neq 0$$

alors pour k fixé :

$$\varepsilon_{2k}^{(n)} \sim S + \frac{(-1)^n (k!)^2 a_1}{2^{2k}(n+b)^{2k+1}}$$

Théorème 46 :

Si on applique l'ε-algorithme à une suite $\{S_n\}$ telle que :

$$S_n \sim S + \sum_{i=1}^{\infty} a_i \lambda_i^n \quad \text{avec} \quad 1 > \lambda_1 > \lambda_2 > \ldots > 0$$

alors pour k fixé :

$$\varepsilon_{2k}^{(n)} \sim S + \frac{a_{k+1} (\lambda_{k+1} - \lambda_1)^2 \ldots\ldots (\lambda_{k+1} - \lambda_k)^2 \lambda_{k+1}^n}{(1 - \lambda_1)^2 \ldots\ldots (1 - \lambda_k)^2}$$

Théorème 47 :

si on applique l'ε-algorithme à une suite $\{S_n\}$ telle que :

$$S_n \sim S + (-1)^n \sum^{\infty} a_i \lambda_i^n \quad \text{avec} \quad 1 > \lambda_1 > \lambda_2 > \ldots > 0$$

alors pour k fixé :

$$\varepsilon_{2k}^{(n)} \sim S + (-1)^n \frac{a_{k+1} (\lambda_{k+1} - \lambda_1)^2 \ldots\ldots (\lambda_{k+1} - \lambda_k)^2 \lambda_{k+1}^n}{(1 + \lambda_1)^2 \ldots\ldots (1 + \lambda_k)^2}$$

On voit que l'utilisation de ces quatre théorèmes nécessite d'avoir beaucoup d'informations sur la suite $\{S_n\}$. Leur emploi est donc restreint. Il faut donc mieux s'orienter vers des théorèmes de convergence pour des classes de suites. Une classe de suites très importante en analyse numérique est la classe des suites totalement monotones.

Définition 15 : on dit que la suite $\{S_n\}$ est totalement monotone si $(-1)^k \Delta^k S_n \geq 0$ pour n, k = 0, 1, ... On écrira $\{S_n\} \in TM$.

Wynn [196] a montré que de nombreuses suites déduites d'une suite totalement monotone sont, elles aussi, totalement monotones :

Théorème 48 :

Soit $\{S_n\} \in TM$ alors :

1°) $\{(1 - S_n)^{-1}\} \in TM$ si $S_0 < 1$

2°) $\{\prod_{i=0}^{n-1} S_i^{-1}\} \in TM$ si $\lim_{n\to\infty} S_n \geq 1$

3°) $\{\prod_{i=0}^{n-1} (1-S_i)\} \in TM$ si $S_0 \leq 1$

4°) $\{a^{(-1)^{k+1}} \Delta^k S_n\} \in TM$ si $0 < a \leq 1$ et $k \geq 0$ entier fini fixé

5°) $\{a^{\sum_{i=0}^{n-1} S_i}\} \in TM$ si $0 \leq a \leq 1$

Dans le même ordre d'idée, Brezinski [36] a démontré le :

Théorème 48 bis : Soit $f(t) = \sum_{k=0}^{\infty} c_k x^k$ une série de puissances de rayon de convergence R et telle que $c_k \geq 0$ pour tout k et soit $\{S_n\} \in TM$. Si $S_0 < R$ alors $\{f(S_n)\} \in TM$.

Démonstration : rappelons d'abord, ce qui est trivial à démontrer, que si $\{u_n\} \in TM$ et $\{v_n\} \in TM$ alors $\{u_n v_n\} \in TM$ et $\{au_n + bv_n\} \in TM$ si $a,b \geq 0$. Posons $f_k(t) = c_0 + \ldots + c_k t^k$. Pour k fixé $\{f_k(S_n)\} \in TM$. Puisque $0 \leq \ldots \leq S_1 \leq S_0 < R$ alors $f(S_n) = \lim_{k\to\infty} f_k(S_n)$ existe pour tout n. $\{f(S_n)\}$ est donc la limite, pour k tendant vers l'infini, d'une suite de suites TM. C'est donc aussi une suite TM puisque

$$(-1)^p \Delta^p f_k(S_n) \geq 0 \qquad n,p,k = 0,1,\ldots$$

$$\lim_{k\to\infty} (-1)^p \Delta^p f_k(S_n) = (-1)^p \Delta^p f(S_n) \geq 0 \qquad p,n = 0,1,\ldots$$

Remarque 1 : Si la série converge pour $t = R$ alors le résultat précédent reste valable si $S_0 = R$.

Remarque 2 : Si $(-1)^k c_k \geq 0$ pour tout k alors $\{f(-S_n)\} \in TM$ si $\{S_n\} \in TM$ et $S_0 < R$.

Donnons maintenant quelques exemples pour illustrer ces résultats. Soit $\{S_n\} \in TM$; alors les suites suivantes sont également TM si les conditions indiquées sont satisfaites.

suites	conditions	
$a^r - (a - S_n)^r$	$0 \leq r \leq 1$	$S_o \leq a$
$(a - S_n)^{-r}$	$r \geq 0$	$S_o < a$
$tg\ (S_n)$	$S_o < \Pi/2$	
a^{S_n}	$a > 1$	
$- Log\ (1-S_n)$	$S_o < 1$	
$Arcsin\ (S_n)$	$S_o < 1$	
$Arcos\ (S_n)$	$S_o < 1$	
$sh\ (S_n)$	pas de condition	
$ch\ (S_n)$	pas de condition	

Cette liste n'est évidemment pas limitative ; on peut composer les fonctions précédentes pour obtenir de nouvelles suites TM. On peut également utiliser le fait que sommes et produits de suites TM sont aussi TM ou encore faire appel au lemme 1 (voir plus loin).

Wynn [236] a également montré que les sommes partielles de certaines séries d'opérateurs utilisées en analyse numérique étaient totalement monotones ; c'est le cas de la série d'interpolation de Newton, de la série de Newton pour la dérivation, de la série d'intégration de Newton-Gregory et de la formule d'Euler-Maclaurin pour certaines fonctions. Wynn a donné aussi des exemples qui montrent le gain appréciable que procure l'ε-algorithme quand on l'applique à des suites totalement monotones [237].

Avant de démontrer la convergence de l'ε-algorithme pour des suites totalement monotones nous avons besoin d'établir un certain nombre de lemmes [234].

<u>Lemme 1</u> : Si $\{S_n\} \in TM$ alors $\{(-1)^k \Delta^k S_n\} \in TM \quad k = 1, 2, \ldots$

la démonstration est laissée en exercice.

<u>Lemme 2</u> : Toute suite totalement monotone est convergente.

La démonstration est évidente.

Une des plus importante caractéristiques des suites totalement monotones est d'être reliées à la théorie des moments. On a notamment le résultat suivant que nous énoncerons sans démonstration. L'ouvrage fondamental sur ces questions est le livre de Widder [188].

Lemme 3 : une condition nécessaire et suffisante pour que $\{S_n\} \in TM$ est que :

$S_n = \int_0^1 x^n \, dg(x)$ pour $n = 0, 1, \dots$ où g est une fonction bornée non décroissante dans $[0,1]$.

Les suites TM possèdent un certain nombre de propriétés remarquables. Ainsi, en utilisant l'inégalité de Hölder, on trouve [89] que si $\{S_n\} \in TM$ alors :

$$S_{r(n+k)}^{1/r} \leq S_{np}^{1/p} \, S_{kq}^{1/q}$$

avec $1/p + 1/q = 1/r$, $r(n+k) \in \mathbb{N}$, $np \in \mathbb{N}$ et $kq \in \mathbb{N}$.

Pour $p = q = 2$ et $r = 1$ on a donc :

$$S_{n+k}^2 \leq S_{2n} \, S_{2k} \qquad n,k = 0,1,\dots$$

Pour $n = 0$, $k = 1$ et $q = r+1$ on trouve que :

$$0 \leq \frac{S_1}{S_0} \leq \left(\frac{S_2}{S_0}\right)^{1/2} \leq \dots \leq \left(\frac{S_n}{S_0}\right)^{1/n} \leq \left(\frac{S_{n+1}}{S_0}\right)^{1/(n+1)} \leq \dots \leq \frac{1}{R} \leq 1$$

où R est le rayon de convergence de la série $f(x) = \sum_{i=0}^{\infty} S_i \, x^i$.

Pour $k = 0$ et $r = 1$ on obtient :

$$S_n^p \leq S_{np} \, S_0^{p-1} \qquad n,p = 0,1,\dots$$

On déduit de ces inégalités un certain nombre de conséquences pour la convergence des suites TM : Soit $\{S_n\} \in TM$ et soit S sa limite. Si $S_n \neq S \ \forall n$ alors $\exists \lambda \in]0,1[$ tel que $\lambda^n = O(S_n - S)$. Inversement soit $\{S_n\}$ une suite de limite S telle que $S_n > S \ \forall n$; si $\forall \lambda \in]0,1[\ S_n - S = o(\lambda^n)$ alors $\{S_n - S\} \notin TM$.

Le résultat fondamental pour la suite a été démontré par Wynn [234] :

Lemme 4 : si $\{S_n\} \in TM$ alors $H_k^{(n)}(S_n) \geq 0$ pour $n, k = 0, 1, \dots$

démonstration : l'idée de la démonstration est la suivante : à partir du lemme 3 on a $S_n = \int_0^1 x^n \, dg(x)$. A partir de la théorie des moments de Stieltjes on montre que $H_k^{(o)}(S_o) \geq 0$ et $H_k^{(1)}(S_1) \geq 0$ si et seulement si $S_n = \int_0^\infty x^n \, d\bar{g}(x)$ pour $n = 0, 1, \ldots$ où $\bar{g}$ est une fonction bornée non décroissante sur $[0, +\infty)$. Dans ce dernier cas on a :

$$S_{n+p} = \int_0^\infty x^n \, d\bar{g}^{(p)}(x) \quad n, p = 0, 1, \ldots$$

avec $d\bar{g}^{(p)}(x) = x^p \, d\bar{g}(x)$. $\bar{g}^{(p)}(x)$ est également bornée et non décroissante sur $[0, +\infty)$. Ainsi on a $H_k^{(n)}(S_n) \geq 0$ pour $k, n = 0, 1, \ldots$ On obtient ensuite le résultat du lemme en posant $\bar{g}(x) = g(x)$ pour $x \in [0,1]$ et $\bar{g}(x) = g(1)$ pour $x \in [1, +\infty)$.

A partir des lemmes 1 et 4 on a donc immédiatement le :

Lemme 5 : $H_k^{(n)}(\Delta^{2p} S_n) \geq 0$ et $(-1)^k H_k^{(n)}(\Delta^{2p+1} S_n) \geq 0$

d'où en utilisant ce lemme et la propriété 10 qui relie l'ε-algorithme aux déterminants de Hankel :

Lemme 6 : si on applique l'ε-algorithme à $\{S_n\} \in TM$ alors :

$$\varepsilon_{2k}^{(n)} \geq 0 \text{ et } \varepsilon_{2k+1}^{(n)} \leq 0 \text{ pour } n, k = 0, 1, \ldots$$

Utilisons maintenant la propriété 12 :

$$\varepsilon_{2k+2}^{(n)} - \varepsilon_{2k}^{(n)} = - \frac{[H_{k+1}^{(n)}(\Delta S_n)]^2}{H_{k+1}^{(n)}(\Delta^2 S_n) \cdot H_k^{(n)}(\Delta^2 S_n)}$$

et les lemmes 5 et 6. On obtient immédiatement le :

Lemme 7 : Si on applique l'ε-algorithme à $\{S_n\} \in TM$ alors :

$$0 \leq \varepsilon_{2k+2}^{(n)} \leq \varepsilon_{2k}^{(n)} \quad n, k = 0, 1, \ldots$$

Remarque : en utilisant un résultat peu connu sur les matrices définies positives [72, problème 17, p.51] on montre que si $\{S_n\} \in TM$ et $\{V_n\} \in TM$ alors $e_k(S_n+V_n) \geq e_k(S_n) + e_k(V_n) \geq 0 \quad \forall\, n,k$.

Démontrons maintenant le résultat fondamental [24] :

Théorème 49 : Si on applique l'ε-algorithme à une suite $\{S_n\}$ qui converge vers S et s'il existe deux constantes $a \neq 0$ et b telles que $\{a S_n + b\} \in TM$ alors :

$$\lim_{n\to\infty} \varepsilon_{2k}^{(n)} = S \quad \text{pour } k = 0, 1, \ldots$$

démonstration : supposons que $\{S_n\} \in$ TM et soit S sa limite. Alors $\{S_n - S\} \in$ TM. Si on applique l'ε-algorithme à $\{S_n - S\}$ alors on obtient des quantités $\varepsilon_{2k}^{(n)}$ qui vérifient l'inégalité du lemme 7. Si nous faisons k = 0 dans cette inégalité on voit que $\lim_{n\to\infty} \varepsilon_2^{(n)} = 0$ puisque $\{S_n - S\}$ converge vers zéro. On a donc $\lim_{n\to\infty} \varepsilon_{2k}^{(n)} = 0 \ \forall k$. Le reste de la démonstration provient tout simplement de la propriété 14 de l'ε-algorithme.

Nous allons maintenant étudier la convergence des diagonales du tableau ε pour les suites totalement monotones. Auparavant on a :

Lemme 8 : si on applique l'ε-algorithme à une suite $\{S_n\} \in$ TM alors

$$\varepsilon_{2k+1}^{(n)} \leq \varepsilon_{2k-1}^{(n)} \leq 0 \qquad k, n = 0, 1, \ldots$$

et

$$\lim_{n\to\infty} \varepsilon_{2k+1}^{(n)} = -\infty \qquad k = 0, 1, \ldots$$

démonstration : Puisque $\varepsilon_{2k+1}^{(n)} = 1/e_k(\Delta s_n)$ on a, d'après la propriété 12 et le lemme 5 :

$$\frac{1}{\varepsilon_{2k+1}^{(n)}} - \frac{1}{\varepsilon_{2k-1}^{(n)}} = - \frac{[H_k^{(n)}(\Delta^2 S_n)]^2}{H_{k-1}^{(n)}(\Delta^3 S_n) . H_k^{(n)}(\Delta^3 S_n)} \geq 0$$

et par conséquent en utilisant le lemme 6 :

$$\varepsilon_{2k+1}^{(n)} \leq \varepsilon_{2k-1}^{(n)} \leq 0$$

De plus $\varepsilon_1^{(n)} = 1 / \Delta S_n$ d'où $\lim_{n\to\infty} \varepsilon_1^{(n)} = -\infty$ ce qui termine la démonstration du lemme.

<u>Lemme 9</u> : Si on applique l'ε-algorithme à une suite $\{S_n\} \in TM$ alors

$$\Delta\varepsilon_k^{(n)} \leq 0 \qquad n, k = 0, 1, \ldots$$

démonstration : on a :

$\varepsilon_{2k+1}^{(n+1)} - \varepsilon_{2k-1}^{(n+1)} = \varepsilon_{2k+1}^{(n)} - \varepsilon_{2k-1}^{(n+1)} + \Delta\varepsilon_{2k+1}^{(n)} \leq 0$ d'après le lemme 8 ; d'où :

$$\varepsilon_{2k+1}^{(n)} \leq \varepsilon_{2k-1}^{(n+1)} - \Delta\varepsilon_{2k+1}^{(n)}$$

ou encore :

$$\varepsilon_{2k-1}^{(n+1)} + \frac{1}{\Delta\varepsilon_{2k}^{(n)}} \leq \varepsilon_{2k-1}^{(n+1)} - \Delta\varepsilon_{2k+1}^{(n)} \text{ ce qui donne :}$$

$$\frac{1}{\Delta\varepsilon_{2k}^{(n)}} \leq -\Delta\varepsilon_{2k+1}^{(n)} \qquad (1)$$

d'autre part on a :

$$0 \leq \varepsilon_{2k+2}^{(n)} = \varepsilon_{2k}^{(n+1)} + \frac{1}{\Delta\varepsilon_{2k+1}^{(n)}} \leq \varepsilon_{2k}^{(n)}$$

ou encore

$$\Delta\varepsilon_{2k}^{(n)} \leq -\frac{1}{\Delta\ \varepsilon_{2k+1}^{(n)}} \qquad (2)$$

si $\Delta\varepsilon_{2k}^{(n)} \geq 0$ alors (1) devient :

$$1 \leq -\Delta\varepsilon_{2k}^{(n)}\ \Delta\varepsilon_{2k+1}^{(n)}$$

et (2) s'écrit :

$$1 \leq -1/\Delta\varepsilon_{2k}^{(n)}\ \Delta\varepsilon_{2k+1}^{(n)}$$

Ces deux inégalités sont incompatibles et par conséquent :

$$\Delta\varepsilon_{2k}^{(n)} \leq 0 \qquad \forall\ n,k.$$

De même si $\Delta\varepsilon_{2k+1}^{(n)} \geq 0$ alors (1) s'écrit :

$$1/\Delta\varepsilon_{2k}^{(n)}\ \Delta\varepsilon_{2k+1}^{(n)} \leq -1$$

et (2) devient :

$$\Delta\varepsilon_{2k}^{(n)}\ \Delta\varepsilon_{2k+1}^{(n)} \leq -1$$

Ces deux inégalités sont incompatibles et donc $\Delta\varepsilon_{2k+1}^{(n)} \leq 0 \quad \forall\ n,k.$

Une conséquence des lemmes 7 et 9 s'obtient immédiatement à partir de la règle de la croix (propriété 17) :

Lemme 9bis : Si on applique l'ε-algorithme à une suite TM alors

$$0 \leq \varepsilon_{2k+2}^{(n)} \leq \varepsilon_{2k}^{(n+2)} \qquad n,k = 0,1,\ldots$$

Pour la démonstration, voir celle du lemme 17bis.

On peut maintenant démontrer la convergence des diagonales du tableau ε [21] :

Théorème 50 :

Si on applique l'ε-algorithme à une suite $\{S_n\}$ qui converge vers S et s'il existe deux constantes a ≠ 0 et b telles que $\{a\, S_n + b\} \in TM$ alors :

$$\lim_{k\to\infty} \varepsilon_{2k}^{(n)} = S \qquad \text{pour } n = 0,\ 1,\ \ldots$$

démonstration : d'après le lemme 7 on a $0 \leq \varepsilon_{2k+2}^{(n)} \leq \varepsilon_{2k}^{(n)}$.

Pour n fixé la suite $\{\varepsilon_{2k}^{(n)}\}$ est décroissante et bornée inférieurement. Elle est donc convergente. Appelons $T^{(n)}$ sa limite :

$$T^{(n)} = \lim_{k\to\infty} \varepsilon_{2k}^{(n)}.$$

Nous allons montrer que $T^{(n)} = S\ \forall n$. On a $0 \leq T^{(n)} \leq \varepsilon_{2k}^{(n)}\ \forall k$. Puisque la suite $\{S_n - S\} \in TM$ alors :

$$0 \leq T^{(n)} - S \leq \varepsilon_{2k}^{(n)} - S$$

d'où $\lim_{n\to\infty} T^{(n)} = S$ puisque $\lim_{n\to\infty} \varepsilon_{2k}^{(n)} = S\ \forall k$ d'après le théorème 49. D'un autre côté on a :

$$0 \leq \varepsilon_{2k+2}^{(n)} = \varepsilon_{2k}^{(n+1)} + \frac{1}{\Delta\varepsilon_{2k+1}^{(n)}} \leq \varepsilon_{2k}^{(n+1)}$$

puisque $\Delta\varepsilon_{2k+1}^{(n)} \leq 0$ d'après le lemme 9. D'où, en passant à la limite :

$$0 \leq S \leq T^{(n)} \leq T^{(n+1)} \leq \ldots$$

et par conséquent $T^{(n)} = S \ \forall n$ puisque $\lim_{n\to\infty} T^{(n)} = S$. Le reste de la démonstration provient de la propriété 14 de l'ε-algorithme. On voit donc que, pour les suites totalement monotones aux constantes multiplicatives et additives a et b près, on peut démontrer la convergence vers S des colonnes et des diagonales du tableau ε. On obtient de plus des inégalités entre les termes de ce tableau :

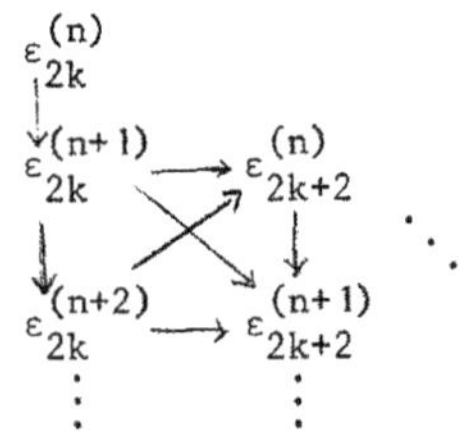

Les flèches allant de la quantité la plus grande à la quantité la plus petite (on a supposé que S = 0).

Nous allons maintenant étudier la convergence de l'ε-algorithme pour une autre classe de suites : les suites totalement oscillantes.

<u>définition 16</u> : on dit que la suite $\{S_n\}$ est totalement oscillante si la suite $\{(-1)^n S_n\}$ est totalement monotone. On écrira $\{S_n\} \in TO$.

Le résultat suivant est évident :

<u>Lemme 10</u> : si $\{S_n\} \in TO$ alors $\{(-1)^k \Delta^k S_n\} \in TO$

<u>Lemme 11</u> : Toute suite totalement oscillante convergente converge vers zéro.

démonstration : en posant $u_n = (-1)^n S_n$ on a d'après la définition 16 :

$$\Delta u_n = (-1)^n(-S_{n+1} - S_n) \leq 0 \text{ d'où}$$

$$0 \geq -S_{2n+2} \geq S_{2n+1} \geq -S_{2n} \geq S_{2n-1}$$

ce qui démontre la convergence de $\{u_n\}$. Supposons que $\{S_n\}$ converge vers $S \neq 0$. On a donc :

$$\forall \varepsilon > 0 \quad \exists N : \forall n > N \quad |S_n - S| < \varepsilon$$

or $S_{2n} \geq 0$ et $S_{2n+1} \leq 0$, donc si $S > 0$ alors

$\forall n \quad |S_{2n+1} - S| > S$ d'où si $0 < \varepsilon < S$

$$|S_p - S| < S < |S_{2n+1} - S| \quad \forall p > N \text{ et } \forall n$$

ce qui est impossible, donc $S = 0$.

Si $S < 0$ on fait le même raisonnement avec S_{2n}. On a le résultat fondamental suivant [234]:

Lemme 12 : Si $\{S_n\} \in TO$ alors $(-1)^{nk} H_k^{(n)} (S_n) \geq 0$

Démonstration : elle est évidente car, dans les déterminants de Hankel, k colonnes sont multipliées par $(-1)^n$. De même on a immédiatement le :

Lemme 13 : Si $\{S_n\} \in TO$ alors

$$(-1)^{kn} H_k^{(n)} (\Delta^{2p} S_n) \geq 0 \text{ et } (-1)^{k(n+1)} H_k^{(n)} (\Delta^{2p+1} S_n) \geq 0$$

La propriété 10 de l'ε-algorithme ainsi que ces deux derniers lemmes nous donnent donc le :

Lemme 14 : Si on applique l'ε-algorithme à $\{S_n\} \in TO$ alors :

$$(-1)^n \varepsilon_{2k}^{(n)} \geq 0 \text{ et } (-1)^n \varepsilon_{2k+1}^{(n)} \leq 0 \text{ pour } n, k = 0, 1, \ldots$$

En utilisant la propriété 12 et les lemmes 13 et 14 on a :

Lemme 15 : Si on applique l'ε-algorithme à $\{S_n\} \in TO$ alors :

$$0 \leq \varepsilon_{2k+2}^{(2n)} \leq \varepsilon_{2k}^{(2n)} \text{ et } \varepsilon_{2k}^{(2n+1)} \leq \varepsilon_{2k+2}^{(2n+1)} \leq 0 \qquad n, k = 0, 1, \ldots$$

d'où le résultat suivant [24] dont la démonstration est analogue à celle du théorème 49 :

Théorème 51 :

Si on applique l'ε-algorithme à une suite $\{S_n\}$ qui converge vers S et s'il existe deux constantes $a \neq 0$ et b telles que $\{a S_n + b\} \in TO$ alors :

$$\lim_{n\to\infty} \varepsilon_{2k}^{(n)} = S \qquad \text{pour } k = 0, 1, \ldots$$

Il est possible de démontrer, pour les suites totalement oscillantes, la convergence vers S des diagonales du tableau ε.

Nous avons auparavant besoin des lemmes suivants [21] :

<u>Lemme 16</u> : Si on applique l'ε-algorithme à une suite $\{S_n\} \in TO$ alors :

$$(-1)^n \varepsilon_{2k+1}^{(n)} \leq (-1)^n \varepsilon_{2k-1}^{(n)} \leq 0 \qquad n, k = 0, 1, \ldots$$

et

$$\lim_{n\to\infty} \varepsilon_{2k+1}^{(2n)} = -\infty \qquad k = 0, 1, \ldots$$

$$\lim_{n\to\infty} \varepsilon_{2k+1}^{(2n+1)} = +\infty$$

démonstration : elle peut être effectuée comme celle du lemme 8. Cependant il est plus facile d'utiliser le fait que :

$$\varepsilon_{2k+1}^{(n)} = 1 / e_k(\Delta S_n)$$

et le fait que $\{-\Delta S_n\} \in TO$. D'après le lemme 15 on a donc :

$$0 \geq (-1)^n e_k(\Delta S_n) \geq (-1)^n e_{k-1}(\Delta S_n) \text{ d'où}$$

$$0 \geq \frac{(-1)^n}{\varepsilon_{2k+1}^{(n)}} \geq \frac{(-1)^n}{\varepsilon_{2k-1}^{(n)}}$$

ce qui donne bien :

$$(-1)^n \varepsilon_{2k+1}^{(n)} \leq (-1)^n \varepsilon_{2k-1}^{(n)} \leq 0$$

et $\lim_{n\to\infty} \varepsilon_{2k+1}^{(2n)} = -\infty$, $\lim_{n\to\infty} \varepsilon_{2k+1}^{(2n+1)} = +\infty$ puisque $\lim_{n\to\infty} \varepsilon_1^{(2n)} = -\infty$ et $\lim_{n\to\infty} \varepsilon_1^{(2n+1)} = +\infty$

<u>Lemme 17</u> : Si on applique l'ε-algorithme à une suite $\{S_n\} \in TO$ alors :

$$(-1)^n \Delta\varepsilon_{2k}^{(n)} \leq (-1)^n \Delta\varepsilon_{2k+2}^{(n)} \leq 0$$

$$(-1)^n \Delta\varepsilon_{2k+1}^{(n)} \geq (-1)^n \Delta\varepsilon_{2k-1}^{(n)} \geq 0 \qquad \text{pour } n, k = 0, 1, \ldots$$

et

$$\lim_{n\to\infty} \Delta\varepsilon_{2k+1}^{(2n)} = +\infty$$

$$\lim_{n\to\infty} \Delta\varepsilon_{2k+1}^{(2n+1)} = -\infty \qquad \text{pour } k = 0, 1, \ldots$$

Démonstration : elle est évidente à partir des lemmes 15 et 16. Ecrivons par exemple le lemme 15 :

$$\varepsilon_{2k}^{(2n+1)} \leq \varepsilon_{2k+2}^{(2n+1)} \leq 0$$

$$-\varepsilon_{2k}^{(2n)} \leq -\varepsilon_{2k+2}^{(2n)} \leq 0$$

d'où en ajoutant ces deux inégalités :

$$\Delta\varepsilon_{2k}^{(2n)} \leq \Delta\varepsilon_{2k+2}^{(2n)} \leq 0$$

On aurait de même :

$$0 \leq -\varepsilon_{2k+2}^{(2n+1)} \leq -\varepsilon_{2k}^{(2n+1)}$$

$$0 \leq \varepsilon_{2k+2}^{(2n+2)} \leq \varepsilon_{2k}^{(2n+2)}$$

d'où en ajoutant

$$0 \leq \Delta\varepsilon_{2k+2}^{(2n+1)} \leq \Delta\varepsilon_{2k}^{(2n+1)}$$

Les inégalités sur les quantités d'indices inférieurs impairs s'obtiennent de façon analogue à partir du lemme 16.

Les limites proviennent de la convergence vers zéro de $\varepsilon_{2k}^{(n)}$ lorsque n tend vers l'infini.

Il est possible de démontrer également l'inégalité suivante qui est plus complète :

$$-\frac{(-1)^n}{\Delta\varepsilon_{2k-1}^{(n)}} \leq (-1)^n \, \Delta\varepsilon_{2k}^{(n)} \leq -\frac{(-1)^n}{\Delta\varepsilon_{2k+1}^{(n)}} \leq (-1)^n \, \Delta\varepsilon_{2k+2}^{(n)} \leq 0$$

REMARQUE : les théorèmes 49 et 51 assurent seulement la convergence des suites $\{\varepsilon_{2k}^{(n)}\}$ pour k fixé. Ils n'assurent pas une convergence de $\{\varepsilon_{2k+2}^{(n)}\}$ plus rapide que celle de $\{\varepsilon_{2k}^{(n)}\}$ pour k fixé. Prenons par exemple $S_n = 1 + 1/(n+1)$. On a $\{S_n - 1\} \in TM$. On trouve que :

$$\varepsilon_{2k}^{(n)} = \frac{S_{n+k} + k}{k+1} \quad \text{d'où} \quad \lim_{n\to\infty} \frac{\varepsilon_{2k+2}^{(n)} - 1}{\varepsilon_{2k}^{(n)} - 1} = \frac{k+1}{k+2} \quad \forall k.$$

Lemme 17 bis : Si on applique l'ε-algorithme à une suite $\{S_n\} \in TO$ alors :

$$(-1)^n \varepsilon_{2k+2}^{(n)} \leq (-1)^n \varepsilon_{2k}^{(n+2)}$$

Démonstration : la règle de la croix (propriété 17) s'écrit :

$$(N-C)^{-1} + (S-C)^{-1} = (W-C)^{-1} + (E-C)^{-1}$$

ou encore :

$$(W-N)(E-C)(S-C) = (S-E)(N-C)(W-C).$$

Les différences N-C, W-C, E-C et S-C sont toutes les quatre de même signe. Il en est donc de même de W-N et de S-E. Or pour k=0, on a :

$$(-1)^n (\varepsilon_2^{(n)} - S_{n+2}) = (-1)^{n+1} (\Delta S_{n+1})^2/\Delta^2 S_n \leq 0$$

ce qui démontre le lemme.

Théorème 51 bis : Si on applique l'ε-algorithme à une suite $\{S_n\}$ qui converge vers S et s'il existe deux constantes $a \neq 0$ et b telles que $\{aS_n + b\} \in TO$ alors :

$$\lim_{k\to\infty} \varepsilon_{2k}^{(n)} = S \quad \text{pour} \quad n=0,1,\ldots$$

Démonstration : Supposons que $\{S_n\} \in TO$; pour n fixé la suite $\{(-1)^n \varepsilon_{2k}^{(n)}\}$ est décroissante et bornée inférieurement d'après le lemme 15. Elle converge donc. Posons $T^{(n)} = \lim_{k\to\infty} \varepsilon_{2k}^{(n)}$. On a $(-1)^n(T^{(n)} - \varepsilon_{2k}^{(n)}) \leq 0$ et donc $\lim_{n\to\infty} T^{(n)} = 0$.

D'autre part, d'après le lemme 17 bis et en faisant tendre k vers l'infini $0 \leq (-1)^n T^{(n)} \leq (-1)^n T^{(n+2)}$. Ceci n'est possible que si $T^{(n)} = 0$ pour tout n. La propriété 14 complète immédiatement la démonstration de ce théorème lorsque c'est la suite $\{aS_n + b\}$ qui est TO.

Nous allons maintenant démontrer un résultat d'accélération de la convergence. Nous ne ferons la démonstration que pour des suites TM ; le cas des suites TO se traite de façon analogue. Si $\{S_n\} \in TM$ alors $H_2^{(n)}(S_n-S) \geq 0$. Par conséquent si l'on suppose que $S_n \neq S$, $\forall$ n (dans le cas contraire on ne pourrait pas appliquer l'ε-algorithme) alors :

$$0 < \frac{S_1 - S_0}{S_0 - S} \leq \frac{S_2 - S}{S_1 - S} \leq \ldots \leq 1$$

Donc $\exists$ a $\in$]0,1[tel que :

$$S_{n+1} - S = (a+e_n)(S_n - S)$$

avec $\lim_{n\to\infty} e_n = 0$. Si l'on suppose que a $\neq$ 1 alors, d'après le théorème 32 [110] :

$$\varepsilon_2^{(n)} - S = o(S_{n+2} - S) \quad \text{pour} \quad n \to \infty$$

Par conséquent, d'après le lemme 9 bis, on a :

$$0 \leq \varepsilon_{2k}^{(n)} - S \leq \varepsilon_{2k-2}^{(n+2)} - S \leq \ldots \leq \varepsilon_2^{(n+2k-2)} - S \leq S_{n+2k} - S$$

D'où le :

<u>Théorème 51 ter</u> : Si on applique l'ε-algorithme à une suite $\{S_n\}$ qui converge vers S, si $S_n \neq S$ $\forall$ n, s'il existe deux constante a $\neq$ 0 et b telles que $\{aS_n+b\} \in$ TM ou TO et si $\lim_{n\to\infty} (S_{n+1}-S)/(S_n-S) \neq 1$ (toujours vrai dans le cas TO) alors :

$$\varepsilon_{2k}^{(n)} - S = o\ (S_{n+2k} - S) \quad \text{pour k fixé et } n \to \infty$$

$$\varepsilon_{2k}^{(n)} - S = o\ (S_{n+2k} - S) \quad \text{pour n fixé et } k \to \infty.$$

Toutes ces inégalités et ces théorèmes de convergence et d'accélération de la convergence peuvent s'exprimer en termes d'approximants de Padé. Ils sont à rapprocher des résultats obtenus par Wynn [208] pour les séries de Stieltjes de la forme :

$$f(x) = \sum_{i=0}^{\infty} (-1)^i c_i x^i$$

où $\{c_n\} \in$ TM. Soit R le rayon de convergence de cette série. On a alors :

$$f(x) = \int_0^{1/R} \frac{dg(t)}{1+xt} \geq 0 \quad \text{si} \quad c_n = \int_0^{1/R} t^n \, dg(t)$$

Les résultats précédents se transposent facilement en terme de série et de table de Padé et l'on a :

$\forall$ x $\in$ [0,R[et pour n,k = 0,1,...

$$0 \leq (-1)^n ([n+k+1/k+1]_f(x) - f(x)) \leq (-1)^n ([n+k/k]_f(x) - f(x))$$

$$0 \leq (-1)^n ([n+k+1/k+1]_f(x) - f(x)) \leq (-1)^n ([n+k+2/k]_f(x) - f(x))$$

$\forall$ x $\in$ [0,R[et pour k = 0,1,... et n = -1,0,1,...

$$0 \leq (-1)^n (f(x) - [k+1/n+k+2]_f(x)) \leq (-1)^n (f(x) - [k/n+k+1]_f(x))$$

$$0 \leq (-1)^n (f(x) - [k+1/n+k+2]_f(x)) \leq (-1)^n (f(x) - [k/n+k+3]_f(x))$$

$\forall$ x $\in$ [0,R[et pour k = 0,1,...

$$[k/k]_f(x) \geq f(x) \geq [k-1/k]_f(x)$$

$$[k/k+1]_f(x) \geq [k+1/k]_f(x)$$

$\forall$ x $\in$]-R,0] et pour n,k = 0,1,...

$$0 \leq f(x) - [n+k+1/k+1]_f(x) \leq f(x) - [n+k/k]_f(x)$$

$$0 \leq f(x) - [n+k+1/k+1]_f(x) \leq f(x) - [n+k+2/k]_f(x)$$

$$0 \leq f(x) - [n+k+1/k]_f(x) \leq f(x) - [n+k/k]_f(x)$$

$$0 \leq f(x) - [n+k+1/k+1]_f(x) \leq f(x) - [n+k+1/k]_f(x)$$

$$0 \leq f(x) - [k+1/n+k+2]_f(x) \leq f(x) - [k/n+k+1]_f(x)$$

$$0 \leq f(x) - [k+1/n+k+1]_f(x) \leq f(x) - [k/n+k+2]_f(x)$$

$$0 \leq f(x) - [k/n+k+2]_f(x) \leq f(x) - [k/n+k+1]_f(x)$$

$$0 \le f(x) - [k+1/n+k+2]_f(x) \le f(x) - [k/n+k+2]_f(x)$$

$$\forall\, x \in\,]-R,0] \text{ et pour } k = 0,1,\ldots$$

$$0 \le f(x) - [k/k+1]_f(x) \le f(x) - [k/k]_f(x)$$

$$0 \le f(x) - [k+1/k+1]_f(x) \le f(x) - [k/k+1]_f(x)$$

$$0 \le f(x) - [k+1/k+1]_f(x) \le f(x) - [k/k+2]_f(x)$$

$$0 \le f(x) - [k+1/k]_f(x) \le f(x) - [k/k+1]_f(x)$$

En plus $\forall\, x \in\,]-R,R[$ et pour $n,k = 0,1,\ldots$ on a :

$$[n+k/k]_f(x) \ge 0$$

$$[k/n+k]_f(x) \ge 0$$

On démontre également que les pôles de $[n+k/k]_f(x)$ appartiennent à $(-\infty,-R]$ pour $n = -1,0,1,\ldots$ et $k = 0,1,\ldots$ et que les pôles de $[k/n+k]_f(x)$ n'appartiennent pas à $]-R,R[$ pour $n=2,3,\ldots$ et $k=0,1,\ldots$

$\forall\, x \in\,]-R,R[$ on a :

$$\lim_{n\to\infty} [n+k/k]_f(x) = \lim_{n\to\infty} [k/n+k]_f(x) = f(x) \qquad k=0,1,\ldots$$

$$\lim_{k\to\infty} [n+k/k]_f(x) = \lim_{k\to\infty} [k/n+k]_f(x) = f(x) \qquad n=0,1,\ldots$$

L'étude des approximants de Padé pour les séries de Stieltjes est fortement liée à la théorie des polynômes orthogonaux [6]. Sur ces questions on pourra également consulter [205]. On trouvera d'autres résultats de convergence dans [117,209].

Etudions maintenant les théorèmes de convergence qui portent sur la loi de formation des termes de la suite [41]. On a :

Théorème 52 :

- si $S_n = f(S_{n-1}, \ldots, S_{n-k})$ pour $n = 0, 1, \ldots$ et $S_{-1}, \ldots, S_{-k}$ étant donnés

- si $\lim_{n\to\infty} S_n = S$

- si f est une fois dérivable par rapport à chacun de ses arguments et si la somme de ces dérivées partielles en $(S, \ldots, S) \in \mathbb{R}^k$ est différente de un alors :

$$\lim_{n\to\infty} \varepsilon_{2k}^{(n)} = S$$

De plus si $S_n - S = O(S_{n+1} - S)$ alors :

$$\lim_{n\to\infty} \frac{\varepsilon_{2k}^{(n)} - S}{S_{n+2k} - S} = 0$$

Démonstration : en utilisant le développement de Taylor d'une fonction de plusieurs variables et le fait que $S = f(S, \ldots, S)$, on a :

$$S_n - S = a_1(S_{n-1} - S) + \ldots + a_k(S_{n-k} - S) + R_n \qquad (1)$$

où a_i est la dérivée partielle de f par rapport à sa $i^{\text{ème}}$ variable en $(S, \ldots, S) \in \mathbb{R}^k$ et avec $\lim_{n\to\infty} R_n = 0$. D'après l'interprétation de l'ε-algorithme donnée au paragraphe III - 4 on sait qu'il revient à chercher $\varepsilon_{2k}^{(n-k)}$ et $b_1^{(n)}, \ldots, b_k^{(n)}$ tels que :

$$S_p - \varepsilon_{2k}^{(n-k)} = b_1^{(n)} (S_{p-1} - \varepsilon_{2k}^{(n-k)}) + \ldots + b_k^{(n)} (S_{p-k} - \varepsilon_{2k}^{(n-k)}) \qquad (2)$$

pour $p = n, \ldots, n+k$. On sait également que l'application

$$(S_{n-k}, \ldots, S_{n+k}) \to (b_1^{(n)}, \ldots, b_k^{(n)})$$

est continue. Par conséquent :

$\forall \varepsilon > 0 \ \exists N : \forall n > N \quad |b_i^{(n)} - a_i| < \varepsilon$ pour $i = 1, \ldots, k$.

Dans (2) faisons p = n et soustrayons (1) de (2) ; il vient :

$$S_n - S - (\varepsilon_{2k}^{(n-k)} - S) = \sum_{i=1}^{k} b_i^{(n)} \; [S_{n-i} - S - (\varepsilon_{2k}^{(n-k)} - S)]$$

$$S_n - S = \sum_{i=1}^{k} a_i (S_{n-i} - S) + R_n$$

$$S - \varepsilon_{2k}^{(n-k)} = \sum_{i=1}^{k} (b_i^{(n)} - a_i)(S_{n-i} - S) - (\varepsilon_{2k}^{(n-k)} - S) \sum_{i=1}^{k} b_i^{(n)} - R_n$$

d'où :

$$(S - \varepsilon_{2k}^{(n-k)})(1 - \sum_{i=1}^{k} b_i^{(n)}) = \sum_{i=1}^{k} (b_i^{(n)} - a_i)(S_{n-i} - S) - R_n$$

donc puisque $\sum_{i=1}^{k} a_i \neq 1$ on a $\lim_{n\to\infty} \varepsilon_{2k}^{(n-k)} = S$ ce qui démontre la première partie du théorème.

De plus si $S_{n-k} - S = O(S_p - S)$ pour $p = n-k, \ldots, n+k$ on a :

$$R_n = \phi(S_{n-1} - S, \ldots, S_{n-k} - S) \sum_{i=1}^{k} |S_{n-i} - S|$$

d'où $\varepsilon_{2k}^{(n-k)} - S = o(S_{n+k} - S)$ lorsque n tend vers l'infini ce qui termine la démonstration.

REMARQUE : si f est une fonction affine de chacun de ses arguments alors $R_n = 0$ $\forall n$ et l'on est ramené au théorème 35 : $\varepsilon_{2k}^{(n)} = S$ $\forall n$. Ce théorème est donc une généralisation du théorème 35 ainsi que d'un théorème démontré par Henrici[110] pour le procédé Δ^2 d'Aitken. On retrouve le résultat d'Henrici en faisant k = 1 dans le théorème 52.

Exemple :

$S_{-2} = 1$, $S_{-1} = 0$ et

$$S_n = \exp[-(S_{n-1} + S_{n-2}) / 2]$$

On a $S = \lim_{n\to\infty} S_n = 0.56714329 \ldots$

On est dans les conditions d'application du théorème précédent avec k = 2. On obtient :

$\varepsilon_0^{(n)}$	$\varepsilon_2^{(n)}$	$\varepsilon_4^{(n)}$
1		
0	0,377...	
0,606...	0,775...	0,571...
0,738...	0,654...	0,570...
0,510...	0,533...	0,5678...

$\varepsilon_0^{(n)}$	$\varepsilon_2^{(n)}$	$\varepsilon_4^{(n)}$
0,535...	0,490...	0,5673...
0,592...	0,575...	0,5672...
0,568...	0,553...	0,56715...
0,559...	0,564...	0,56715...
0,568...	0,568...	0,567144...
0,568...	0,568...	0,5671436...
0,566...	0,566...	
0,567...		

On voit que les suites $\{\varepsilon_2^{(n)}\}$ et $\{\varepsilon_4^{(n)}\}$ convergent bien vers S mais que seule $\{\varepsilon_4^{(n)}\}$ converge plus vite que $\{S_{n+4}\}$.

Théorème 53 :

- si $\sum_{i=0}^{k} a_i(n)\,(S_{n+i} - S) = x_n$ pour $n = 0, 1, \ldots$

- si $\lim_{n\to\infty} a_i(n) = a_i$ pour $i = 0, \ldots, k$

- si $\sum_{i=0}^{k} a_i \neq 0$

- si $\lim_{n\to\infty} x_n = 0$

alors $\lim_{n\to\infty} \varepsilon_{2k}^{(n)} = S$

Démonstration : le raisonnement est analogue à celui du théorème précédent. On a :

$$\sum_{i=0}^{k} b_i^{(n)}\,(S_{p+i} - \varepsilon_{2k}^{(n)}) = 0 \qquad \text{pour } p = n, \ldots, n+k$$

ou encore, pour p = n :

$$\sum_{i=0}^{k} b_i^{(n)}\,[S_{n+i} - S - (\varepsilon_{2k}^{(n)} - S)] = 0$$

d'où :

$$(\varepsilon_{2k}^{(n)} - S)\sum_{i=0}^{k} b_i^{(n)} = x_n + \sum_{i=0}^{k} (b_i^{(n)} - a_i(n))(S_{n+i} - S)$$

Or $\lim_{n\to\infty} b_i^{(n)} = a_i$ à cause de la continuité de l'application

$$(S_n, \ldots, S_{n+2k}) \to (b_1^{(n)}, \ldots, b_k^{(n)})$$

Puisque $\sum_{i=0}^{k} a_i \neq 0$ on a bien $\lim_{n\to\infty} \varepsilon_{2k}^{(n)} = S$.

Exemple : $S_1 = 1$ et $S_n = e^{-n} + S_{n-1} / (n-1)$ pour $n = 2, \ldots$

On est dans les conditions d'application du théorème précédent avec $k = 1$ et $S = 0$.

On obtient

$\varepsilon_0^{(n)}$	$\varepsilon_2^{(n)}$
1	
1. 13	1.02
0.61	-1.01
0.22	$-0.49\ 10^{-1}$
$0.62\ 10^{-1}$	$-0.50\ 10^{-2}$
$0.15\ 10^{-1}$	$-0.31\ 10^{-3}$
$0.34\ 10^{-2}$	$0;78\ 10^{-4}$
$0.82\ 10^{-3}$	

Nous terminerons ce paragraphe par deux théorèmes de convergence des colonnes de l'ε-algorithme qui nécessitent la connaissance du comportement des colonnes précédentes. Le premier théorème a été donné dans [22]. Il apparait comme une généralisation d'un résultat dû à Marx [138] et à Tucker [176].

Théorème 54 :

Si $\lim_{n\to\infty} \varepsilon_{2k}^{(n)} = S$, si $\Delta\varepsilon_{2k-1}^{(n)} \leq 0$, $\forall\, n > N$

et si $\Delta\varepsilon_{2k}^{(n)} \leq \Delta\varepsilon_{2k}^{(n+1)} \leq 0$, $\forall\, n > N$ et pour k fixé alors il existe une sous-suite de $\{\varepsilon_{2k+2}^{(n)}\}$ qui converge vers S.

Démonstration :

On considère la série de terme général u_n qui est équivalente à la suite $\{\varepsilon_{2k}^{(n)}\}$ pour k fixé et qui est donnée par :

$$\varepsilon_{2k}^{(n)} = \sum_{i=0}^{n} u_i$$

avec $u_0 = \varepsilon_{2k}^{(0)}$ et $u_{p+1} = \Delta\varepsilon_{2k}^{(p)}$ pour $p = 0,1,\ldots$

Cette série est convergente d'après la première hypothèse. La troisième condition du théorème s'écrit :

$$u_n \leq u_{n+1} \leq 0 \quad \forall\, n > N$$

Nous allons montrer que cette condition entraîne que la suite

$$\left\{ \frac{1}{u_{n+1}} - \frac{1}{u_n} \right\} \qquad n \geq M \geq N$$

n'est pas bornée inférieurement pour tout $M \geq N$.

Pour cela posons $v_n = 1/u_n$ et supposons $\exists A$ fini tel que

$$A < v_{n+1} - v_n \leq 0 \qquad \forall\, n \geq M \geq N$$

On a :

$$A + v_n < v_{n+1} \leq 0$$

ou encore
$$A + v_n < \frac{1}{u_{n+1}} \leq 0$$

$$u_{n+1} < \frac{1}{A+v_n} \leq 0$$

et de même
$$A + v_{n+1} < v_{n+2} \leq 0$$

$$2A + v_n < A + v_{n+1}$$

d'où
$$u_{n+2} < \frac{1}{2A+v_n} \leq 0$$

donc $\sum_{k=1}^{\infty} u_{n+k} < \sum_{k=1}^{\infty} \frac{1}{kA+v_n} \leq 0$, $\forall n \geq M \geq N$

Puisque la série $\sum_{k=1}^{\infty} 1/(kA+v_n)$ diverge il en est de même de $\sum_{k=1}^{\infty} u_{n+k}$ ce qui est contraire aux hypothèses. Par conséquent $A = -\infty$. $\forall M$.

Or $\Delta\varepsilon_{2k+1}^{(n)} = \Delta\varepsilon_{2k-1}^{(n+1)} + \frac{1}{\Delta\varepsilon_{2k}^{(n+1)}} - \frac{1}{\Delta\varepsilon_{2k}^{(n)}} \leq 0.$

La suite $\{\Delta\varepsilon_{2k+1}^{(n)}\}$ pour $n \geq M$ n'est donc pas bornée inférieurement $\forall M$ et, par conséquent, il existe une sous-suite de $\{\varepsilon_{2k+2}^{(n)}\}$ qui converge vers S.

Remarque : si $\lim_{n\to\infty} \varepsilon_{2k-2}^{(n)} = S$ alors $\lim_{n\to\infty} \Delta\varepsilon_{2k-1}^{(n)} = -\infty$ et donc, sous les mêmes hypothèses, $\lim_{n\to\infty} \Delta\varepsilon_{2k+1}^{(n)} = -\infty$ et $\lim_{n\to\infty} \varepsilon_{2k+2}^{(n)} = S$.

Donnons maintenant un dernier résultat qui généralise un théorème dû à Pennacchi [150]. Si l'on tient compte du théorème 36 alors la relation de l'ε-algorithme peut s'écrire :

$$e_k(S_n) = e_{k-1}(S_{n+1}) + \frac{e_{k-1}(\Delta S_n)\, e_{k-1}(\Delta S_{n+1})}{e_{k-1}(\Delta S_n) - e_{k-1}(\Delta S_{n+1})}$$

d'où immédiatement le :

<u>Théorème 55</u> :

Si on applique l'ε-algorithme à une suite $\{S_n\}$ qui converge vers S, si $\lim_{n\to\infty} \varepsilon_{2k}^{(n)} = S$, si $\lim_{n\to\infty} 1/\varepsilon_{2k+1}^{(n)} = 0$ et si $\lim_{n\to\infty} \varepsilon_{2k+1}^{(n+1)} / \varepsilon_{2k+1}^{(n)} = a \neq 1$ alors $\lim_{n\to\infty} \varepsilon_{2k+2}^{(n)} = S$.

Démonstration : elle est évidente et laissée en exercice. Elle peut se démontrer directement à partir de la relation de l'ε-algorithme.

Pour terminer ce chapitre nous allons donner un exemple numérique pour illustrer la puissance de l'ε-algorithme. Considérons la série :

$$\mathrm{Log}\ (1+x) = x - \frac{x^2}{2} + \frac{x^3}{3} - \dots$$

Elle converge pour $-1 < x \le 1$. Appliquons l'ε-algorithme à la suite des sommes partielles de cette série pour x fixé. On obtient :

x = 1 Log 2 = 0,6931471805599453

n	$\{S_n\}$	$\{\varepsilon_n^{(0)}\}$
2	0,83	0,7
4	0,783	0,6933
6	0,759	0,693152
8	0,745	0,69314733
10	0,736	0,6931471849
12	0,730	0,69314718068
14	0,725	0,693147180563
16	0,721	0,69314718056000
18	0,718	0,6931471805599485

x = 2 Log 3 = 1,0986122886681l0

n	$\{S_n\}$	$\{\varepsilon_n^{(0)}\}$
2	$0,26\ 10^1$	1,14
4	$0,506\ 10^1$	1,101
6	$0,126\ 10^2$	1,0988
8	$0,375\ 10^2$	1,098625
10	$0,121\ 10^3$	1,0986132
12	$0,410\ 10^3$	1,09861235

ce qui montre que l'ε-algorithme peut être utilisé pour sommer des séries divergentes et induire la convergence de procédés itératifs divergents.

III - 7 Application à la quadrature numérique

Une application importante de l'ε-algorithme et de certains théorèmes qui viennent d'être énoncés est l'accélération de la convergence des méthodes de quadrature numérique sur un intervalle fini. La rédaction de ce paragraphe fait largement appel au travail de Genz [84]. Considérons des intégrales de la forme :

$$I = \int_0^1 f(x)\, dx$$

ainsi qu'une méthode de quadrature approchée :

$$\bar{I} = \sum_{i=1}^{n} w_i\, f(x_i) \text{ avec } \sum_{i=1}^{n} w_i = 1$$

où les x_i et les w_i peuvent dépendre de n.

A l'aide de cette formule il est classique de construire des méthodes composites d'intégration de la façon suivante ; on écrit que :

$$I = \int_0^{x_1} f(x)\, dx + \int_{x_1}^{x_2} f(x)\, dx + \ldots + \int_{x_{m-1}}^{1} f(x)\, dx$$

puis chacune de ces intégrales est calculée de façon approchée en utilisant la formule de $\bar{I}$ correctement modifiée. Pour simplifier nous supposerons que tous les intervalles $[x_i, x_{i+1}]$ sont égaux. La méthode des trapèzes appartient à cette classe de formules composites lorsque l'on prend :

$$\bar{I} = \frac{1}{2}\,(f(0) + f(1)).$$

Nous appelerons I_m la valeur approchée de I obtenue à l'aide d'une méthode composite comprenant m sous-intervalles. On a :

$$I_m = h \sum_{k=0}^{m-1} \sum_{i=1}^{n} w_i \, f((x_i+k)h) \qquad \text{avec } h = 1/m.$$

On démontre (voir par exemple [69]) que, sous des conditions assez faibles sur f :

$$\lim_{m\to\infty} I_m = I$$

De plus si f est analytique dans [0,1] alors une simple généralisation de la formule d'Euler-Madaurin nous donne [136] :

$$I_m = I + a_1 h + a_2 h^2 + \ldots + a_k h^k + 0(h^{k+1})$$

Il est évident que si l'on peut éliminer les termes de plus bas degré en h dans ce développement limité de I_m alors on obtiendra des approximations de I qui seront meilleures. C'est ce que fait implicitement la méthode de Romberg qui a été étudiée et illustrée au paragraphe II-3.

A la place de la méthode de Romberg, on peut appliquer l'ε-algorithme à la suite $\{S_n = I_{2^n}\}$ [56,57,58]. on aura alors [84] :

$$S_n = I + a_1 \lambda_1^n + a_2 \lambda_2^n + \ldots + a_k \lambda_k^n + 0(\lambda_{k+1}^n)$$

avec $\lambda_i = 2^{-i}$. On voit que si l'on ne tient pas compte du terme en $0(\lambda_{k+1}^n)$ alors on est dans les conditions d'applications des théorèmes 35 et 37 ; $\varepsilon_{2k}^{(n)}$ sera donc vraisemblablement une très bonne approximation de I (∀ n). Si k est grand et si l'on ne peut pas disposer des 2k+1 premiers éléments de la suite $\{S_n\}$ nécessaires au calcul de $\varepsilon_{2k}^{(0)}$ alors on se contentera d'une valeur intermédiaire $\varepsilon_{2i}^{(0)}$ $(i < k)$ qui devrait cependant fournir une bonne approximation de I d'après le théorème 46. On s'aperçoit dans la pratique [59] que la méthode de Romberg fournit de meilleurs résultats que l'ε-algorithme lorsque f est continue dans [0,1]. On verra au paragraphe IV-3 une méthode qui donne de meilleurs résultats que la méthode de Romberg. Sur les procédés linéaires d'extrapolations on pourra consulter l'article de synthèse de Joyce [118].

Venons-en maintenant au cas où f présente, à l'une des bornes de l'intervalle d'intégration, une singularité de la forme :

$$f(x) = x^{\alpha}(1-x)^{\beta}\ g(x)$$

avec g analytique dans [0,1] et α et β non entiers.
Alors on sait que [136] :

$$I_m = I + a_1 h^{1+\alpha} + a_2 h^{2+\alpha} + \dots + a_k h^{k+\alpha} + O(h^{k+\alpha+1})$$

$$+ b_1 h^{1+\beta} + b_2 h^{2+\beta} + \dots + b_k h^{k+\beta} + O(h^{k+\beta+1})$$

Si l'on veut appliquer la méthode de Romberg il faut traiter séparément les termes en α et ceux en β [80].

Par contre si nous considérons la suite $\{S_n = I_{2^n}\}$ alors, en négligeant les termes en 0 :

$$S_n = I + a_1\lambda_1^n + \dots + a_k\lambda_k^n + b_1\delta_1^n + \dots + b_k\delta_k^n$$

(avec $\lambda_i = 2^{-(\alpha+i)}$ et $\delta_i = 2^{-(\beta+i)}$). L'application de l'$\varepsilon$-algorithme à cette suite $\{S_n\}$ fournira donc, comme précédemment, de très bonnes approximations de I. Pour des singularités logarithmiques on obtient des développements limités analogues et l'ε-algorithme est également très efficace [119].

Si maintenant f possède une singularité au milieu de l'intervalle avec, par exemple :

$$f(x) = (x-a)^{\alpha}\ g(x) \qquad\qquad 0 < a < 1$$

et g analytique dans [0,1] alors on a [136] :

$$I_m = I + a_1 h + \dots + a_k h^k + O(h^{k+1})$$

$$+ b_1^{(m)}\ h^{\alpha+1} + \dots + b_k^{(m)}\ h^{\alpha+k} + O(h^{k+\alpha+1})$$

avec, cette fois-ci, des coefficients $b_i^{(m)}$ qui dépendent de m de sorte que :

$$b_i^{(m)} = y_i(ma) \text{ et } y_i(ma) = y_i(ma+1)$$

Si a est un nombre rationnel il aura un développement binaire périodique ; soit p cette période, alors :

$$b_i^{(2^n)} = b_i^{(2^{n+p})}$$

Par conséquent la suite $\{S_n = I_{2^n}\}$ vérifiera :

$$S_n = I + \sum_{i=1}^{k} a_i \lambda_i^n + \sum_{i=1}^{k} c_i^{(n)} \delta_i^n$$

avec $\lambda_i = 2^{-i}$, $c_i^{(n)} = b_i^{(2^n)}$ et $\delta_i = 2^{-(\alpha+i)}$.

Genz [84] a démontré que si on applique l'ε-algorithme à une telle suite alors $\varepsilon_{2kp}^{(n)} = I \;\; \forall\, n$. Les quantités $\varepsilon_{2kp}^{(n)}$ seront donc de bonnes approximations de I puisque nous avons négligé les termes en 0.

Signalons, pour être complets, que la méthode de Romberg peut également s'appliquer au calcul des valeurs principales de Cauchy [114, 156].

Soit, par exemple, à calculer :

$$I = \int_0^1 \frac{dx}{x^2-0,01} = -\,1,0033534\ \ldots$$

En utilisant pour $\bar{I}$ une formule de quadrature de Gauss-Legendre avec huit points et en appliquant l'ε-algorithme à la suite $\{S_n = I_{2^n}\}$ on obtient :

$\{\varepsilon_0^{(n)}\}$	$\{\varepsilon_2^{(n)}\}$	$\{\varepsilon_4^{(n)}\}$	$\{\varepsilon_6^{(n)}\}$
331,0			
15,2	86,7		
107,5	54,5	155,7	
-17,2	-371,5	-1,0033535	-1,0033534
-109,5	-56,5	-1,0033534	
15,2	369,4		
107,5			

Des méthodes pour calculer les intégrales avec une borne infinie ou non seront étudiées au paragraphe IV-8.

Les méthodes non linéaires d'accélération de la convergence semblent donc être très performantes pour le calcul approché des intégrales. De nombreuses études théoriques restent encore à faire sur ce sujet.

CHAPITRE IV

ETUDE DE DIVERS ALGORITHMES D'ACCELERATION DE LA CONVERGENCE

Le but de ce chapitre est d'étudier un certain nombre d'algorithmes d'accélération de la convergence. On verra que l'on est ensuite conduit, pour les algorithmes d'un certain type, à un algorithme qui en est une généralisation naturelle. Le chapitre se terminera par une brève revue des essais actuels de formalisation des méthodes d'accélération de la convergence.

IV - 1 Le procédé d'Overholt

Le but du procédé d'Overholt [148] est de fournir des approximations d'ordre de plus en plus élevé de la limite S des suites $\{S_n\}$ telles que :

$$S_{n+1} - S = \sum_k a_k (S_n - S)^k \qquad \forall n$$

où un nombre fini ou infini de coefficients a_k peuvent être nuls.

Posons $d_n = S_n - S$. Supposons que $S_o = S + d_o$ et que $S_1 = S + a_1 d_o + a_2 d_o^2 + \dots$;

on obtient :

$$\frac{S_1 - a_1 S_o}{1 - a_1} = S + \frac{a_2 d_o^2}{1 - a_1} + \dots$$

qui est une approximation d'ordre 2 de S. En général a_1 est inconnu ; on en détermine une approximation du premier ordre $\bar{a}_1$ en utilisant S_2 :

$$S_2 = S + a_1 d_1 + a_2 d_1^2 + \dots$$

ce qui donne :

$$\bar{a}_1 = \frac{S_2 - S_1}{S_1 - S_o} = a_1 + (1 + a_1) a_2 d_o + \dots$$

Cette approximation est d'un ordre suffisant pour que la quantité

$$V_1^{(o)} = \frac{S_1 - \bar{a}_1 S_o}{1 - \bar{a}_1}$$

Soit une approximation du second ordre de S :

$$V_1^{(o)} = S - \frac{a_1 a_2}{1 - a_1} d_o^2 + \ldots$$

De même toute autre approximation du premier ordre de a_1 conduirait à une formule du second ordre. Cette remarque est à la base du procédé d'Overholt qui apparait comme une extension du procédé Δ^2 d'Aitken puisque $V_1^{(o)} = \varepsilon_2^{(o)}$. Cette extension est analogue à celle qui permet de passer dans la formule de Neville-Aitken pour l'extrapolation polynômiale d'un polynôme de degré k à un polynôme de degré k+1. Après avoir éliminé les termes du premier ordre en d_n on peut éliminer ceux du deuxième ordre et ainsi de suite. On obtient ainsi le procédé d'Overholt :

$$V_o^{(n)} = S_n \qquad n = 0, 1, \ldots$$

$$V_{k+1}^{(n)} = \frac{(\Delta S_{n+k})^{k+1} V_k^{(n+1)} - (\Delta S_{n+k+1})^{k+1} V_k^{(n)}}{(\Delta S_{n+k})^{k+1} - (\Delta S_{n+k+1})^{k+1}} \qquad n,k = 0,1,\ldots$$

REMARQUES :

1°) nous avons modifié les notations d'Overholt par souci d'homogénéïtéavec les autres algorithmes.

2°) Cette méthode est à rapprocher de celle obtenue par Germain-Bonne [87] en prenant $x_n = \Delta S_n$ dans le procédé d'extrapolation de Richardson (voir paragraphe. II - 3)

Nous allons suivre la démarche inverse de celle qui a conduit Overholt aux règles de l'algorithme c'est-à-dire que nous allons supposer que $V_k^{(n)}$ est une approximation d'ordre k+1 de S et, en utilisant les règles de l'algorithme, nous allons montrer que $V_{k+1}^{(n)}$ est une approximation d'ordre k+2 de S.

Supposons donc que :

$$V_k^{(n)} = S + a_{kk}\, d_n^{k+1} + a_{k,\,k+1}\, d_n^{k+2} + \ldots$$

Portons dans l'algorithme ; on trouve immédiatement que :

$$V_{k+1}^{(n)} = a_{k+1,k+1}\, d_n^{k+2} + \ldots$$

avec :

$$a_{k+1,k+1} = \frac{a_1^{k+1}}{1-a_1^{k+1}} \left[(a_1 - 1)\, a_{k,k+1} - (k+1)\, a_2\, a_{kk}\right]$$

Pour ce procédé d'Overholt on a les résultats théoriques suivants [43] :

Théorème 56 :

Si $V_k^{(n)} = S + a_k(S_{n-1} - S)^{k+1}$ et si $\Delta S_{n+k} = b_k(S_n - S)$ avec $b_k \neq 0\ \forall n$ alors :

$$V_{k+1}^{(n)} = S \quad \forall n$$

La démonstration de ce résultat est évidente et est laissée en exercice.

Théorème 57 :

Une condition nécessaire et suffisante pour que $\lim\limits_{n\to\infty} V_k^{(n)} = S\ \forall k$ pour toute suite $\{S_n\}$ qui converge vers S est qu'il existe $\alpha < 1 < \beta$ tels que :

$$\frac{\Delta S_{n+1}}{\Delta S_n} \notin [\alpha, \beta] \quad \forall n$$

démonstration : on voit que la transformation $\{V_k^{(n)}\} \to \{V_{k+1}^{(n)}\}$ est une transformation linéaire de suite à suite. On peut donc lui appliquer le théorème de Toeplitz (théorème 22, paragraphe II - 1).

Les deux dernières conditions du théorème de Toeplitz sont automatiquement vérifiées car le procédé est total et la matrice associée est bidiagonale. La première condition s'écrit :

$$\left| \frac{(\Delta S_{n+k-1})^{k+1}}{(\Delta S_{n+k-1})^{k+1} - (\Delta S_{n+k})^{k+1}} \right| + \left| \frac{(\Delta S_{n+k})^{k+1}}{(\Delta S_{n+k-1})^{k+1} - (\Delta S_{n+k})^{k+1}} \right| < M_k$$

et ceci $\forall n$; d'où :

$$N_k < \left| 1 - \left(\frac{\Delta S_{n+k}}{\Delta S_{n+k-1}} \right)^{k+1} \right|$$

donc il doit exister α_k et β_k avec $\alpha_k < 1 < \beta_k$ tels que

$$\left(\frac{\Delta S_{n+k}}{\Delta S_{n+k-1}} \right)^{k+1} \notin [\alpha_k, \beta_k]$$

et par conséquent il existe $\alpha < 1 < \beta$ tels que :

$$\frac{\Delta S_{n+1}}{\Delta S_n} \notin [\alpha, \beta]$$

Le procédé d'Overholt est particulièrement bien adapté à la résolution d'une équation non linéaire. Soit en effet à résoudre $x = F(x)$ où $F : \mathbb{R} \to \mathbb{R}$. Si l'on suppose F suffisamment différentiable au voisinage de la racine x et si l'on effectue les itérations $x_{n+1} = F(x_n)$ alors on a :

$$d_{n+1} = a_1 d_n + a_2 d_n^2 + \ldots$$

avec $d_n = x_n - x$ et $a_k = f^{(k)}(x) \; / \; k\,!$

Le procédé d'Overholt permet ainsi de construire une méthode itérative d'ordre quelconque k de la façon suivante :

x_o donné

$(n+1)^{\text{ième}}$ itération $u_o = x_n$

$$u_{p+1} = F(u_p) \qquad p = 0, \ldots, k-1$$

application du procédé d'Overholt à $V_o^{(o)} = u_o, \ldots, V_o^{(k)} = u_k$

$$x_{n+1} = V_{k-1}^{(o)}$$

On peut également se contenter d'accélérer les itérations $x_{n+1} = F(x_n)$ en construisant la suite $\{V_k^{(o)}\}$.

Soit par exemple à chercher la racine unique $x = 0.5671432904\ldots$ de $x = e^{-x}$. On obtient :

$V_o^{(n)}$	$V_n^{(o)}$	
0	0.576	
0.5	0.56715	
0.566	0.5671432904	10 chiffres exacts au lieu
0.56714316		de 6

Le procédé d'Overholt n'a pas encore été étudié plus à fond. En particulier il n'y a pas de théorème de convergence de $\{V_k^{(n)}\}$ pour n fixé. D'autre part les expériences numériques avec cet algorithme sont encore rares et des applications restent à trouver.

IV - 2 Les procédés p et q

On peut considérer les procédés p et q [41] comme des modifications de la transformation de Shanks. Le procédé p est défini par le rapport de deux déterminants :

$$P_k(x_n, S_n) = - \frac{\begin{vmatrix} x_n & S_n & \cdots & S_{n+k} \\ \hline x_{n+k+1} & S_{n+k+1} & \cdot & S_{n+2k+1} \end{vmatrix}}{\begin{vmatrix} \Delta x_n & \Delta^2 S_n & \cdots & \Delta^2 S_{n+k-1} \\ \hline \Delta x_{n+k} & \Delta^2 S_{n+k} & \cdots & \Delta^2 S_{n+2k-1} \end{vmatrix}}$$

Théorème 58 :

Une condition nécessaire et suffisante pour que $P_k(x_n, S_n) = S \quad \forall n > N$ est que la suite $\{S_n\}$ vérifie :

$$\sum_{i=0}^{k} a_i(S_{n+i} - S) = x_n \quad \text{avec} \quad \sum_{i=0}^{k} a_i \neq 0 \quad \forall n > N$$

La démonstration est évidente. Elle est analogue à celle du théorème 35 pour la transformation de Shanks. Elle est laissée en exercice.

On a les propriétés suivantes :

Propriété 22 : $P_k(\Delta S_{n-1}, S_n) = \varepsilon_{2k+2}^{(n-1)}$

$$P_k(\Delta S_{n+k}, S_n) = \varepsilon_{2k+2}^{(n)}$$

$$P_k(\Delta S_n, S_{n+1}) = P_k(\Delta S_{n+k}, S_n)$$

$$P_k(ax_n \quad , cS_n + d) = cP_k(x_n, S_n) + d$$

D'autre part il est possible de trouver pour ce procédé une interprétation analogue à celle établie pour l'ε-algorithme en III - 4. On peut également démontrer un théorème analogue au théorème 53 pour l'ε-algorithme :

Théorème 59 :

- Si $\sum_{i=0}^{k} a_i(n)\,(S_{n+i} - S) = x_n$ pour n = 0, 1, ...

- Si $\lim_{n\to\infty} a_i(n) = a_i$ pour i = 0, ..., k

- Si $\sum_{i=0}^{k} a_i \neq 0$

alors $\lim_{n\to\infty} P_k(x_n, S_n) = S$

Pour le procédé p il n'existe pas encore d'algorithme permettant d'éviter le calcul des déterminants mis en jeu comme c'est le cas pour la transformation de Shanks à l'aide de l'ε-algorithme, ce qui en restreint les applications.

Le procédé q est défini, lui aussi, comme un rapport de deux déterminants :

$$q_k(x_n, S_n) = \frac{\begin{vmatrix} S_n & x_n & \cdots\cdots & x_{n+k} \\ \hline S_{n+k+1} & x_{n+k+1} & \cdots & x_{n+2k+1} \end{vmatrix}}{\begin{vmatrix} \Delta x_n & \cdots\cdots\cdots\cdots & \Delta x_{n+k} \\ \hline \Delta x_{n+k} & \cdots\cdots\cdots & \Delta x_{n+2k} \end{vmatrix}}$$

Théorème 60 :

Une condition nécessaire et suffisante pour que $q_k(x_n, S_n) = S \; \forall n > N$ est que la suite $\{S_n\}$ vérifie :

$$S_n - S = \sum_{i=0}^{k} a_i \, x_{n+i} \qquad \forall n > N$$

La démonstration est laissée en exercice.

On a la :

Propriété 23 : $q_0(x_n,S_n) = p_0(x_n,S_n)$

$$q_k(ax_n \quad , cS_n + d) = cq_k(x_n, S_n) + d$$

$$q_k(\Delta S_n, S_n) = \varepsilon_{2k+2}^{(n)}$$

Théorème 61 :

- Si $S_n - S = \sum_{i=0}^{k} a_i(n) \, x_{n+i}$ pour $n = 0, 1, \ldots$

- Si $\lim_{n\to\infty} a_i(n) = a_i$ pour $i = 0, \ldots, k$

alors $\lim_{n\to\infty} q_k(x_n, S_n) = S$

Le procédé q est à rapprocher d'un procédé d'accélération de la convergence dont nous ne parlerons pas ici : la transformation G [104]. En effet soit $\{S_n\}$ une suite telle que $S_n = f(y_n)$ avec $\lim_{n\to\infty} y_n = \infty$. Si dans le procédé q on prend $x_n = f'(y_n)$ on retrouve alors exactement la transformation G. Un algorithme pour éviter le calcul des déterminants qui interviennent dans le procédé q peut se déduire de celui de la transformation G [159] et [153]. Il existe également une méthode due à P. Barrucand pour mettre en oeuvre le procédé p.

IV - 3 Le ρ-algorithme

Nous avons vu au paragraphe II - 3 que le procédé de Richardson consistait à faire passer un polynôme d'interpolation de degré k par les k+1 couples $(x_n, S_n), \ldots, (x_{n+k}, S_{n+k})$ à l'aide de la formule de Neville-Aitken puis à calculer la valeur de ce polynôme en $x = 0$. Le ρ-algorithme consiste à faire passer une fraction rationnelle d'interpolation dont numérateur et dénominateur sont des polynômes de degré k par les 2k+1 couples de points $(x_n, S_n), \ldots, (x_{n+2k}, S_{n+2k})$, à l'aide de la formule d'interpolation de Thiele (voir [141,142] par exemple) puis à calculer la valeur de cette fracti rationnelle en $x = \infty$. Définissons d'abord ce que sont les différences réciproques d'une fonction. Soit une fonction dont on connait la valeur S_n en un certain nombre de points x_n pour $n = 0, 1, \ldots$

Définition 17 : On appelle différences réciproques les quantités :

$$\rho_0^{(n)} = S_n$$

$$\rho_1^{(n)} = \frac{x_n - x_{n+1}}{\rho_0^{(n)} - \rho_0^{(n+1)}}$$

$$\rho_2^{(n)} = \frac{x_n - x_{n+2}}{\rho_1^{(n)} - \rho_1^{(n+1)}} + \rho_0^{(n+1)}$$

$$\rho_k^{(n)} = \frac{x_n - x_{n+k}}{\rho_{k-1}^{(n)} - \rho_{k-1}^{(n+1)}} + \rho_{k-2}^{(n+1)}$$

On démontre que la fraction rationnelle $R(x)$ dont numérateur et dénominateur sont des polynômes de degré k et telle que

$$R(x_p) = S_p \text{ pour } p = n, \ldots, n+2k$$

se met sous la forme :

$$R(x) = \frac{\rho_{2k}^{(n)} x^k + \ldots}{x^k + \ldots}$$

Par conséquent on a $\lim_{x\to\infty} R(x) = \rho_{2k}^{(n)}$ ce qui donne l'idée de prendre cette quantité $\rho_{2k}^{(n)}$ comme approximation de la limite de la suite $\{S_n\}$ lorsque n tend vers l'infini. Le calcul de $\rho_{2k}^{(n)}$ s'effectue à l'aide de la forme étendue du ρ-algorithme qui n'est autre que le calcul des différences réciproques.

$$\rho_{-1}^{(n)} = 0 \qquad \rho_0^{(n)} = S_n \qquad \text{pour } n = 0, 1, \ldots$$

$$\rho_{k+1}^{(n)} = \rho_{k-1}^{(n+1)} + \frac{x_{k+n+1} - x_n}{\rho_k^{(n+1)} - \rho_k^{(n)}} \qquad n, k = 0, 1, \ldots$$

On voit que la structure de cet algorithme est analogue à celle de l'ε-algorithme et que l'on peut construire un tableau identique au tableau ε. Les quantités d'indice inférieur impair ne sont que des calculs intermédiaires et n'ont aucune signification. On a le

Théorème 62 :

Si on applique le ρ-algorithme à une suite $\{S_n\}$ telle que :

$$S_n = \frac{Sx_n^k + a_1 x_n^{k-1} + \ldots + a_k}{x_n^k + b_1 x_n^{k-1} + \ldots + b_k}$$

alors $\rho_{2k}^{(n)} = S \; \forall n$

Les propriétés du ρ-algorithme ressemblent à celles de l'ε-algorithme. On a d'abord la :

Propriété 25 :

$$\rho_{2k}^{(n)} = \frac{\begin{vmatrix} 1 & S_n & x_n & x_n S_n & \ldots\ldots & x_n^{k-1} & x_n^{k-1} S_n & x_n^k S_n \\ \hline 1 & S_{n+2k} & x_{n+2k} & x_{n+2k} S_{n+2k} & \ldots\ldots\ldots\ldots & & & x_{n+2k}^k S_{n+2k} \end{vmatrix}}{\begin{vmatrix} 1 & S_n & x_n & x_n S_n & \ldots\ldots & x_n^{k-1} & x_n^{k-1} S_n & x_n^k \\ \hline 1 & S_{n+2k} & x_{n+2k} & x_{n+2k} S_{n+2k} & \ldots\ldots\ldots\ldots & & & x_{n+2k}^k \end{vmatrix}}$$

Les propriétés algébriques du ρ-algorithme sont les suivantes :

Propriétés 26 : Si l'application du ρ-algorithme à $\{S_n\}$ et à $\{a\, S_n + b\}$ fournit respectivement les quantités $\rho_k^{(n)}$ et $\overline{\rho}_k^{(n)}$ alors :

$$\overline{\rho}_{2k}^{(n)} = a\, \rho_{2k}^{(n)} + b \qquad \overline{\rho}_{2k+1}^{(n)} = \rho_{2k+1}^{(n)} / a$$

Si l'application du ρ-algorithme à $\{S_n\}$ et à $\{\frac{aS_n + b}{cS_n + d}\}$ fournit respectivement les quantités $\rho_k^{(n)}$ et $\overline{\rho}_k^{(n)}$ alors :

$$\bar{\rho}_{2k}^{(n)} = \frac{a\,\rho_{2k}^{(n)} + b}{c\,\rho_{2k}^{(n)} + d}$$

REMARQUE : Les ε et ρ-algorithmes font partie de la classe des algorithmes de losange car leur relation relie des quantités situées au quatre sommets d'un losange dans le tableau construit. Les propriétés générales de ces algorithmes ont été étudiées par Bauer [16,17] . On montre ainsi qu'il existe une liaison entre l'ε-algorithme et l'algorithme qd de Rutishauser [164]. Un résumé de ceci se trouve au chapitre VII.

Wynn [221] a montré que l'on pouvait aussi considérer les algorithmes de losange comme des approximations par les différences finies du premier ordre de systèmes d'équations aux dérivées partielles du premier ordre par rapport à deux variables indépendantes Des propriétés des solutions de ces équations aux dérivées partielles ont été obtenues par Wynn [202,204] mais, pour l'instant, aucune application n'a pu leur être trouvée. Le ρ-algorithme a été utilisé pour la première fois comme transformation de suite à suite et pour accélérer la convergence par Wynn [241] mais en se restreignant au choix $x_n = n \; \forall n$.

Dans certains cas il est préférable d'utiliser un autre choix pour les abscisses x_n. Ainsi, si l'on applique le ρ-algorithme à la suite des approximations de la valeur d'une intégrale à l'aide de la formule des trapèzes avec des pas $h_n = H/2^n$, il semble judicieux de prendre $x_n = 1/h_n^2$. On obtient ainsi une méthode que l'on peut mettre en parallèle avec la méthode de Romberg :

$$\rho_{k+1}^{(n)} = \rho_{k-1}^{(n+1)} + \frac{2^{2n}\,(2^{2k+2} - 1)}{\rho_k^{(n+1)} - \rho_k^{(n)}} \qquad n, k = 0, 1, \ldots$$

cet algorithme a été proposé par Brezinski [23]. En utilisant un résultat de Gragg [91] on montre que l'erreur est identique à celle faite par la méthode de Romberg mais cependant avec un certain avantage pour le ρ-algorithme. Reprenons l'exemple traité en II - 3, on obtient :

$\rho_2^{(0)} = 5.58$

$\rho_2^{(1)} = 4.89$ $\quad \rho_4^{(0)} = 4.65$

$\rho_2^{(2)} = 4.67$ $\quad \rho_4^{(1)} = 4.6199$ $\quad \rho_6^{(0)} = 4.61537$

$\rho_2^{(3)} = 4.62$ $\quad \rho_4^{(2)} = 4.6154$ $\quad \rho_6^{(1)} = 4.6151273$ $\quad \rho_8^{(0)} = 4.615120586$

$\rho_2^{(4)} = 4.6157$ $\quad \rho_4^{(3)} = 4.6151293$ $\quad \rho_6^{(2)} = 4.615120593$

$\rho_2^{(5)} = 4.615155$ $\quad \rho_4^{(4)} = 4.6151206$

$\rho_2^{(6)} = 4.6151212$

On voit que les résultats obtenus sont meilleurs que ceux donnés par la méthode de Romberg. On trouvera d'autres exemples numériques dans [22]. L'application de méthodes d'accélération de la convergence a des formules de quadrature est un sujet qui a suscité de nombreuses études (paragraphe III-7).

Wynn [224,239] a proposé de nouveaux algorithmes d'accélération de la convergence spécialement adaptés au calcul d'intégrales. Nous les étudierons au paragraphe VI-8.

REMARQUES :

1°) Le ρ-algorithme est un algorithme d'extrapolation par une fraction rationnelle dont numérateur et dénominateur ont même degré. On peut le considérer comme un cas particulier d'une méthode due à Bulirsch et Stoer [50] où les degrés du numérateur et du dénominateur sont quelconques. Ces auteurs ont également appliqué leur méthode à la quadrature numérique [51].

2°) Sur l'extrapolation rationnelle on pourra aussi consulter les références [127,189].

3°) Le ρ-algorithme est peu utilisé en pratique sans doute à cause du manque de théorèmes de convergence le concernant.

IV - 4 Généralisations de l'ε-algorithme

La seule différence entre les règles de l'ε-algorithme et du ρ-algorithme est l'introduction d'une suite de paramètres $\{x_n\}$. Il est donc tentant d'essayer d'introduire également des paramètres dans l'ε-algorithme. Ceci a été effectué de deux façons qui aboutissent à deux généralisations de l'ε-algorithme [41].

La première généralisation est la suivante :

$$\varepsilon_{-1}^{(n)} = 0 \qquad \varepsilon_0^{(n)} = S_n \qquad \text{pour } n = 0,\ 1,\ \ldots$$

$$\varepsilon_{k+1}^{(n)} = \varepsilon_{k-1}^{(n+1)} + \frac{\Delta x_n}{\varepsilon_k^{(n+1)} - \varepsilon_k^{(n)}} \qquad n, k = 0,\ 1,\ \ldots$$

Nous allons donner quelques résultats théoriques sur cet algorithme.

Définition 18 : Soit f une fonction linéaire de $S_{p_1}, \ldots, S_{p_n}$ et posons $r_n = \Delta S_n / \Delta x_n$.

L'opérateur R est défini par :

$$Rf\,(S_{p_1}, \ldots, S_{p_n}) = f(r_{p_1}, \ldots, r_{p_n})$$

On voit que R est une généralisation de l'opérateur Δ que l'on retrouve si $\Delta x_n = 1$.

On peut par conséquent définir les puissances successives de l'opérateur R. On a :

Propriété 27 :

$$Rc = 0 \qquad c = \text{constante}$$

$$R(af + bg) = a\,Rf + b\,Rg$$

posons $v_n = S_n \,.\, \Delta x_n$

$$R^{k+1}\, v_n = \Delta\,\Big(\frac{R^k v_n}{\Delta x_n}\Big) = R^k \quad \Big[\Delta\Big(\frac{v_n}{\Delta x_n}\Big)\Big]$$

La démonstration de ces propriétés est laissée en exercice. On peut démontrer que les quantités $\varepsilon_{2k}^{(n)}$ que nous poserons égales à $e_k(S_n)$, comme pour la transformation de Shanks, sont égales à un rapport de deux déterminants ainsi que les quantités $\varepsilon_{2k+1}^{(n)}$. La démonstration est calquée sur celle de Wynn pour montrer l'identité entre l'ε-algorithme et la transformation de Shanks (théorème 36). Nous n'en donnerons que les grandes lignes :

Théorème 63 :

On a :

$$e_k(S_n)=\varepsilon_{2k}^{(n)} = \frac{\begin{vmatrix} v_n & \cdots\cdots & v_{n+k} \\ Rv_n & \cdots\cdots & Rv_{n+k} \\ \cdots & \cdots & \cdots \\ R^k v_n & \cdots\cdots & R^k v_{n+k} \end{vmatrix}}{\begin{vmatrix} \Delta x_n & \cdots\cdots & \Delta x_{n+k} \\ Rv_n & \cdots\cdots & Rv_{n+k} \\ \cdots & \cdots & \cdots \\ R^k v_n & \cdots\cdots & R^k v_{n+k} \end{vmatrix}}$$

et

$$\varepsilon_{2k+1}^{(n)} = \frac{1}{e_k(r_n)} = \frac{\begin{vmatrix} \Delta x_n & \cdots\cdots & \Delta x_{n+k} \\ R^2 v_n & \cdots\cdots & R^2 v_{n+k} \\ \cdots & \cdots & \cdots \\ R^{k+1} v_n & \cdots & R^{k+1} v_{n+k} \end{vmatrix}}{\begin{vmatrix} Rv_n & \cdots\cdots & Rv_{n+k} \\ \cdots & \cdots & \cdots \\ R^{k+1} v_n & \cdots & R^{k+1} v_{n+k} \end{vmatrix}}$$

démonstration : montrons que la relation :

$$\varepsilon_{2k+1}^{(n)} = \varepsilon_{2k-1}^{(n+1)} + \frac{\Delta x_n}{\varepsilon_{2k}^{(n+1)} - \varepsilon_{2k}^{(n)}}$$

est vérifiée. On a :

$$\varepsilon_{2k+1}^{(n)} = \frac{\begin{vmatrix} 1 & \cdots\cdots\cdots & 1 \\ R^2 v_n/\Delta x_n & \cdots & R^2 v_{n+k}/\Delta x_{n+k} \\ \cdots & \cdots & \cdots \\ R^{k+1} v_n/\Delta x_n & \cdots & R^{k+1} v_{n+k}/\Delta x_{n+k} \end{vmatrix}}{\begin{vmatrix} Rv_n/\Delta x_n & \cdots & Rv_{n+k}/\Delta x_{n+k} \\ \cdots & \cdots & \cdots \\ R^{k+1} v_n/\Delta x_n & \cdots & R^{k+1} v_{n+k}/\Delta x_{n+k} \end{vmatrix}}$$

D'où en utilisant un développement de Schweins :

$$\frac{\varepsilon_{2k+1}^{(n)} - \varepsilon_{2k-1}^{(n+1)}}{\Delta x_n} = \frac{\begin{vmatrix} 1 & \cdots\cdots & 1 \\ Rv_n/\Delta x_n & \cdots & Rv_{n+k}/\Delta x_{n+k} \\ \hdashline R^k v_n/\Delta x_n & \cdots & R^k v_{n+k}/\Delta x_{n+k} \end{vmatrix} \; \begin{vmatrix} R^2 v_{n+1} & \cdots\cdots & R^2 v_{n+k} \\ \hdashline R^{k+1} v_{n+1} & \cdots\cdots & R^{k+1} v_{n+k} \end{vmatrix}}{\begin{vmatrix} Rv_n & \cdots\cdots & Rv_{n+k} \\ \hdashline R^{k+1} v_n & \cdots & R^{k+1} v_{n+k} \end{vmatrix} \; \begin{vmatrix} Rv_{n+1}/\Delta x_{n+1} & \cdots\cdots & Rv_{n+k}/\Delta x_{n+k} \\ \hdashline R^k v_{n+1}/\Delta x_{n+1} & \cdots\cdots & R^k v_{n+k}/\Delta x_{n+k} \end{vmatrix}}$$

D'autre part on a :

$$\frac{(-1)^k}{\varepsilon_{2k}^{(n+1)} - \varepsilon_{2k}^{(n)}} = \frac{\begin{vmatrix} 1 & \cdots\cdots & 1 \\ Rv_{n+1}/\Delta x_{n+1} & \cdots & Rv_{n+k+1}/\Delta x_{n+k+1} \\ \hdashline R^k v_{n+1}/\Delta x_{n+1} & \cdots & R^k v_{n+k+1}/\Delta x_{n+k+1} \end{vmatrix} \; \begin{vmatrix} 1 & \cdots\cdots & 1 \\ Rv_n/\Delta x_n & \cdots\cdots & Rv_{n+k}/\Delta x_{n+k} \\ \hdashline R^k v_n/\Delta x_n & \cdots\cdots & R^k v_{n+k}/\Delta x_{n+k} \end{vmatrix}}{D}$$

avec

$$D = \begin{vmatrix} Rv_{n+1}/\Delta x_{n+1} & \cdots\cdots & Rv_{n+k+1}/\Delta x_{n+k+1} \\ \hdashline R^k v_{n+1}/\Delta x_{n+1} & \cdots & R^k v_{n+k+1}/\Delta x_{n+k+1} \\ v_{n+1}/\Delta x_{n+1} & \cdots\cdots & v_{n+k+1}/\Delta x_{n+k+1} \end{vmatrix} \; \begin{vmatrix} Rv_{n+1}/\Delta x_{n+1} & \cdots\cdots & Rv_{n+k}/\Delta x_{n+k} & Rv_n/\Delta x_n \\ \hdashline R^k v_{n+1}/\Delta x_{n+1} & \cdots & R^k v_{n+k}/\Delta x_{n+k} & R^k v_n/\Delta x_n \\ 1 & \cdots\cdots & 1 & 1 \end{vmatrix}$$

$$- \begin{vmatrix} Rv_{n+1}/\Delta x_{n+1} & \cdots\cdots & Rv_{n+k}/\Delta x_{n+k} & Rv_n/\Delta x_n \\ \hdashline R^k v_{n+1}/\Delta x_{n+1} & \cdots & R^k v_{n+k}/\Delta x_{n+k} & R^k v_n/\Delta x_n \\ v_{n+1}/\Delta x_{n+1} & \cdots\cdots & v_{n+k}/\Delta x_{n+k} & v_n/\Delta x_n \end{vmatrix} \; \begin{vmatrix} Rv_{n+1}/\Delta x_{n+1} & \cdots & Rv_{n+k+1}/\Delta x_{n+k+1} \\ \hdashline R^k v_{n+1}/\Delta x_{n+1} & \cdots & R^k v_{n+k+1}/\Delta x_{n+k+1} \\ 1 & \cdots\cdots & 1 \end{vmatrix}$$

d'où :

$$\frac{\Delta x_n}{\varepsilon_{2k}^{(n+1)} - \varepsilon_{2k}^{(n)}} =$$

$$\Delta x_n \frac{\begin{vmatrix} 1 & \cdots & 1 \\ Rv_{n+1}/\Delta x_{n+1} & \cdots & Rv_{n+k+1}/\Delta x_{n+k+1} \\ \vdots & & \vdots \\ R^k v_{n+1}/\Delta x_{n+1} & \cdots & R^k v_{n+k+1}/\Delta x_{n+k+1} \end{vmatrix} \begin{vmatrix} 1 & \cdots & 1 \\ Rv_n/\Delta x_n & \cdots & Rv_{n+k}/\Delta x_{n+k} \\ \vdots & & \vdots \\ R^k v_n/\Delta x_n & \cdots & R^k v_{n+k}/\Delta x_{n+k} \end{vmatrix}}{\begin{vmatrix} 1 & \cdots & 1 \\ v_n/\Delta x_n & \cdots & v_{n+k+1}/\Delta x_{n+k+1} \\ \vdots & & \vdots \\ R^k v_n/\Delta x_n & \cdots & R^k v_{n+k+1}/\Delta x_{n+k+1} \end{vmatrix} \begin{vmatrix} Rv_{n+1}/\Delta x_{n+1} & \cdots & Rv_{n+k}/\Delta x_{n+k} \\ \vdots & & \vdots \\ R^k v_{n+1}/\Delta x_{n+1} & \cdots & R^k v_{n+k}/\Delta x_{n+k} \end{vmatrix}}$$

qui est égal à $\varepsilon_{2k+1}^{(n)} - \varepsilon_{2k-1}^{(n+1)}$ puisque :

$$\begin{vmatrix} 1 & \cdots & 1 \\ Rv_{n+1}/\Delta x_{n+1} & \cdots & Rv_{n+k+1}/\Delta x_{n+k+1} \\ \vdots & & \vdots \\ R^k v_{n+1}/\Delta x_{n+1} & \cdots & R^k v_{n+k+1}/\Delta x_{n+k+1} \end{vmatrix} = \begin{vmatrix} R^2 v_{n+1} & \cdots & R^2 v_{n+k} \\ \vdots & & \vdots \\ R^{k+1} v_{n+1} & \cdots & R^{k+1} v_{n+k} \end{vmatrix}$$

et que :

$$\begin{vmatrix} 1 & \cdots & 1 \\ v_n/\Delta x_n & \cdots & v_{n+k+1}/\Delta x_{n+k+1} \\ \vdots & & \vdots \\ R^k v_n/\Delta x_n & \cdots & R^k v_{n+k+1}/\Delta x_{n+k+1} \end{vmatrix} = \begin{vmatrix} Rv_n & \cdots & Rv_{n+k} \\ \vdots & & \vdots \\ R^{k+1} v_n & \cdots & R^{k+1} v_{n+k} \end{vmatrix}$$

en remplaçant chaque colonne par sa différence avec la précédente. On démontrerait de même que :

$$\varepsilon_{2k+2}^{(n)} = \varepsilon_{2k}^{(n+1)} + \frac{\Delta x_n}{\varepsilon_{2k+1}^{(n+1)} - \varepsilon_{2k+1}^{(n)}}$$

En utilisant les relations précédentes on voit immédiatement :

<u>Propriété 28</u> : Si l'application de la première généralisation de l'ε-algorithme à $\{S_n\}$ et à $\{aS_n + b\}$ fournit respectivement les quantités $\varepsilon_k^{(n)}$ et $\bar{\varepsilon}_k^{(n)}$ alors

$$\bar{\varepsilon}_{2k}^{(n)} = a\,\varepsilon_{2k}^{(n)} + b \qquad \bar{\varepsilon}_{2k+1}^{(n)} = \varepsilon_{2k+1}^{(n)} / a$$

En d'autres termes on a :

$$e_k\,(aS_n + b) = a\, e_k(S_n) + b$$

$$\frac{1}{e_k(ar_n+b)} = \frac{1}{a\, e_k(r_n)}$$

Démontrons maintenant un théorème analogue au théorème 35 de l'ε-algorithme :

<u>Théorème 64</u> :

Une condition nécessaire et suffisante pour que $\varepsilon_{2k}^{(n)} = S\ \forall n > N$ est qu'il existe $a_0, \ldots, a_k$ non tous nuls tels que :

$$a_0(v_n - S.\ \Delta x_n) + \sum_{i=1}^{k} a_i\ .\ R^i v_n = 0 \qquad \forall n > N$$

Démonstration : écrivons que $\varepsilon_{2k}^{(n)} = S\ \forall n > N$. D'après le théorème précédent on a :

$$\begin{vmatrix} v_n & \ldots\ldots & v_{n+k} \\ Rv_n & \ldots\ldots & Rv_{n+k} \\ \hline R^k v_n & \ldots & R^k v_{n+k} \end{vmatrix} = S \begin{vmatrix} \Delta x_n & \ldots\ldots & \Delta x_{n+k} \\ Rv_n & \ldots\ldots & Rv_{n+k} \\ \hline R^k v_n & \ldots\ldots & R^k v_{n+k} \end{vmatrix}$$

d'où :

$$\begin{vmatrix} v_n - S\ \Delta x_n & \ldots\ldots & v_{n+k} - S\ \Delta x_{n+k} \\ Rv_n & \ldots\ldots & Rv_{n+k} \\ \hline R^k v_n & \ldots\ldots & R^k v_{n+k} \end{vmatrix} = 0$$

Une condition nécessaire et suffisante pour que ce déterminant soit nul est qu'il existe $a_0, \ldots, a_k$ non tous nuls tels que :

$$a_0(v_n - S\ \ \Delta x_n) + \sum_{i=1}^{k} a_i\ R^i v_n = 0 \qquad \forall n > N$$

L'équation aux différences que nous venons d'obtenir est difficilement résoluble pour k quelconque comme cela était le cas pour l'ε-algorithme. Cependant on obtient les théorèmes suivants :

<u>Théorème 65</u> :

Si on applique la première généralisation de l'ε-algorithme à une suite $\{S_n\}$ telle que :

$$S_n = S + \sum_{i=0}^{p+k-1} c_i \, \delta_{in}$$

alors $\varepsilon_{2k}^{(p)} = S$

démonstration : on a pour une telle suite $R^i v_{n+k} = 0 \ \forall i \geq 1$

d'où :

$$\varepsilon_{2k}^{(p)} = \frac{\begin{vmatrix} v_p & \dots\dots & v_{p+k-1} & S.\,\Delta x_{p+k} \\ Rv_p & \dots\dots & Rv_{p+k-1} & 0 \\ \hline R^k v_p & \dots & R^k v_{p+k-1} & 0 \end{vmatrix}}{\begin{vmatrix} \Delta x_p & \dots\dots & \Delta x_{p+k-1} & x_{p+k} \\ Rv_p & \dots\dots & Rv_{p+k-1} & 0 \\ \hline R^k v_p & \dots & R^k v_{p+k-1} & 0 \end{vmatrix}} = S$$

<u>Théorème 66</u> :

Une condition nécessaire et suffisante pour que $\varepsilon_2^{(n)} = S \ \forall n > N$ est que $S_n = S + a \prod_{i=0}^{n-1} \lambda_i$ $\forall n > N$ avec $\lambda_i = 1 + c.\,\Delta x_i$

démonstration : on a $Rv_n = \Delta S_n$, d'où, d'après le théorème 64 :

$$a_o (S_n - S) \, \Delta x_n + a_1 \, \Delta S_n = 0$$

posons $d_n = S_n - S$; il vient :

$$a_o \, d_n \, \Delta x_n + a_1 \, \Delta d_n = 0$$

ce qui donne, puisque $a_1 \neq 0$

$$d_{n+1} = (1 - \frac{a_o}{a_1} \Delta x_n) \, d_n = d_o \prod_{i=0}^{n} (1 - \frac{a_o}{a_1} \Delta x_i)$$

ce qui démontre que la condition est nécessaire. La condition suffisante se démontre aussi facilement.

On voit que ce théorème est une généralisation du théorème 34 pour le procédé Δ^2 d'Aitken. On retrouve le procédé d'Aitken et le théorème 34 si $\Delta x_n = b \ \forall n$. Dans ce cas on a

$\lambda_i = \lambda = 1 + bc\ \forall i$ et $S_n = S + a\,\lambda^n.\ \forall n.$

Les expériences numériques ainsi que les résultats théoriques font encore défaut pour cette première généralisation de l'ε-algorithme. Voici un exemple où elle permet d'obtenir de meilleurs résultats que l'ε-algorithme. Considérons la suite d'ordre 1.1 donnée par :

$$S_n = 1 + 3e^{-1.4\, x_n} \quad \text{avec } x_n = 1.1^{(n-1)}$$

on obtient :

$S_0 = 1.73979 \quad S_1 = 1.64314 \quad S_4 = 1.38631$

avec l'ε-algorithme on trouve :

$$\varepsilon_4^{(0)} = 1.73799$$

tandis que sa première généralisation fournit :

$$\varepsilon_4^{(0)} = 1.00272$$

La seconde généralisation de l'ε-algorithme est donnée par :

$$\varepsilon_{-1}^{(n)} = 0 \qquad \varepsilon_0^{(n)} = S_n \qquad n = 0, 1, \ldots$$

$$\varepsilon_{k+1}^{(n)} = \varepsilon_{k-1}^{(n+1)} + \frac{\Delta x_{n+k}}{\varepsilon_k^{(n+1)} - \varepsilon_k^{(n)}} \qquad n, k = 0, 1, \ldots$$

Il n'a pas été possible, pour cette seconde généralisation d'obtenir des résultats analogues aux théorèmes 63, 64 et 65. Cependant on a le :

<u>Théorème 67</u> :

Une condition nécessaire et suffisante pour que $\varepsilon_2^{(n)} = S\ \forall n > N$ est que $S_n = S + a \prod_{i=0}^{n-1} \lambda_i$ $\forall n > N$ avec $\lambda_i = \dfrac{1}{1 + c.\Delta x_i}$

démonstration : $\varepsilon_1^{(n)} = \Delta x_n \,/\, \Delta S_n$ d'où

$$\varepsilon_2^{(n)} = S = S_n + \frac{\Delta x_{n+1}}{\dfrac{\Delta x_{n+1}}{\Delta S_{n+1}} - \dfrac{\Delta x_n}{\Delta S_n}}$$

posons $d_n = S_n - S$; il vient :

$$d_{n+1} = \frac{\Delta x_{n+1}\ \Delta d_n\ \Delta d_{n+1}}{\Delta x_n\ \Delta d_{n+1} - \Delta x_{n+1}\ \Delta d_n}$$

ou encore :

$$\frac{d_{n+1}}{\Delta x_{n+1}\ \Delta d_n} = \frac{\Delta\, d_{n+1}}{\Delta x_n\ \Delta d_{n+1} - \Delta x_{n+1}\ \Delta d_n} = \frac{d_{n+2}}{\Delta x_n\ \Delta d_{n+1}}$$

ce qui donne

$$\frac{d_{n+1}\ \Delta x_n}{\Delta d_n} = \frac{d_{n+2}\ \Delta x_{n+1}}{\Delta d_{n+1}} = b \qquad \forall n > N$$

on doit donc avoir :

$$d_{n+1}\ \Delta x_n = b\ \Delta d_n$$

$$d_{n+1}\ (b - \Delta x_n) = b\ d_n$$

$$d_{n+1} = \frac{b}{b - \Delta x_n}\ d_n \text{ et } d_n = d_0 \prod_{i=0}^{n-1} \frac{b}{b - \Delta x_i}$$

La condition suffisante est immédiate.

Si l'on reprend l'exemple numérique précédent on obtient, avec cette seconde généralisation de l'ε-algorithme :

$$\varepsilon_4^{(0)} = 1.00224$$

En pratique ces deux généralisations de l'ε-algorithme semblent interessantes. De nombreux problèmes restent à régler et en particulier celui du choix de la suite $\{x_n\}$ des paramètres.

Donnons encore deux exemples :

1°) $S_n = 1 + 1 / n$ $\qquad x_n = \text{Log}(1+n)$ pour $n = 1, \ldots$

on obtient :

$S_{37} = 1.027$ $\qquad \varepsilon_{36}^{(0)} = 1.004$ avec l'ε-algorithme

$\varepsilon_{36}^{(0)} = 1.000008$ avec la première généralisation

$\varepsilon_{36}^{(0)} = 1.00000002$ avec la seconde généralisation

2°) $S_n = n \sin \frac{1}{n}$ et $x_n = \text{Log}\,(1+n)$

$S_{37} = 0.99987 \quad \varepsilon_{36}^{(0)} = 0.9999938$ avec l'ε-algorithme

$\varepsilon_{36}^{(0)} = 1.0000000027$ avec la première généralisation

$\varepsilon_{36}^{(0)} = 0.99999999976$ avec la seconde généralisation

En ce qui concerne la convergence de ces deux méthodes on a seulement les résultats suivants :

Théorème 68 :

Pour les première et seconde généralisations de l'ε-algorithme, si

$$\lim_{n\to\infty} \frac{\Delta x_{n+1}}{\Delta x_n} \neq \lim_{n\to\infty} \frac{\Delta S_{n+1}}{\Delta S_n} \quad \text{alors}$$

$$\lim_{n\to\infty} \varepsilon_2^{(n)} = \lim_{n\to\infty} S_n$$

La démonstration est laissée en exercice.

On voit que l'on peut donc traiter avec ces généralisations les suites dites à convergence logarithmique c'est-à-dire telles que :

$$\lim_{n\to\infty} \frac{S_{n+1} - S}{S_n - S} = 1 \quad \text{ou telles que} \lim_{n\to\infty} \frac{\Delta S_{n+1}}{\Delta S_n} = 1.$$

Ces suites sont en général difficiles à accélérer et le procédé Δ^2 d'Aitken peut même ne pas converger dans ce cas. Pour de telles suites on est alors amené à étudier des algorithmes spéciaux [38] ; nous en verrons un exemple au paragraphe suivant. Sur ce sujet on pourra également consulter [87].

IV - 5 Le problème de l'accélération de la convergence

L'ε-algorithme et ses deux généralisations ainsi que le ρ-algorithme sont tous de la forme :

$$\theta_{-1}^{(n)} = 0 \qquad \theta_0^{(n)} = S_n \qquad n = 0, 1, \ldots$$

$$\theta_{k+1}^{(n)} = \theta_{k-1}^{(n+1)} + D_k^{(n)} \qquad n, k = 0, 1, \ldots$$

avec :

$D_k^{(n)} = 1 / (\theta_k^{(n+1)} - \theta_k^{(n)})$ pour l'ε-algorithme

$D_k^{(n)} = \Delta x_n / (\theta_k^{(n+1)} - \theta_k^{(n)})$ pour sa première généralisation

$D_k^{(n)} = \Delta x_{n+k} / (\theta_k^{(n+1)} - \theta_k^{(n)})$ pour sa seconde généralisation

$D_k^{(n)} = (x_{n+k+1} - x_n) / (\theta_k^{(n+1)} - \theta_k^{(n)})$ pour le ρ-algorithme

Le but de ce paragraphe est d'étudier de façon globale le problème de l'accélération de la convergence à l'aide de ces quatre algorithmes. Il est bien évident que l'on englobe aussi dans cette théorie tout algorithme de cette forme.

Dans ce paragraphe nous parlerons d'accélération de la convergence au sens suivant : soient $\{V_n\}$ et $\{S_n\}$ deux suites convergentes ; on dira que $\{V_n\}$ converge plus vite que $\{S_n\}$ si :

$$\lim_{n\to\infty} \frac{\Delta V_n}{\Delta S_n} = 0$$

Théorème 69 :

Supposons que $\lim_{n\to\infty} \theta_{2k+2}^{(n)} = \lim_{n\to\infty} \theta_{2k}^{(n)}$. Une condition nécessaire et suffisante pour que $\{\theta_{2k+2}^{(n)}\}$ converge plus vite que $\{\theta_{2k}^{(n+1)}\}$ pour k fixé, est que :

$$\lim_{n\to\infty} \frac{\Delta D_{2k+1}^{(n)}}{\Delta \theta_{2k}^{(n+1)}} = -1$$

où l'opérateur Δ porte sur les indices supérieurs .

démonstration : on a $\Delta\theta_{2k+2}^{(n)} = \Delta\theta_{2k}^{(n+1)} + \Delta D_{2k+1}^{(n)}$.

on voit donc immédiatement que $\lim_{n\to\infty} \frac{\Delta\theta_{2k+2}^{(n)}}{\Delta\theta_{2k}^{(n+1)}} = 0$ entraîne la condition donnée dans le théorème. La condition suffisante est évidente [24].

Si la condition du théorème 69 n'est pas vérifiée alors il n'y aura pas accélération de la convergence en passant de la colonne 2k à la colonne 2k+2. Afin d'accélérer la convergence on va introduire dans l'algorithme un facteur d'accélération w_k comme on le fait dans la méthode de surrelaxation pour résoudre les systèmes d'équations linéaires.

L'algorithme deviendra donc :

$$\theta_{2k+1}^{(n)} = \theta_{2k-1}^{(n+1)} + D_{2k}^{(n)}$$

$$\theta_{2k+2}^{(n)} = \theta_{2k}^{(n+1)} + w_k\, D_{2k+1}^{(n)}$$

Le choix optimal de w_k est caractérisé par le résultat suivant :

Théorème 70 :

Supposons que $\lim_{n\to\infty} \theta_{2k+2}^{(n)} = \lim_{n\to\infty} \theta_{2k}^{(n)}$. Une condition nécessaire et suffisante pour que $\{\theta_{2k+2}^{(n)}\}$ converge plus vite que $\{\theta_{2k}^{(n+1)}\}$ est de prendre :

$$w_k = -\lim_{n\to\infty} \frac{\Delta\theta_{2k}^{(n+1)}}{\Delta D_{2k+1}^{(n)}}$$

Démonstration : on a $\Delta\theta_{2k+2}^{(n)} = \Delta\theta_{2k}^{(n+1)} + w_k\, \Delta D_{2k+1}^{(n)}$.

D'où $\lim_{n\to\infty} \dfrac{\Delta\theta_{2k+2}^{(n)}}{\Delta\theta_{2k}^{(n+1)}} = 0 = 1 + w_k \lim_{n\to\infty} \dfrac{\Delta D_{2k+1}^{(n)}}{\Delta\theta_{2k}^{(n+1)}}$

le reste de la démonstration est évident.

Il est possible de donner une interprétation fort simple de ce paramètre w_k ainsi que des résultats que nous venons d'énoncer en considérant les quantités $w_k\, D_{2k+1}^{(n)}$ comme les termes successifs d'un développement asymptotique. Soit $\{S_n\}$ une suite qui converge vers S et soit G l'ensemble des suites $\{D_{2k+1}^{(n)}\}$ pour k fixé. Supposons que $D_{2k+1}^{(n)} = o\,(D_{2k-1}^{(n+1)})$ quelquesoit k fixé. Alors, s'il vérifie cette propriété, l'ensemble G est une échelle de comparaison. Supposons que $S - S_{n+k}$ possède un développement asymptotique jusqu'à l'ordre k au voisinage de $+\infty$ par rapport à G et que ce développement puisse s'écrire :

$$S - S_{n+k} = \sum_{i=1}^{k} w_{i-1}\, D_{2i-1}^{(n+k-i)} + o(D_{2k-1}^{(n)})$$

Le problème est de trouver les coefficients w_i de ce développement asymptotique. On a :

$$\theta_{2k}^{(n)} = S_{n+k} + \sum_{i=1}^{k} w_{i-1}\, D_{2i-1}^{(n+k-i)}$$

d'où :

$$S = \theta_{2k}^{(n)} + o(D_{2k-1}^{(n)})$$

$$= \theta_{2k-2}^{(n+1)} + w_{k-1}\, D_{2k-1}^{(n)} + o(D_{2k-1}^{(n)})$$

On choisit w_{k-1} de façon que :

$$0 = \Delta\theta_{2k-2}^{(n+1)} + w_{k-1}\, \Delta D_{2k-1}^{(n)} + o\, (\Delta D_{2k-1}^{(n)})$$

ce qui entrainera que $S = \theta_{2k}^{(n)} + O(D_{2k-1}^{(n)})$ puisque les séries $\sum_{i=n}^{\infty} \Delta\theta_{2k-2}^{(i)}$ et $\sum_{i=n}^{\infty} D_{2k-1}^{(i)}$ sont convergentes $\forall n$. On a donc :

$$w_{k-1}\ \Delta D_{2k-1}^{(n)} = - \Delta\theta_{2k-2}^{(n+1)} + o(\Delta D_{2k-1}^{(n)}) \text{ d'où}$$

$$w_{k-1} = - \lim_{n\to\infty} \frac{\Delta\theta_{2k-2}^{(n+1)}}{\Delta D_{2k-1}^{(n)}}$$

ce qui n'est autre que la condition du théorème 70. Le théorème 69 apparait ainsi comme une condition nécessaire et suffisante pour que $w_k = 1$. Le fait que le choix de w_k donné par le théorème 70 fournisse l'algorithme optimal signifie simplement que w_k est le coefficient de $D_{2k+1}^{(n)}$ dans le développement asymptotique de $S - S_{n+k}$. Ce choix de w_k donne le seul algorithme pour lequel on ait :

$$S - \theta_{2k}^{(n)} = o(D_{2k-1}^{(n)})$$

Cette relation peut s'écrire :

$$S - \theta_{2k-2}^{(n+1)} = w_{k-1}\, D_{2k-1}^{(n)} + o(D_{2k-1}^{(n)})$$

d'où

$$S - \theta_{2k-2}^{(n+1)} \sim w_{k-1}\, D_{2k-1}^{(n)}$$

et par conséquent

$$S - \theta_{2k-2}^{(n+1)} = O(D_{2k-1}^{(n)})$$

On voit que l'on a ainsi généralisé un résultat obtenu au théorème 17.

Ce paramètre w_k apparait aussi comme le lien entre les ε et ρ-algorithmes : en effet prenons $D_k^{(n)} = 1 / (\theta_k^{(n+1)} - \theta_k^{(n)})$ c'est-à-dire l'ε-algorithme ; considérons la suite $S_n = 1 + \frac{1}{n+1}$ on trouve $w_o = 2$ ce qui n'est autre que la forme simplifiée du ρ-algorithme avec $x_n = n$. Inversement considérons la suite $S_n = S + ab^n$ on trouve $w_o = 1$.

Pour cet algorithme avec paramètre d'accélération on ne connait pas de théorème analogue au théorème 35 pour l'ε-algorithme. Considérons par exemple :

$$\theta_2^{(n)} = S_{n+1} - w_o \frac{\Delta S_n \, \Delta S_{n+1}}{\Delta^2 S_n}$$

Nous voulons trouver la condition que doit vérifier $\{S_n\}$ pour que $\theta_2^{(n)} = S \ \forall n$. C'est un problème de sommation de fonction dont on ne connait pas de solution générale [106]. Cela provient du fait que l'équation aux différences $\Delta f(x) = 1/x$ n'a pas de fonctions élémentaires comme solutions.

Nous allons montrer, qu'à l'aide de ce paramètre w_k, il est possible d'accélérer des suites à convergence logarithmique.

Prenons par exemple une suite telle que :

$$d_{n+1} = d_n + a_1 \, d_n^p + \ldots$$

avec $p > 1$ et $d_n = S_n - S$. Pour une telle suite on a :

$$D_1^{(n)} = - \frac{\Delta S_n \, \Delta S_{n+1}}{\Delta^2 S_n} = - \frac{d_n + pa_1 \, d_n^p + \ldots}{p + \ldots}$$

on a donc $\lim_{n\to\infty} D_1^{(n)} = 0$ et par conséquent $\lim_{n\to\infty} \theta_2^{(n)} = S$.

En utilisant le fait que $d_{n+1}^p = d_n^p + pa_1 \, d_n^{2p-1} + \ldots$ on trouve facilement que $w_o = p$ [38].

Si p est connu il est alors possible d'accélérer la convergence de la suite $\{S_n\}$. Ainsi pour la suite $S_o = 0.938$, $S_{n+1} = S_n - 0.005 \, S_n^2$ on obtient :

n	S_n	$\theta_2^{(n)}$
0	0.938	$0.219 \ 10^{-2}$
5	0.916	$0.209 \ 10^{-2}$
15	0.876	$0.191 \ 10^{-2}$
25	0.839	$0.176 \ 10^{-2}$

Considérons maintenant le cas des séries convergentes :

$$S = a_0 + a_1 + \dots$$

Appliquons cet algorithme aux sommes partielles de la série $S_n = \sum_{i=0}^{n} a_i$.

On trouve alors que si

$\lim_{n\to\infty} a_{n+1} / a_n = a \neq 1$ alors $w_o = 1$ d'où le :

Théorème 71 :

Si on applique l'ε-algorithme aux sommes partielles d'une série telle que :

$$\lim_{n\to\infty} \frac{a_{n+1}}{a_n} = a \neq 1$$

alors $\{\varepsilon_2^{(n)}\}$ converge vers S plus vite que $\{S_{n+1}\}$.

La démonstration de ce théorème est laissée en exercice.

Considérons par exemple la série

$$\text{Log } 2 = 0.693147 \dots = \sum_{i=0}^{\infty} \frac{(-1)^n}{n+1}$$

pour laquelle $a = -1$. On obtient :

n	S_n	$\varepsilon_2^{(n)}$	$\rho_2^{(n)}$
0	1	0.7	0.9
5	0.616667	0.692857	0.626190
15	0.662871	0.693124	0.664552
25	0.674286	0.693141	0.674959

Si $a = 1$ il est possible dans certains cas de calculer w_o. Ainsi pour la série de terme général $a_n = 1/n^\alpha$ avec $\alpha > 1$ on trouve $w_o = \alpha/(\alpha-1)$. Si $\alpha = 2$ on a $w_o = 2$ et c'est par conséquent le ρ-algorithme simplifié qui accélère la convergence. On obtient dans ce cas ($S = 1.64493$) les résultats suivants :

n	S_n	$\varepsilon_2^{(n)}$	$\rho_2^{(n)}$
0	1	1.45	1.65
5	1.49139	1.57846	1.64513
15	1.58435	1.61638	1.64495
25	1.60720	1.62676	1.64494

IV - 6 Le θ-algorithme

Que la suite soit à convergence logarithmique ou non il est bien évident que le paramètre w_k introduit dans les algorithmes au paragraphe précédent est difficile à calculer en pratique puisqu'il fait intervenir une limite.

D'où l'idée immédiate de remplacer

$$w_k = -\lim_{n\to\infty} \frac{\Delta\theta_{2k}^{(n+1)}}{\Delta D_{2k+1}^{(n)}} \quad \text{par} \quad w_k^{(n)} = -\frac{\Delta\theta_{2k}^{(n+1)}}{\Delta D_{2k+1}^{(n)}}$$

C'est ce nouvel algorithme que nous appelerons le θ-algorithme.

C'est une généralisation d'un algorithme obtenu par Germain-Bonne [87] en effectuant une extrapolation linéaire à partir de $\{S_n\}$ et de $\{\varepsilon_2^{(n)}\}$. Les règles du θ-algorithme sont les suivantes [38] :

$$\theta_{-1}^{(n)} = 0 \qquad \theta_0^{(n)} = S_n \qquad \text{pour } n = 0, 1, \ldots$$

$$\theta_{2k+1}^{(n)} = \theta_{2k-1}^{(n+1)} + D_{2k}^{(n)}$$

$$\theta_{2k+2}^{(n)} = \frac{D_{2k+1}^{(n+1)}\theta_{2k}^{(n+1)} - D_{2k+1}^{(n)}\theta_{2k}^{(n+2)}}{D_{2k+1}^{(n+1)} - D_{2k+1}^{(n)}}$$

En prenant $D_k^{(n)} = 1 / (\theta_k^{(n+1)} - \theta_k^{(n)})$ on trouve que :

$$\theta_{2k+2}^{(n)} = \frac{\theta_{2k}^{(n+2)}\Delta\theta_{2k+1}^{(n+1)} - \theta_{2k}^{(n+1)}\Delta\theta_{2k+1}^{(n)}}{\Delta^2\theta_{2k+1}^{(n)}}$$

On voit que ce θ-algorithme n'est plus un algorithme de losange ; par exemple le calcul de $\theta_2^{(n)}$ nécessite la connaissance de S_n, S_{n+1}, S_{n+2} et S_{n+3} alors que ce dernier terme n'intervenait pas dans le calcul de $\varepsilon_2^{(n)}$ ou $\rho_2^{(n)}$.

Pour cet algorithme on a le :

Théorème 72 :

Supposons que $\lim_{n\to\infty} \theta_{2k}^{(n)} = S$. Une condition nécessaire et suffisante pour que $\lim_{n\to\infty} \theta_{2k+2}^{(n)} = S$

est qu' il existe $\alpha < 1 < \beta$ tels que :

$$\frac{D_{2k+1}^{(n+1)}}{D_{2k+1}^{(n)}} \notin [\alpha,\beta] \qquad \forall n$$

démonstration : on peut considérer la transformation $\{\theta_{2k}^{(n)}\} \to \{\theta_{2k+2}^{(n)}\}$ pour k fixé

comme un procédé de sommation ; on lui appliquera par conséquent le théorème de Toeplitz (théorème 22). Les deux dernières conditions de ce théorème sont automatiquement vérifiées puisque le procédé est total et que la matrice associée est bidiagonale. La première condition s'écrit :

$$\left|\frac{D_{2k+1}^{(n)}}{\Delta D_{2k+1}^{(n)}}\right| + \left|\frac{D_{2k+1}^{(n+1)}}{\Delta D_{2k+1}^{(n)}}\right| < M_k \qquad \forall n$$

on doit donc avoir :

$$N_k < \left| 1 - \frac{D_{2k+1}^{(n+1)}}{D_{2k+1}^{(n)}}\right| \qquad \forall n$$

Par conséquent il doit exister $\alpha < 1 < \beta$ tels que :

$$D_{2k+1}^{(n+1)} / D_{2k+1}^{(n)} \notin [\alpha,\beta].$$

On a également le résultat suivant :

Théorème 73 :

Supposons que $\lim_{n\to\infty} \theta_{2k}^{(n)} = \lim_{n\to\infty} \theta_{2k+2}^{(n)} = S$. Si $\lim_{n\to\infty} \frac{\theta_{2k}^{(n+1)} - S}{D_{2k+1}^{(n)}}$ et $\lim_{n\to\infty} \frac{\Delta\theta_{2k}^{(n+1)}}{\Delta D_{2k+1}^{(n)}}$ existent,

sont finies et sont égales alors $\{\theta_{2k+2}^{(n)}\}$ converge plus vite que $\{\theta_{2k}^{(n+1)}\}$ en ce sens que :

$$\lim_{n\to\infty} \frac{\theta_{2k+2}^{(n)} - S}{\theta_{2k}^{(n+1)} - S} = 0$$

démonstration : elle est immédiate puisque $\theta_{2k+2}^{(n)} - S = \theta_{2k}^{(n+1)} - S + w_k^{(n)} D_{2k+1}^{(n)}$ et que $w_k^{(n)} = - \Delta\theta_{2k}^{(n+1)} / \Delta D_{2k+1}^{(n)}$.

Reprenons les trois exemples numériques du paragraphe précédent. Avec k = 0, c'est-à-dire en considérant la suite $\{\theta_2^{(n)}\}$ on obtient :

n	ex. 1	ex. 2	ex. 3
0	0.933	0.655555	1.13888
5	$-0.211\ 10^{-2}$	0.693118	1.64461
15	$-0.193\ 10^{-2}$	0.693146	1.64491
25	$-0.177\ 10^{-2}$	0.693147	1.64493

Les résultats numériques ainsi que les applications et des théorèmes de convergence manquent encore pour le θ-algorithme.

Du point de vue numérique le θ-algorithme semble très intéressant. De nombreux exemples ont été testés [75]. Ils montrent que, étant donné une suite à accélérer, on obtient de bons résultats soit avec l'ε-algorithme, soit avec le ρ-algorithme mais pratiquement jamais avec les deux algorithmes à la fois. D'autre part les exemples montrent que le θ-algorithme se comporte pratiquement toujours comme celui qui donne les meilleurs résultats et parfois même mieux que les deux. Ceci tient au fait que, comme nous l'avons vu au paragraphe IV-5, le θ-algorithme peut être considéré comme le lien entre l'ε-algorithme et le ρ-algorithme. Il n'y a d'ailleurs aucune difficulté à démontrer que si la suite $\{S_n\}$ est de l'une des deux formes :

$$S_n = S + ab^n$$

ou

$$S_n = S + a / (n+1)$$

alors $\theta_2^{(n)} = S$ pour tout n.

Cette propriété est également vraie pour d'autres types de suites [67].

Les résultats théoriques pour le θ-algorithme manquent encore. Ils sont difficiles à obtenir parce que l'on ne possède, comme base de travail, que de la règle de l'algorithme. Il n'y a pas, dans l'état actuel de nos connaissances, de rapports de déterminants comme c'est le cas pour l'ε-algorithme. Des variantes et des généralisations du θ-algorithme sont actuellement à l'étude [154].

IV - 7 Les transformations de Levin

Revenons au procédé Δ^2 d'Aitken. Si la suite est de la forme $S_n - S = a\,\Delta S_n$ alors $\varepsilon_2^{(n)} = S$ pour tout n. Levin [130] a eu l'idée de généraliser cela au cas où la suite vérifie une relation de la forme :

$$S_n - S = \Delta S_n \, p_{k-1}(n) \,/\, g(n)$$

où p_{k-1} est un polynôme de degré k-1 de n dont les coefficients sont inconnus et où g est une fonction connue de n. On a alors :

$$\Delta^k (g(n)(S_n - S) \,/\Delta S_n) = \Delta^k \, p_{k-1}(n) = 0$$

d'où

$$S = \Delta^k (g(n)\, S_n \,/\, \Delta S_n) \,/\, \Delta^k (g(n) \,/\, \Delta S_n)$$

Si la suite $\{S_n\}$ n'est pas de la forme précédente on pourra cependant lui appliquer cette transformation. Nous noterons :

$$W_k^{(n)} = \Delta^k (g(n)\, S_n \,/\, \Delta S_n) \,/\, \Delta^k (g(n) \,/\, \Delta S_n)$$

Suivant ce que l'on prend pour g on retrouve les méthodes T, U et V décrites dans l'article de Levin [130]. De plus pour g(n) = 1 et k = 1 on a $W_1^{(n)} = \varepsilon_2^{(n)}$ et pour k = 2 on obtient $W_2^{(n)} = \theta_2^{(n)}$. Cette dernière propriété permet d'ailleurs de retrouver les résultats de Cordellier sur la première étape du Θ-algorithme [67]. Si $g(x) = \Delta x_n$ et si k = 1 alors $\{W_1^{(n)}\}$ est la première colonne paire $\{\varepsilon_2^{(n)}\}$ fournie par la première généralisation de l'ε-algorithme (paragraphe IV-4).

Il existe de nombreux exemples où cette transformation donne de meilleurs résultats que l'ε-algorithme ; c'est le cas pour la suite :

$$S_n = \sum_{i=0}^{n} (-1)^i / (2i+1)$$

On a alors :

$$\Delta S_n = \Delta^2 S_n \, p_1(n) / g(n)$$

avec $\qquad g(n) = 4n + 8 \quad \text{et} \quad p_1(n) = -2n - 5$

Ce procédé peut s'appliquer au calcul des intégrales impropres et à l'inversion de la transformée de Laplace [131]. Soit à calculer : $I = \int_0^\infty f(t)\, dt$.

Posons : $\qquad F(x) = \int_0^x f(t)\, dt.$

Supposons, de façon analogue au cas des suites, que :

$$F(x) - I = f(x) \, p_{k-1}(x) / g(x).$$

On aura :

$$I = \Delta^k(g(x) F(x) / f(x)) / \Delta^k(g(x) / f(x))$$

où Δ est défini par $\Delta u(x) = u(x+h) - u(x)$.

De nombreuses études restent encore à faire sur ce procédé. A. Sidi (Université de Tel-Aviv) s'occupe actuellement de la généralisation de la méthode au cas où :

$$g(n)(S_n - S) = \Delta S_n \, p_{k-1}(n) + \Delta^2 S_n \, p_k(n) + \dots$$

$$g(x)(F(x)-I) = f(x) \, p_{k-1}(x) + f''(x) \, p_k(x) + \dots$$

cela permettrait de calculer des intégrales de la forme :

$$I = \int_0^\infty x^{-a} \cos bx \, J_0(cx)\, dx$$

où f vérifie une équation différentielle d'ordre 4.

IV - 8 Formalisation des procédés d'accélération de la convergence

Dans ce qui précède nous avons étudié un certain nombre d'algorithmes d'accélération de la convergence. Il est évidemment tentant d'essayer de mettre en lumière les propriétés qui doivent être vérifiées par un tel algorithme pour qu'il accélère la convergence. On pourrait ainsi, d'une part, unifier l'étude de tels algorithmes, et d'autre part, construire de nouveaux algorithmes d'accélération de la convergence une fois le formalisme bien établi. La première formalisation de ces méthodes a été donnée par Pennacchi [150]: ce sont les transformations rationnelles de suites. Ces transformations sont des cas particuliers d'un formalisme plus général dû à Germain-Bonne [85 ,86]. Nous exposerons d'abord les résultats de Pennacchi.

Définition 19 : on appelle transformation rationnelle d'ordre p et de degré m l'application $T_{p,m}$ qui à la suite $\{S_n\}$ fait correspondre la suite $\{V_{p,m}(n)\}$ pour p et m fixés donnée par :

$$V_{p,m}(n) = S_n + \frac{P_m(\Delta S_n, \ldots, \Delta S_{n+p-1})}{Q_{m-1}(\Delta S_n, \ldots, \Delta S_{n+p-1})}$$

où P_m et Q_{m-1} sont des polynômes homogènes de degrés respectifs m et m-1 des p variables $\Delta S_n, \ldots, \Delta S_{n+p-1}$. On posera $R_m = P_m / Q_{m-1}$ et $R_m \equiv 0$ si $\Delta S_n = \ldots = \Delta S_{n+p-1} = 0$ pour $m > 1$.

Les propriétés suivantes sont évidentes ; elles sont laissées en exercice.

Propriété 29 :

- $T_{p,m}[\{S\}] = \{S\}$ où $\{S\}$ est une suite constante
- $T_{p,m}[\{aS_n + b\}] = a\, T_{p,m}[\{S_n\}] + b$
- une condition nécessaire et suffisante pour que $V_{p,m}(n) = S\ \forall n > N$ est que $\{S_n\}$ vérifie $(S_n - S)\, Q_{m-1} + P_m = 0\ \forall n > N$.
- La transformation rationnelle d'une progression arithmétique ou géométrique est une progression de même nature et de même raison.
- Les puissances successives d'une transformation rationnelle ne sont généralement pas des transformations rationnelles. La puissance d'une transformation rationnelle étant définie par :

$$T^2_{p,m}\ [\{S_n\}] = T_{p,m}\ [\{V_{p,m}(n)\}] = X_{p,m}(n)$$

$$T^3_{p,m}\ [\{S_n\}] = T_{p,m}\ [\{X_{p,m}(n)\}] \quad \text{etc} \ldots$$

Définition 20 :

On dit que $\{S_n\}$ est régulière si :

- $\lim_{n\to\infty} S_n = S$ existe et est finie

- $\exists N : \forall n > N \quad \Delta S_n \neq 0$

- $\lim_{n\to\infty} \frac{\Delta S_{n+1}}{\Delta S_n} = \rho$ existe, est finie et inférieure à 1.

Théorème 74 :

Si $\{S_n\}$ est régulière et si

$Q_{m-1}\ (1, \rho, \ldots, \rho^{p-1}) \neq 0$

alors $\lim_{n\to\infty} V_{p,m}(n) = S$

démonstration : posons $\rho_n = \Delta S_{n+1} / \Delta S_n$. On a :

$$\Delta S_{n+i} / \Delta S_n = \rho_n\, \rho_{n+1} \cdots \rho_{n+i-1}$$

posons $\sigma_{n,0} = 1$

$$\sigma_{n,i} = \rho_n \cdots \rho_{n+i-1} \text{ pour } i = 1, \ldots, p-1$$

on a $\lim_{n\to\infty} \sigma_{n,i} = \rho^i$ et

$$V_{p,m}(n) = S_n + \Delta S_n .\ R_m(1, \rho_n, \rho_n\, \rho_{n+1}, \ldots, \rho_n \cdots \rho_{n+p-2})$$

$$= S_n + \Delta S_n .\ R_m(\sigma_{n0}, \sigma_{n1}, \ldots, \sigma_{n,p-1})$$

Théorème 75 :

Une condition nécessaire et suffisante pour que $T_{p,m}$ accélère la convergence de toute suite régulière $\{S_n\}$ est que :

$$R_m(1, \rho, \ldots, \rho^{p-1}) = \frac{1}{1-\rho} \quad \forall\rho$$

démonstration :

$$V_{p,m}(n) - S = S_n - S + \Delta S_n . R_m(\sigma_{n0}, \ldots, \sigma_{n,p-1})$$

$$\frac{V_{p,m}(n) - S}{S_n - S} = 1 - \frac{\Delta S_n}{\Delta S_n + \Delta S_{n+1} + \ldots}\ R_m$$

car $S_n - S = -(\Delta S_n + \Delta S_{n+1} + \ldots)$; d'où

$$\frac{V_{p,m}(n) - S}{S_n - S} = 1 - \frac{1}{\sigma_{n0} + \sigma_{n1} + \ldots} R_m$$

$$\lim_{n\to\infty} \frac{V_{p,m}(n) - S}{S_n - S} = 0 = 1 - (1 - \rho) R_m(1, \rho, \ldots, \rho^{p-1})$$

ce qui termine la démonstration.

Cette condition peut encore s'écrire :

$$Q_{m-1}(1, \rho, \ldots, \rho^{p-1}) - (1 - \rho) P_m(1, \rho, \ldots, \rho^{p-1}) \equiv 0$$

Elle exprime l'annulation identique d'un polynôme de degré $m(p-1) + 1$ dont les $m(p-1)+2$ coefficients sont fonctions linéaires des $\binom{p+m-1}{p-1}$ coefficients de P_m et des $\binom{p+m-2}{p-1}$ coefficients de Q_{m-1}.

Etant donné qu'une fraction rationnelle n'est définie qu'à un facteur multiplicatif près, la relation du théorème précédent se traduit par un système non homogène de $m(p-1)+2$ équations linéaires avec un nombre d'inconnues égal à :

$$\binom{p+m-1}{p-1} + \binom{p+m-2}{p-1} - 1 = \binom{p+m-2}{p-1} \frac{p+2m-1}{m} - 1$$

Par conséquent le nombre de coefficients qu'il est possible de fixer arbitrairement dans une transformation rationnelle pour qu'elle accélère la convergence est :

$$\nu(p,m) = \binom{p+m-2}{p-1} \frac{p+2m-1}{m} - m(p-1) - 3$$

On trouve que $\nu(1,m) = \nu(p,1) = -1$, d'où le résultat

Théorème 76 :

$T_{1,m}$ et $T_{p,1}$ ne peuvent pas accélérer la convergence de toute suite régulière.

Si $m = 1$ on voit que la transformation $\{S_n\} \to \{V_{p,1}(n)\}$ est une transformation linéaire. Par conséquent les procédés de sommation de ce type sont incapables d'accélérer la convergence de toutes les suites régulières $\{S_n\}$.

Le fait que $\nu(2,2) = 0$ entraîne le :

Théorème 77 :

Il existe une et une seule transformation $T_{2,2}$ qui accélère la convergence de toute suite régulière. Cette transformation est donnée par :

$$V_{2,2}(n) = \frac{S_{n+2}\, S_n - S_{n+1}^2}{\Delta^2 S_n} = \varepsilon_2^{(n)}$$

Une fois de plus on voit que l'on retrouve le procédé Δ^2 d'Aitken.

On montre également que ce procédé Δ^2 d'Aitken est optimal. En effet, donnons d'abord la :

Définition 21 : on dit que $T_{p,m}$ et $T_{q,k}$ sont équivalentes si :

$$T_{p,m}\,[\{S_n\}] = T_{q,k}\,[\{S_n\}]$$

on peut alors montrer que :

Théorème 78 :

Pour $m > 2$, toute transformation $T_{2,m}$ qui accélère la convergence est toujours équivalente à $T_{2,2}$

Théorème 79 :

Il existe une transformation unique d'ordre 2 qui accélère la convergence : c'est le procédé Δ^2 d'Aitken.

Les transformations de suites introduites par Germain-Bonne sont plus générales en ce sens qu'on ne suppose pas qu'elles mettent en jeu des polynômes et qu'elles font intervenir une suite de paramètres $\{x_n\}$. Nous allons maintenant donner les principaux de ces résultats.

Soit $G : \mathbb{R}^{k+1} \times \mathbb{R}^{k+1} \to \mathbb{R}$ telle que :

- G soit continue séparément par rapport à ses 2(k+1) variables
- $G(a\, y_0, \ldots, a\, y_k\, ;\, a\, x_0, \ldots, a\, x_k) = a\, G(y_0, \ldots, y_k\, ;\, x_0, \ldots, x_k)\ \forall a \in \mathbb{R}$
- $G(y_0 + b, \ldots, y_k + b\, ;\, x_0, \ldots, x_k) = G(y_0, \ldots, y_k\, ;\, x_0, \ldots, x_k) + b\ \ \forall b \in \mathbb{R}$

Etant donnée une suite $\{S_n\}$ qui converge vers S et une suite $\{x_n\}$ de paramètres convergente et de limite connue on veut étudier les conditions que doivent vérifier G, $\{x_n\}$ et $\{S_n\}$ pour que la suite $\{T_n\}$ donnée par :

$$T_n = G(S_n, \ldots, S_{n+k}\, ;\, x_n, \ldots, x_{n+k})$$

converge vers S et cela plus vite que $\{S_n\}$.

On a :

<u>propriété 30</u> : $G(y, y, \dots y ; 0, 0, \dots, 0) = y \quad \forall y \in \mathbb{R}$

<u>Théorème 80</u> :

Soit D_{k+1} le sous-ensemble de $\mathbb{R}^{k+1}$ constitué des vecteurs ayant toutes leurs composantes différentes de zéro. Toute fonction G définie et continue sur $\mathbb{R}^{k+1} \times D_{k+1}$ peut se mettre sous la forme :

$$G(y_0, \dots, y_k ; x_0, \dots, x_k) = y_0 + x_0 \, g(\frac{\Delta y_0}{x_0}, \dots, \frac{\Delta y_{k-1}}{x_{k-1}} ; \frac{x_1}{x_0}, \dots, \frac{x_k}{x_{k-1}})$$

Les démonstrations de ces résultats sont laissées en exercices. On obtient les théorèmes suivants de convergence et d'accélération de la convergence :

<u>Théorème 81</u> :

Soit $\{S_n\}$ une suite qui converge vers S et $\{x_n\}$ une suite qui converge vers 0. Pour toute transformation G définie sur $\mathbb{R}^{k+1} \times \mathbb{R}^{k+1}$ on a :

$$\lim_{n\to\infty} G(S_n, \dots, S_{n+k} ; x_n, \dots, x_{n+k}) = S$$

démonstration : elle est immédiate puisque G est continue et que $G(S, \dots, S ; 0, \dots, 0)=S$

<u>Théorème 82</u> :

- Si $\{x_n\}$ converge vers zéro
- Si $x_{n+1} / x_n \neq 0$ et borné $\forall n > N$
- Si $\{S_n\}$ converge vers S
- Si $\Delta S_n / x_n$ borné $\forall n > N$

alors $\lim_{n\to\infty} G(S_n, \dots, S_{n+k} ; x_n, \dots, x_{n+k}) = S$ pour toute transformation G définie sur $\mathbb{R}^{k+1} \times D_{k+1}$.

démonstration : on a :

$$T_n = S_n + x_n \, g(\frac{\Delta S_n}{x_n}, \dots, \frac{\Delta S_{n+k-1}}{x_{n+k-1}} ; \frac{x_{n+1}}{x_n}, \dots, \frac{x_{n+k}}{x_{n+k-1}})$$

d'où le théorème puisque g reste bornée lorsque n tend vers l'infini.

On a enfin le résultat fondamental suivant :

Théorème 83 :

- Si $\{x_n\}$ converge vers zéro

- si $\lim_{n\to\infty} x_{n+1} / x_n = a \neq 0$ ou 1

- si $\{S_n\}$ converge vers S

- si $\lim_{n\to\infty} (S_n - S) / x_n = \lim_{n\to\infty} \Delta S_n / \Delta x_n = b \neq 0$

alors une condition nécessaire et suffisante pour que la transformation G accélère la convergence de toute suite $\{S_n\}$ qui vérifie les propriétés précédentes est que la fonction g associée vérifie :

$$g(y, \dots, y ; x, \dots, x) = \frac{y}{1-x}$$

démonstration : la condition d'accélération de la convergence s'écrit :

$$\lim_{n\to\infty} \frac{T_n - S}{S_n - S} = 0 = \lim_{n\to\infty} [1 + \frac{x_n}{S_n - S} \; g(\frac{\Delta S_n}{x_n}, \dots ; \frac{x_{n+1}}{x_n}, \dots)]$$

$$0 = 1 + \frac{1}{b} \; g(b(a-1), \dots ; a, \dots)$$

d'où la condition du théorème en posant $a = x$ et $b(a-1) = y$.

La réciproque est évidente.

REMARQUES :

1°) la condition $a \neq 0$ est nécessaire car les fonctions g ne sont définies que si $\mathbb{R}^k \times D_k$.

La condition $a \neq 1$ est nécessaire pour exprimer la condition d'accélération.

2°) On retrouve le procédé Δ^2 d'Aitken en prenant :

$$G(y_0, y_1, y_2 ; x_0, x_1, x_2) = y_0 + \Delta y_0 \frac{1}{1 - \frac{\Delta y_1}{\Delta y_0}}$$

on retrouve $\rho_2^{(n)}$ en prenant

$$G(y_0, y_1, y_2 ; x_0, x_1, x_2) = y_1 + \frac{x_2 - x_0}{\frac{\Delta x_1}{\Delta y_1} - \frac{\Delta x_0}{\Delta y_0}}$$

3°) La fonction G ayant le moins de variables conduit à un procédé linéaire :

$$G(y_0, y_1 ; x_0, x_1) = y_0 - \frac{\Delta y_0}{\Delta x_0} \; x_0$$

4°) On retrouve les transformations rationnelles de Pennacchi en prenant :

$$G(y_0, \ldots, y_p ; x_0, \ldots, x_p) = y_0 + \frac{P_m(\Delta y_0, \ldots, \Delta y_{p-1})}{Q_{m-1}(\Delta y_0, \ldots, \Delta y_{p-1})}$$

IV - 9 Mise en oeuvre des algorithmes

Avant de terminer ce chapitre nous parlerons de la mise en oeuvre pratique des algorithmes de la forme :

$$\theta_{-1}^{(n)} = 0 \qquad \theta_0^{(n)} = S_n \qquad\qquad n = 0, 1, \ldots$$

$$\theta_{k+1}^{(n)} = \theta_{k-1}^{(n+1)} + D_k^{(n)} \qquad\qquad n, k = 0, 1, \ldots$$

avec

$$D_k^{(n)} = w_k^{(n)} \;/\; \Delta\theta_k^{(n)}$$

Nous commencerons par étudier les règles particulières. Supposons que les quantités $\theta_{k-2}^{(n+1)}$ et $\theta_{k-2}^{(n+2)}$ deviennent toutes les deux égales à b ; alors $\theta_{k-1}^{(n+1)}$ devient infini, $\theta_k^{(n)}$ et $\theta_k^{(n+1)}$ deviennent eux aussi égaux à b et $\theta_{k+1}^{(n)}$ est indéterminé. La situation peut se résumer ainsi :

$$\begin{array}{ccccc}
 & & \theta_{k-1}^{(n)} & & \\
 & \theta_{k-2}^{(n+1)} = b & & \theta_k^{(n)} = b & \\
\theta_{k-3}^{(n+2)} & & \theta_{k-1}^{(n+1)} = \infty & & \theta_{k+1}^{(n)} = ? \\
 & \theta_{k-2}^{(n+2)} = b & & \theta_k^{(n+1)} = b & \\
 & & \theta_{k-1}^{(n+2)} & &
\end{array}$$

On est donc, dans ce cas, obligé d'appliquer, à la place de la règle habituelle de l'algorithme, des règles particulières. De même si $\theta_{k-2}^{(n+1)}$ et $\theta_{k-2}^{(n+2)}$ sont très voisins il y a une importante perte de précision due à la troncature. Alors $\theta_{k-1}^{(n+1)}$ est mal déterminé et cette imprécision se répercute dans la suite de l'application de l'algorithme.

Dans ce cas on emploie encore des règles particulières pour éviter cette perte de précision. Les règles particulières que nous présentons ici sont des généralisations de celles données par Wynn [231]. On trouvera le détail des calculs dans [22].

On a :

$$\theta_{k+1}^{(n)} = \theta_{k-1}^{(n+1)} + \frac{a_k^{(n)}}{\theta_{k-2}^{(n+2)} + \dfrac{a_{k-1}^{(n+1)}}{\Delta\theta_{k-1}^{(n+1)}} - \theta_{k-2}^{(n+1)} - \dfrac{a_{k-1}^{(n)}}{\Delta\theta_{k-1}^{(n)}}}$$

or $\theta_{k-2}^{(n+2)} - \theta_{k-2}^{(n+1)} = \dfrac{a_{k-2}^{(n+1)}}{\theta_{k-1}^{(n+1)} - \theta_{k-3}^{(n+2)}}$

en posant :

$$a = (a_{k-1}^{(n+1)} + a_{k-1}^{(n)} - a_{k-2}^{(n+1)} - a_k^{(n)})\ \theta_{k-1}^{(n+1)} + a_{k-1}^{(n+1)}\ \theta_{k-1}^{(n+2)}$$

$$(1 - \theta_{k-1}^{(n+2)} / \theta_{k-1}^{(n+1)})^{-1} + a_{k-1}^{(n)}\ (1 - \theta_{k-1}^{(n)} / \theta_{k-1}^{(n+1)})^{-1}\ \theta_{k-1}^{(n)}$$

$$- a_{k-2}^{(n+1)}\ \theta_{k-3}^{(n+2)}\ (1 - \theta_{k-3}^{(n+2)} / \theta_{k-1}^{(n+1)})^{-1}$$

On obtient :

$$\theta_{k+1}^{(n)} = a(a_k^{(n)} + a / \theta_{k-1}^{(n+1)})^{-1}$$

Si $a_k^{(n)} = 1\ \forall n, k$ on retrouve les règles particulières de l'ε-algorithme. Dans ce cas si $\varepsilon_{k-2}^{(n+1)}$ et $\varepsilon_{k-2}^{(n+2)}$ sont égaux on obtient :

$$\varepsilon_{k+1}^{(n)} = \varepsilon_{k-1}^{(n+2)} + \varepsilon_{k-1}^{(n)} - \varepsilon_{k-3}^{(n+2)}$$

c'est-à-dire que si l'on revient aux notations du paragraphe III - 3 :

$$\begin{array}{ccc} & N & \\ W & C & E \\ & S & \end{array}$$

cette dernière règle particulière s'écrit :

$$N + S = W + E$$

Cordellier [89] a généralisé ces règles particulières au cas où il y a plus de quatre quantités égales dans le tableau ε, c'est-à-dire quand on est dans la situation :

$$\begin{array}{lll}
\theta_{k-2}^{(n+1)} = b & \theta_{k}^{(n)} = b & \theta_{k+2}^{(n-1)} = b \ldots \\
\theta_{k-2}^{(n+2)} = b & \theta_{k}^{(n+1)} = b & \theta_{k+2}^{(n)} = b \ldots \\
\theta_{k-2}^{(n+3)} = b & \theta_{k}^{(n+2)} = b & \theta_{k+2}^{(n+1)} = b \ldots \\
\vdots & \vdots & \vdots
\end{array}$$

où le carré contenant des quantités égales est de dimension quelconque.

Wynn a également étudié la stabilité [234,232] et la propagation des erreurs [233] pour l'ε-algorithme. Nous ne développerons pas cette question ici. Disons seulement que si une erreur $\delta_k^{(n)}$ est faite sur $\varepsilon_k^{(n)}$ elle se propage suivant le schéma suivant :

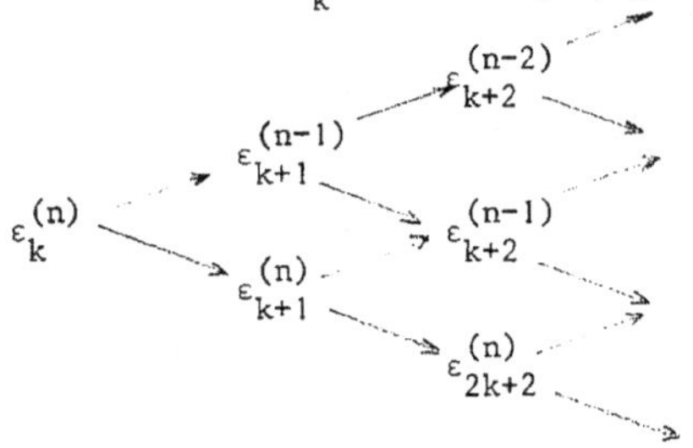

etc ...

Voyons maintenant la façon dont il faut utiliser ces algorithmes. La première méthode est une utilisation a postériori c'est-à-dire que connaissant $S_n, \ldots, S_{n+2k}$ on calcule $\theta_{2k}^{(n)}$ et l'on arrête les calculs. Dans ce cas les programmes sont simples à écrire [158]. Une autre procédure consiste à utiliser les algorithmes en parallèle avec le calcul des termes de la suite : connaissant S_0, S_1 et S_2 on calcule $\theta_2^{(0)}$ on estime la précision obtenue par $\theta_2^{(0)} - S = O(D_1^{(0)})$.

Si cette précision est insuffisante on calcule S_3 ce qui permet de calculer $\theta_2^{(1)}$; on estime la précision par $\theta_2^{(1)} - S = O(D_1^{(1)})$; si cette précision est insuffisante on calcul S_4 puis $\theta_4^{(0)}$ et ainsi de suite jusqu'à ce que la précision désirée soit atteinte. On emploie pour programmer cette utilisation des algorithmes, la technique du losange, donnée par Wynn [225,219]. On trouvera en [35] les programmes FORTRAN correspondants.

Au point de vue volume des calculs on montre que si l'on part des 2k+1 quantités $S_n, \ldots, S_{n+2k}$ alors le calcul de $\theta_{2k}^{(n)}$ nécessite l'évaluation de k(2k+1) quantités $\theta_p^{(q)}$ soit 2k(2k+1) additions ou soustractions et k(2k+1) divisions pour l'ε-algorithme.

Signalons enfin qu'une fois construit un tableau θ il est possible, en choisissant dans ce tableau de nouvelles quantités $\theta_0^{(n)}$, de recommencer une nouvelle application de l'algorithme et ainsi de suite. Il existe trois façons principales de procéder :

- l'application répétée associée
- l'application répétée correspondante
- l'application itérée

On peut les symboliser par le schéma :

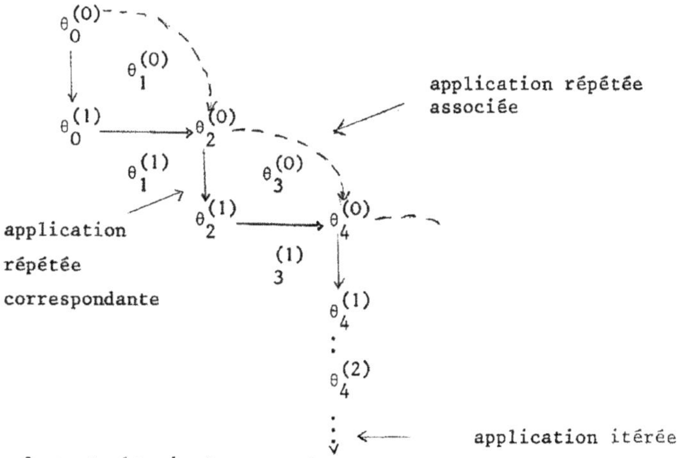

On peut obtenir, de cette façon, des résultats bien meilleurs que ceux fournis par une seule application de l'algorithme.

Des études théoriques sur ce problème sont nécessaires. Les applications répétées associées et correspondantes sont liées aux fractions continues et correspondantes dans la théorie de l'ε-algorithme [226]. Nous n'avons pas du tout parlé ici de la connexion entre l'ε-algorithme et les fractions continues. Cette question sera traitée au chapitre VII.

Il est essentiel, si l'on veut espérer obtenir de bons résultats numériques avec des algorithmes d'accélération de la convergence, de les programmer de façon extrêmement soigneuse. La propagation des erreurs dues à l'ordinateur est quelquefois catastrophique. Il est donc nécessaire d'utiliser les règles particulières et même parfois de corriger l'arithmétique de l'ordinateur. On trouvera dans [19,22,35] des programmes FORTRAN et dans [158,219,226] des programmes ALGOL.

CHAPITRE V

TRANSFORMATION DE SUITES NON SCALAIRES

Dans tout ce qui précède les suites que nous avons transformées à l'aide des algorithmes étaient des suites de nombres réels ou complexes. Dans ce chapitre nous allons étudier l'accélération de la convergence de suites plus générales que des suites de nombres : suites de matrices carrées, suites d'éléments d'un espace de Banach et surtout suites de vecteurs.

Nous effectuerons toujours ces transformations à l'aide de modifications appropriées de l'ε-algorithme et cela pour deux raisons :

- l'ε-algorithme est le plus puissant de tous les algorithmes que nous avons étudié pour des suites de nombres.
- Il n'existe de résultats théoriques sur les suites non scalaires que pour l'ε-algorithme.

Signalons que la théorie mathématique complète qui est sous-jacente à ces questions a été bâtie par Wynn [200,201,215,216,217,228].

V - 1 L'ε-algorithme matriciel

Il n'y a aucune difficulté à définir un ε-algorithme qui s'applique à des suites de matrices carrées. En effet la règle de l'ε-algorithme scalaire peut s'écrire ;

$$\varepsilon_{k+1}^{(n)} = \varepsilon_{k-1}^{(n+1)} + (\Delta \varepsilon_k^{(n)})^{-1}$$

Pour des matrices la puissance -1 désignera simplement l'inverse d'une matrice [242] Soit donc $\{S_n\}$ une suite de matrices carrées ; l'ε-algorithme matriciel sera donc :

$$\varepsilon_{-1}^{(n)} = 0 \qquad \varepsilon_0^{(n)} = S_n \qquad \text{pour } n = 0, 1, \dots$$

$$\varepsilon_{k+1}^{(n)} = \varepsilon_{k-1}^{(n+1)} + (\Delta\varepsilon_k^{(n)})^{-1} \qquad n, k = 0, 1, \ldots$$

où $\varepsilon_{-1}^{(n)} = 0$ est une matrice carrée dont tous les éléments sont nuls.

Pour cet algorithme on a les résultats suivants [30] :

Théorème 84 :

Soit A une matrice carrée inversible telle que I-A soit inversible.

Si on applique l'ε-algorithme matriciel à la suite :

$$S_n = \sum_{k=0}^{n} A^k \qquad n = 0, 1, \ldots$$

alors $\varepsilon_2^{(n)} = (I - A)^{-1}$ $n = 0, 1, \ldots$

et ceci indépendamment de la dimension de la matrice.

Démonstration : on a $\Delta S_n = A^{n+1}$ d'où $\varepsilon_1^{(n)} = A^{-n-1}$ puisque A^{-1} existe. D'où

$$\varepsilon_2^{(n)} = S_{n+1} + (A^{-n-2} - A^{-n-1})^{-1}$$
$$= I + A + \ldots + A^{n+1} + (A^{-n-2}(I - A))^{-1}$$

Or, puisque I-A est inversible, on a formellement :

$$(I - A)^{-1} = I + A + A^2 + \ldots$$

d'où
$$\varepsilon_2^{(n)} = I + A + \ldots + A^{n+1} + (I + A + A^2 + \ldots)A^{n+2}$$
$$= I + A + \ldots + A^{n+1} + A^{n+2} + \ldots = (I - A)^{-1}$$

On voit que la dimension de la matrice n'intervient pas dans la démonstration. Ce théorème généralise un résultat donné par Householder [112] dans le cas de l'ε-algorithme scalaire.

Théorème 85 :

Soit $\{S_n\}$ une suite de matrices carrées telles que $S_{n+1} - S = (A + E_n)(S_n - S)$ où A et E_n sont des matrices carrées telles que le rayon spectral de A soit strictement inférieur à un et que $\lim_{n\to\infty} E_n = 0$. Si on applique l'ε-algorithme matriciel à la suite $\{S_n\}$ alors :

$$\lim_{n\to\infty} \varepsilon_2^{(n)} = S$$

et

$$\lim_{n\to\infty} (\varepsilon_2^{(n)} - S)(S_n - S)^{-1} = 0$$

démonstration : remarquons d'abord que le fait que A ait un rayon spectral strictement inférieur à un entraîne que I - A est inversible et que $\{S_n\}$ converge vers S. On a :

$$\varepsilon_2^{(n)} = S_{n+1} - \Delta_n \, (\Delta_n^2)^{-1} \, \Delta_{n+1}$$

où les matrices Δ_n et Δ_n^2 sont définies par :

$$\Delta_n = S_{n+1} - S_n \qquad \Delta_n^2 = \Delta_{n+1} - \Delta_n \qquad \text{et où } D_n = S_n - S$$

on voit immédiatement que

$$\Delta_n = (A - I + E_n) \, D_n$$

$$\Delta_n^2 = [(A - I)^2 + E'_n] \quad D_n \text{ avec } E'_n = AE_n + E_{n+1} \, A - 2E_n + E_{n+1} \, E_n$$

et par conséquent $\lim\limits_{n\to\infty} E'_n = 0$; d'où

$$\varepsilon_2^{(n)} - S = (A + E_n) \, D_n - (A - I + E_n) \, [(A - I)^2 + E'_n]^{-1} [(A - I)(A + E_n) + E_{n+1}(A+E_n)] D_n$$

donc $\lim\limits_{n\to\infty} \varepsilon_2^{(n)} = S.$

On voit aussi que $\lim\limits_{n\to\infty} (\varepsilon_2^{(n)} - S) \, D_n^{-1} = 0$

Ce théorème est une généralisation d'un résultat obtenu par Henrici [110] pour l'ε-algorithme scalaire.

On voit également que si $E_n = 0 \; \forall n$ alors $\varepsilon_2^{(n)} = S \; \forall n$. On peut démontrer le même théorème que le théorème 86 si la suite $\{S_n\}$ est telle que :

$$S_{n+1} - S = (S_n - S)(A + E_n)$$

Par contre il est impossible de démontrer des résultats analogues dans les cas où :

$$S_{n+1} - S = A(S_n - S) + (S_n - S) \, E_n$$

$$S_{n+1} - S = (S_n - S) \, A + E_n(S_n - S)$$

Sur les applications de l'ε-algorithme matriciel on pourra consulter [242]. Wynn a également

étudié l'application de l'ε-algorithme à des suites de matrices rectangulaires [214] en utilisant la notion de pseudo-inverse définie par Moore [145] et Penrose [151]. Concernant ces applications il a formulé un certain nombre de conjectures ; des contre exemples pour quelques unes d'entre elles ont été trouvées par Greville [105]. Sur l'ε-algorithme matriciel signalons également le travail de Pyle [160].
La théorie de l'ε-algorithme matriciel est exposé dans [215] ; Wynn montre que le calcul des approximants de Padé matriciels peut se faire avec l'ε-algorithme matriciel.

V - 2 Transformation de suites dans un espace de Banach

Soit E un espace de Banach réel de norme notée $||.||$. Soit $\{S_n\}$ une suite d'éléments de E qui converge vers $S \in E$. On peut transformer cette suite à l'aide de l'ε-algorithme modifié de la façon suivante [40] :

$$\varepsilon_{-1}^{(n)} = 0 \in E \qquad \varepsilon_0^{(n)} = S_n \qquad n = 0, 1, \ldots$$

$$\varepsilon_{k+1}^{(n)} = \varepsilon_{k-1}^{(n+1)} + \frac{\Delta\varepsilon_k^{(n)}}{||\Delta\varepsilon_k^{(n)}||^2} \qquad n, k = 0, 1, \ldots$$

avec comme d'habitude $\Delta\varepsilon_k^{(n)} = \varepsilon_k^{(n+1)} - \varepsilon_k^{(n)}$.

Cette règle de l'ε-algorithme n'est pas le fruit du hasard. D'abord lorsque $E = \mathbb{R}$ on retrouve l'ε-algorithme scalaire et ensuite cette règle généralise celle de l'ε-algorithme vectoriel que nous étudierons au paragraphe suivant. On peut démontrer les résultats suivants :

Propriété 31 : $\varepsilon_k^{(n)} \in E \qquad n, k = 0, 1, \ldots$

c'est évident.

Propriété 32 : Si l'application de l'ε-algorithme à $\{S_n\}$ et à $\{a S_n + b\}$ fournit respectivement les quantités $\varepsilon_k^{(n)}$ et $\bar{\varepsilon}_k^{(n)}$ alors :

$$\bar{\varepsilon}_{2k}^{(n)} = a\,\varepsilon_{2k}^{(n)} + b \qquad \bar{\varepsilon}_{2k+1}^{(n)} = \varepsilon_{2k+1}^{(n)} \;/\; a$$

Propriété 33 :

$$\frac{\varepsilon_{k+2}^{(n-1)}-\varepsilon_k^{(n)}}{||\varepsilon_{k+2}^{(n-1)}-\varepsilon_k^{(n)}||^2} - \frac{\varepsilon_k^{(n)}-\varepsilon_{k-2}^{(n+1)}}{||\varepsilon_k^{(n)}-\varepsilon_{k-2}^{(n+1)}||^2} = \frac{\varepsilon_k^{(n+1)}-\varepsilon_k^{(n)}}{||\varepsilon_k^{(n+1)}-\varepsilon_k^{(n)}||^2} - \frac{\varepsilon_k^{(n)}-\varepsilon_k^{(n-1)}}{||\varepsilon_k^{(n)}-\varepsilon_k^{(n-1)}||^2}$$

Les démonstrations de ces propriétés sont faciles et laissées en exercice.

On voit d'ailleurs que dans cet ε-algorithme la quantité $\varepsilon_k^{(n)} / ||\Delta\varepsilon_k^{(n)}||^2$ joue le rôle de $1 / \Delta\varepsilon_k^{(n)}$ dans l'ε-algorithme scalaire. Cela suggère de définir l'inverse y^{-1} de $y \in E$ par :

Définition 22 :

Soit $y \in E$; on appelle inverse de y l'élément $y^{-1} \in E$ défini par $y^{-1} = \frac{y}{||y||^2}$

Propriété 34 : $(y^{-1})^{-1} = y$

La démonstration est évidente.

On peut définir l'ε-algorithme sur des ensembles plus généraux que les espaces de Banach à condition de pouvoir définir dans ces ensembles l'inverse y^{-1} d'un élément de telle sorte que $(y^{-1})^{-1} = y$. La propriété 33 reste alors vérifiée. L'étude de cette question est abordée au paragraphe V-6.

Donnons maintenant un certain nombre de résultats. Appelons H.1 l'ensemble des hypothèses suivantes :

- Soit $\{S_n\}$ une suite d'éléments de E
- Soit $\{a_n\}$ une suite de nombres réels tels qu'il existe $\alpha < 1 < \beta$ tels que $a_n \notin [\alpha,\beta]$ $\forall n$ et que $a_n \neq 0$ $\forall n$
- $S_{n+1} - S = a_n(S_n - S)$ $\forall n$ avec $S \in E$

Théorème 86 :

Si on applique l'ε-algorithme à une suite $\{S_n\}$ qui vérifie les hypothèses H1 et si $a_n = a \neq 1$ $\forall n > N$ alors :

$$\varepsilon_2^{(n)} = S \quad \forall n > N$$

Démonstration : on a :

$$\Delta S_n = (S_{n+1} - S) - (S_n - S) = \frac{a_n - 1}{a_n} (S_{n+1} - S)$$

$$\varepsilon_1^{(n)} = \frac{a_n}{a_n - 1} \frac{S_{n+1} - S}{||S_{n+1} - S||^2} = \frac{a_n}{a_n - 1} (S_{n+1} - S)^{-1}$$

en utilisant la définition de l'inverse donnée précédemment. On trouve :

$$\Delta\varepsilon_1^{(n)} = (\frac{1}{a_{n+1} - 1} - \frac{a_n}{a_n - 1})(S_{n+1} - S)^{-1}$$

$$(\Delta\varepsilon_1^{(n)})^{-1} = (\frac{1}{a_{n+1} - 1} - \frac{a_n}{a_n - 1})^{-1} (S_{n+1} - S)$$

Si $a_n = a \neq 1 \ \forall n > N$ on obtient :

$$(\Delta\varepsilon_1^{(n)})^{-1} = S - S_{n+1}$$

d'où $\quad \varepsilon_2^{(n)} = S_{n+1} + S - S_{n+1} = S \quad \forall n > N$

Ce théorème a été démontré par Greville [105] dans le cas d'un ensemble avec un inverse vérifiant la propriété 34.

<u>Théorème 87</u> :

Si on applique l'ε-algorithme à une suite $\{S_n\}$ qui vérifie les hypothèses H1 et qui converge vers S alors $\lim_{n\to\infty} \varepsilon_2^{(n)} = S$.

Démonstration : reprenons la démonstration précédente. Puisque $a_n \notin [\alpha,\beta]$ alors $(\frac{1}{a_{n+1} - 1} - \frac{a_n}{a_n - 1})^{-1}$ est borné supérieurement en valeur absolue. Soit M cette borne. De plus on a :

$$\varepsilon_2^{(n)} - S = [1 + (\frac{1}{a_{n+1} - 1} - \frac{a_n}{a_n - 1})^{-1}] (S_{n+1} - S) \text{ d'où } ||\varepsilon_2^{(n)} - S|| \leq (1 + M) ||S_{n+1} - S|$$

ce qui démontre le théorème.

<u>Théorème 88</u> :

Si on applique l'ε-algorithme à une suite $\{S_n\}$ qui vérifie les hypothèses H1 et qui converge vers S et si la suite $\{a_n\}$ converge vers a alors :

$$||\varepsilon_2^{(n)} - S|| = o\,(||S_{n+1} - S||)$$

démonstration : reprenons la démonstration du théorème 86. Puisque $a_n \notin [\alpha,\beta]$ avec $\alpha < 1 < \beta$ alors $a \neq 1$; d'où

$$\lim_{n\to\infty} \frac{1}{a_{n+1} - 1} - \frac{a_n}{a_n - 1} = -1$$

ce qui démontre le théorème.

Ce théorème est une généralisation d'un théorème d'Henrici [110] déjà cité et établi pour le procédé Δ^2 d'Aitken.

Appelons maintenant H2 l'ensemble suivant d'hypothèses :

- Soit $\{S_n\}$ une suite d'éléments de E
- Soit $\{e_n\}$ une suite d'éléments de E qui converge vers zéro
- Soit $y \in E$ avec $y \neq 0$
- Soit $\lambda \in \mathbb{R}$ avec $0 < \lambda < 1$
- $S_n - S = \lambda^n (y + e_n)$

Théorème 89 :

Si on applique l'ε-algorithme à une suite $\{S_n\}$ qui vérifie les hypothèses H2 alors :

$$\lim_{n\to\infty} \varepsilon_2^{(n)} = S$$

et $$||\varepsilon_2^{(n)} - S|| = o\,(||S_{n+k} - S||) \qquad \forall k \geq 0$$

démonstration : nous ne donnerons pas le détail des calculs. On trouve que :

$$(\Delta\varepsilon_1^{(n)})^{-1} = \lambda^n v_n \quad \text{où} \quad v_n \in E \text{ et } \lim_{n\to\infty} v_n = -\lambda y$$

d'où

$$\lim_{n\to\infty} \frac{||\varepsilon_2^{(n)} - S||}{\lambda^{n+1}} = 0$$

ce qui démontre le théorème.

Une application de ce théorème est l'accélération des suites de vecteurs produits par relaxation :

$$S_{n+1} = AS_n + b$$

où S_n, $b \in \mathbb{R}^p$ et où A est une matrice carrée.

Supposons que le rayon spectral de A soit strictement inférieur à un ; alors I - A est inversible et la suite $\{S_n\}$ converge vers l'unique solution S du système (I - A)S = b. Supposons de plus que :

$$1 > \rho(A) = |\lambda_1| > |\lambda_2| \geq |\lambda_3| \geq \ldots \geq |\lambda_n|$$

où les λ_i sont les valeurs propres de A. On a alors

$$S_n - S = \lambda_1^n y_1 + \lambda_1^n e_n \text{ avec } \lim_{n\to\infty} e_n = 0 \in \mathbb{R}^p$$

et $e_n = \left(\frac{\lambda_2}{\lambda_1}\right)^n y_1 + v_n$ avec $\lim_{n\to\infty} v_n = 0$.

Les hypothèses H2 sont donc vérifiées et l'on a d'après le théorème 89 :

$$\lim_{n\to\infty} \frac{||S_{n+1} - S||}{||S_n - S||} = |\lambda_1|$$

$$\lim_{n\to\infty} \frac{||\varepsilon_2^{(n)} - S||}{||S_{n+k} - S||} = 0 \qquad \forall k \geq 0$$

Donnons enfin un dernier résultat :

<u>Théorème 90</u> :

Si on applique l'ε-algorithme à une suite $\{S_n\}$ d'éléments de E qui converge vers S et telle que :

$$||\Delta S_{n+1}|| = a_n \, ||\Delta S_n||$$

avec $a_n \notin [\alpha,\beta]$ $\forall n$ et $\alpha < 1 < \beta$ alors :

$$\lim_{n\to\infty} \varepsilon_2^{(n)} = S$$

démonstration :

$$\varepsilon_2^{(n)} - S = S_{n+1} - S + (\Delta\varepsilon_1^{(n)})^{-1}$$

$$||\varepsilon_2^{(n)} - S|| \leq ||S_{n+1} - S|| + \frac{1}{||\Delta\varepsilon_1^{(n)}||^2}$$

or $\Delta\varepsilon_1^{(n)} = \dfrac{\Delta S_{n+1}}{||\Delta S_{n+1}||^2} - \dfrac{\Delta S_n}{||\Delta S_n||^2}$

$$\frac{1}{||\Delta\varepsilon_1^{(n)}||} \leq \frac{1}{\left| \,||\frac{1}{\Delta S_{n+1}}|| - ||\frac{1}{\Delta S_n}||\, \right|} = \frac{||\Delta S_n||}{|\frac{1}{a_n} - 1|}$$

ce qui termine la démonstration.

Des études théoriques et numériques plus poussées sont nécessaires pour cet algorithme.

Prenons $E = \mathbb{R}^2$ et munissons le de la norme du **max**. Considérons la suite de vecteurs produits par la relation :

$$S_{n+2} = S_{n+1} + S_n \text{ avec } S_0 = \binom{0}{1} \text{ et } S_1 = \binom{1}{0}$$

on obtient :

$$\varepsilon_4^{(0)} = \binom{7}{-9/2}$$

Cet exemple prouve que le théorème 35 démontré pour l'ε-algorithme scalaire ne peut pas être étendu à tout espace de Banach.

Si nous prenons maintenant $E = \mathbb{R}^p$ et la norme euclidienne définie par $||x||^2 = (x,x)$ où (x,x) désigne le produit scalaire de $\mathbb{R}^p$ alors on retrouve les règles de l'ε-algorithme vectoriel définit par Wynn [242] pour des vecteurs de $\mathbb{C}^p$. Nous allons maintenant étudier très en détail cet algorithme.

V - 3 L'ε-algorithme vectoriel

Soit $\{S_n\}$ une suite de vecteurs de $\mathbb{C}^p$. On peut transformer cette suite de vecteurs à l'aide de l'ε-algorithme proposé par Wynn [242]. Les règles de cet algorithme sont les suivantes :

$$\varepsilon_{-1}^{(n)} = 0 \qquad \varepsilon_0^{(n)} = S_n \qquad n = 0, 1, \ldots$$

$$\varepsilon_{k+1}^{(n)} = \varepsilon_{k-1}^{(n+1)} + (\Delta\varepsilon_k^{(n)})^{-1} \qquad n, k = 0, 1, \ldots$$

où l'inverse y^{-1} d'un vecteur $y \in \mathbb{C}^p$ est défini par :

$$y^{-1} = \frac{\bar{y}}{(y,y)}$$

$\bar{y}$ dénote le vecteur complexe conjugué du vecteur y et (y,y) est le produit scalaire dans $\mathbb{C}^p$: $(y,y) = \sum_{i=1}^{p} y_i \, \bar{y}_i$. On peut aussi définir l'inverse par $y/(y,y)$.

Il est bien évident que cet ε-algorithme vectoriel possède les propriétés énoncées au paragraphe précédent puisque $(y,y)^{1/2}$ est la norme euclidienne dans $\mathbb{C}^p$. Les théorèmes démontrés au paragraphe précédent restent également valables dans le cas qui nous intéresse maintenant.

Le théorème fondamental sur lequel repose la théorie algébrique de l'ε-algorithme vectoriel a été conjecturé par Wynn [214] et démontré par Mc Leod [139]. Ce résultat est le suivant :

Théorème 91 :

Si on applique l'ε-algorithme vectoriel à une suite $\{S_n\}$ qui vérifie

$$\sum_{i=0}^{k} a_i(S_{n+i} - S) = 0 \qquad \forall n > N$$

où les a_i sont des nombres réels avec $a_k \neq 0$ alors :

$$\varepsilon_{2k}^{(n)} = S \qquad \forall n > N \qquad \text{si } \sum_{i=0}^{k} a_i \neq 0$$

et $$\varepsilon_{2k}^{(n)} = 0 \qquad \forall n > N \qquad \text{sinon}$$

Nous ne donnerons pas la démonstration de ce théorème car elle est complexe ; disons simplement qu'elle fait intervenir un isomorphisme entre vecteurs de $\mathbb{C}^p$ et matrices $2^p \times 2^p$.

Il faut remarquer que ce théorème est vérifié par ce que la norme de vecteurs correspondante au produit scalaire est la norme euclidienne. C'est ce que montre le contre exemple donné à la fin du paragraphe précédent où la norme du max est utilisée et où $\varepsilon_{2k}^{(n)} \neq S$ bien qu'une relation du type $\sum_{i=0}^{k} a_i(S_{n+i} - S) = 0$ soit vérifiée entre les vecteurs.

On remarquera que la condition du théorème 91 est une condition suffisante alors que le théorème 35 pour l'ε-algorithme scalaire montrait que cette condition est nécessaire et suffisante. Peut-être une démonstration du théorème 91 différente de celle de Mc Leod et plus directement liée à l'algorithme permettrait-elle de montrer que cette condition est nécessaire. On remarquera qu'on ne possède pas pour l'ε-algorithme vectoriel de définition des quantités $\varepsilon_k^{(n)}$ à l'aide de déterminants.

On remarquera également que la condition du théorème 91 impose aux a_i d'être des nombres réels. Il est vraisemblable que le théorème reste vrai pour des a_i complexes mais cela n'a pas pu être démontré alors que tous les exemples numériques le prouvent. Il serait très intéressant de démontrer le même résultat avec des a_i complexes.

On a la :

<u>Propriété 35</u> : Si l'application de l'ε-algorithme vectoriel à $\{S_n\}$ et à $\{a\, S_n + b\}$ où $a \in \mathbb{R}$ et où b est un vecteur de même dimension que S_n fournit respectivement les vecteurs $\varepsilon_k^{(n)}$ et $\bar{\varepsilon}_k^{(n)}$ alors :

$$\bar{\varepsilon}_{2k}^{(n)} = a\, \varepsilon_{2k}^{(n)} + b \qquad \bar{\varepsilon}_{2k+1}^{(n)} = \varepsilon_{2k+1}^{(n)} / a$$

démonstration :

$\bar{\varepsilon}_0^{(n)} = a\, \varepsilon_0^{(n)} + b$ est vérifiée. On a :

$$\bar{\varepsilon}_1^{(n)} = \frac{\Delta\bar{\varepsilon}_0^{(n)}}{||\Delta\bar{\varepsilon}_0^{(n)}||^2} = \frac{a\, \Delta\varepsilon_0^{(n)}}{a^2 ||\Delta\varepsilon_0^{(n)}||^2} = \frac{\varepsilon_1^{(n)}}{a}$$

Supposons qu'elle le soit jusqu'aux colonnes 2k et 2k+1 et démontrons qu'elle est vraie pour les colonnes 2k+2 et 2k+3 :

$$\bar{\varepsilon}_{2k+2}^{(n)} = \bar{\varepsilon}_{2k}^{(n+1)} + \frac{\Delta\bar{\varepsilon}_{2k+1}^{(n)}}{||\Delta\bar{\varepsilon}_{2k+1}^{(n)}||^2}$$

$$= a\, \varepsilon_{2k}^{(n+1)} + b + \frac{\Delta\varepsilon_{2k+1}^{(n)} \quad a^2}{a ||\Delta\varepsilon_{2k+1}^{(n)}||^2}$$

$$= a\left(\varepsilon_{2k}^{(n+1)} + \frac{\Delta\varepsilon_{2k+1}^{(n)}}{||\Delta\varepsilon_{2k+1}^{(n)}||^2}\right) + b = a\, \varepsilon_{2k+1}^{(n)} + b$$

$$\bar{\varepsilon}_{2k+3}^{(n)} = \bar{\varepsilon}_{2k+1}^{(n+1)} + \frac{\Delta\bar{\varepsilon}_{2k+2}^{(n)}}{||\Delta\bar{\varepsilon}_{2k+2}^{(n)}||^2} = \frac{\varepsilon_{2k+1}^{(n+1)}}{a} + \frac{a\, \Delta\varepsilon_{2k+2}^{(n)}}{a^2 ||\Delta\varepsilon_{2k+2}^{(n)}||^2}$$

$$= \frac{\varepsilon_{2k+3}^{(n)}}{a}$$

Si a est remplacé par une matrice orthogonale A tous les vecteurs $\varepsilon_k^{(n)}$

sont multipliés par A.

Partant du théorème 91, Gekeler [83] a démontré le :

Théorème 92 :

Si on applique l'ε-algorithme vectoriel à la suite de vecteurs $\{x_n\}$ produits par $x_{n+1} = Ax_n + b$ avec x_0 donné où A est une matrice carrée réelle telle que I - A soit inversible alors :

$$\varepsilon_{2m}^{(n)} = x \qquad \text{pour } n = 0, 1, \ldots$$

où $x = (I - A)^{-1} b$ et où m est le degré du polynôme minimal de A pour le vecteur $x_0 - x$.

Démonstration : Soit $p(t) = \sum_{i=0}^{m} a_i t^i$ le polynôme minimal de A pour le vecteur $x_0 - x$.

On a, par définition du polynôme minimal d'une matrice pour un vecteur :

$$\left(\sum_{i=0}^{m} a_i A^i\right)(x_0 - x) = 0$$

Puisque la matrice I - A est inversible A ne possède pas la valeur propre $\lambda = 1$ et par conséquent p(t) ne possède pas un comme racine ; par conséquent on a :

$$p(1) = \sum_{i=0}^{m} a_i \neq 0$$

D'autre part on a $x = Ax + b$ d'où :

$$x_{n+1} - x = A(x_n - x)$$

et

$$x_k - x = A^k(x_0 - x) \quad \forall k \geq 0$$

D'où, en portant dans p(t) :

$$\sum_{i=0}^{m} a_i(x_i - x) = 0$$

ou encore $A^n \sum_{i=0}^{m} a_i(x_i - x) = \sum_{i=0}^{m} a_i(x_{n+i} - x) = 0 \ \forall n$

ce qui démontre, en utilisant le théorème 91, que

$$\varepsilon_{2m}^{(n)} = x \qquad \forall n \geq 0$$

On voit donc que l'ε-algorithme vectoriel fournit une méthode directe de résolution des systèmes d'équations linéaires. Le résultat du théorème précédent ainsi que celui du théorème 91 ont été généralisés par Brezinski [29]. Nous allons maintenant exposer ces résultats.

Théorème 93 :

Supposons que les conditions du théorème 92 soient vérifiées et que la matrice A soit singulière. Appelons r la multiplicité de la racine nulle pour le polynôme minimal de A pour le vecteur $x_0 - x$. On a alors :

$$\varepsilon_{2(m-r)}^{(n+r)} = x \qquad \text{pour } n = 0, 1, \ldots$$

démonstration : si p(t) admet la racine zéro avec la multiplicité r alors $a_0 = a_1 = \ldots = a_{r-1} = 0$. Par conséquent on a :

$$\sum_{i=r}^{m} a_i(x_{n+i} - x) = 0 \qquad \text{pour } n = 0, 1, \ldots$$

ce qui peut encore s'écrire :

$$\sum_{i=0}^{m-r} b_i(x_{n+r+i} - x) = 0 \qquad \text{pour } n = 0, 1, \ldots$$

avec $b_i = a_{r+i}$. D'où le résultat en appliquant le théorème 91.

Nous allons maintenant étudier ce qui se passe lorsque la matrice I-A est singulière

Théorème 94 :

Appliquons l'ε-algorithme vectoriel à la suite de vecteurs $\{x_n\}$ produits par $x_{n+1} = A x_n + b$ avec x_0 donné où A est une matrice carrée réelle telle que I - A soit singulière Soit x une solution du système $x = Ax + b$, soit m le degré du polynôme minimal de A pour le vecteur $x_0 - x$, q la multiplicité de la racine $\lambda = 1$ pour ce polynôme et r la multiplicité de la racine $\lambda = 0$ pour ce polynôme (avec éventuellement $r = 0$).

Si $b \in \mathrm{Im}(I - A)$ et si $q = 1$ alors $\varepsilon_{2(m-r)-2}^{(n+r)} = x$ pour $n = 0, 1, \ldots$

Si $b \in \mathrm{Im}(I - A)$ et si $q = 2$ alors $\varepsilon_{2(m-r)-3}^{(n+r)}$ = vecteur constant pour $n = 0, 1, \ldots$

Enfin si $b \notin \mathrm{Im}(I - A)$ soit m' le degré du polynôme minimal de A pour le vecteur Δx_0, q' et r' les multiplicités respectives des racines 1 et 0 pour ce polynôme minimal.

Si $q' = 1$ alors $\varepsilon_{2(m'-r')-1}^{(n+r')}$ = vecteur constant pour $n = 0, 1, \ldots$

Démonstration : Etudions d'abord le cas où $b \in Im(I-A)$ c'est-à-dire le cas où le système linéaire admet une infinité de solutions. Puisque $I-A$ est singulière $\lambda = 1$ est valeur propre de A et par conséquent racine de son polynôme minimal $\sum_{i=0}^{m} a_i t^i$. Supposons que ce soit une racine simple alors :

$$\sum_{i=0}^{m} a_i t^i = (1 - t) \sum_{i=0}^{m-1} b_i t^i \quad \text{avec} \quad \sum_{i=0}^{m-1} b_i \neq 0 \text{ puisque } \lambda = 1$$

n'est plus racine du polynôme $\sum_{i=0}^{m-1} b_i t^i$. On a :

$$(I - A) \sum_{i=0}^{m-1} b_i A^i (x_0 - x) = 0$$

d'où

$$(I - A) \sum_{i=0}^{m-1} b_i (x_i - x) = 0$$

ou encore
$$\sum_{i=0}^{m-1} b_i (x_i - x) = \sum_{i=0}^{m-1} b_i (x_{i+1} - x)$$

ce qui démontre que $\sum_{i=0}^{m-1} b_i x_{n+i}$ = vecteur constant pour $n = 0, 1, \ldots$ Puisque $\sum_{i=0}^{m-1} b_i \neq 0$ nous noterons $y \sum_{i=0}^{m-1} b_i$ ce vecteur constant. On aura donc d'après le théorème 91 :

$$\varepsilon_{2(m-1)}^{(n)} = y \quad \text{pour } n = 0, 1, \ldots$$

Démontrons maintenant que y vérifie $y = Ay + b$

on aura donc :

$$\sum_{i=0}^{m-1} b_i (x_{n+i} - y) = 0 \qquad n = 0, 1, \ldots$$

ou encore

$$(I - A) \sum_{i=0}^{m-1} b_i x_{n+i} = (I - A) y \sum_{i=0}^{m-1} b_i$$

or $(I - A) \sum_{i=0}^{m-1} b_i x_{n+i} = (I - A) x \sum_{i=0}^{m-1} b_i$ d'après ce qui précède, ce qui démontre

que $(I - A) y = (I - A)x = b$.

Si A est une matrice singulière on trouve immédiatement le premier résultat énoncé dans ce théorème en utilisant le théorème 93.

Considérons maintenant le cas q = 2, on a :

$$\sum_{i=0}^{m} a_i t^i = (1-t)^2 \sum_{i=0}^{m-2} c_i t^i \text{ avec } \sum_{i=0}^{m-2} c_i \neq 0 \text{ d'où}$$

$$(I - A)^2 \sum_{i=0}^{m-2} c_i (x_{n+i} - x) = 0 \quad \text{pour } n = 0, 1, \ldots$$

d'où

$$(I-A) \sum_{i=0}^{m-2} c_i (x_{n+i}-x) = (I-A) \sum_{i=0}^{m-2} c_i A(x_{n+i}-x) \quad n = 0, 1, \ldots$$

ce qui montre que :

$$(I - A) \sum_{i=0}^{m-2} c_i (x_{n+i} - x) = \text{vecteur constant } \forall n$$

donc

$$(I - A) \sum_{i=0}^{m-2} c_i \Delta x_{n+i} = 0 \quad \text{pour } n = 0, 1, \ldots$$

et

$$\sum_{i=0}^{m-2} c_i \Delta x_{n+i} = \sum_{i=0}^{m-2} c_i A\Delta x_{n+i} \qquad n = 0, 1, \ldots$$

ce qui démontre que :

$$\sum_{i=0}^{m-2} c_i \Delta x_{n+i} = S \quad \forall n$$

où S est un vecteur constant.

Par conséquent, si on applique l'ε-algorithme vectoriel à la suite $\{\Delta x_n\}$ on aura :

$$\varepsilon_{2m-4}^{(n)} = S \Big/ \sum_{i=0}^{m-2} c_i \quad \forall n$$

d'après le théorème 91.

En utilisant une propriété de l'ε-algorithme vectoriel établie par Wynn [229], on sait que l'application de l'ε-algorithme vectoriel à la suite $\{x_n\}$ donnera $\varepsilon_{2m-3}^{(n)}$ = vecteur constant $\forall n$.

Etudions maintenant le cas où $b \notin \text{Im}(I - A)$. Dans ce cas le système $x = Ax + b$ n'admet pas de solution. Soit $\sum_{i=0}^{m'} a'_i t^i$ le polynôme minimal de A pour le vecteur Δx_0.

On a : $\Delta x_{n+1} = A \, \Delta x_n$

d'où $\Delta x_k = A^k \, \Delta x_0 \qquad \forall k \geq 0$

et $\sum_{i=0}^{m'} a'_i \, A^i \, \Delta x_0 = 0$

si q' = 1 on a $\sum_{i=0}^{m'} a'_i \, t^i = (1-t) \sum_{i=0}^{m'-1} b'_i \, t^i$ avec $\sum_{i=0}^{m'-1} b'_i \neq 0$

Donc $(I - A) \sum_{i=0}^{m'-1} b'_i \, \Delta x_{n+i} = 0 \; \forall n$

et par conséquent :

$$\sum_{i=0}^{m'-1} b'_i \, \Delta x_{n+i} = \text{vecteur constant } S \; \forall n$$

L'application de l'ε-algorithme vectoriel à $\{\Delta x_n\}$ donnera donc $\varepsilon_{2m'-2}^{(n)} = S \Big/ \sum_{i=0}^{m'-1} b'_i \quad \forall n$

d'après le théorème 91, et l'application de l'algorithme à $\{x_n\}$ donnera :

$$\varepsilon_{2m'-1}^{(n)} = \text{vecteur constant } \forall n$$

ce qui termine la démonstration du théorème 94.

REMARQUES :

1°) Dans le cas où $b \in \text{Im}\,(I-A)$ on ne peut rien dire si $q > 2$. Cependant, en utilisant d'autres résultats démontrés par Wynn [228] on peut émettre la conjecture que $\exists \; 1 \leq k \leq m$ tel que $\varepsilon_{2(m-k-r)+1}^{(n+r)}$ = vecteur constant pour n = 0, 1, ... Des exemples numériques confirment cette conjecture. On peut émettre la même conjecture si $b \notin \text{Im}(I-A)$.

2°) Si k est le rang de I-A on montre facilement que $m \leq k+1$

3°) Les résultats du théorème 94 peuvent être appliqués à la résolution de systèmes linéaires rectangulaires. Dans ce cas on complète la matrice avec des lignes ou des colonnes de zéro et on applique l'ε-algorithme vectoriel aux vecteurs produits à l'aide de la matrice ainsi complétée. Ainsi, dans le cas d'un système avec plus d'équations que d'inconnues si le rang est égal au nombre de colonnes de la matrice alors la solution du système est unique. L'utilisation de l'ε-algorithme vectoriel avec la matrice complétée évite d'avoir à chercher quelles sont les équations du système qui sont linéairement indépendantes.

Ceci peut être appliqué au calcul des vecteurs propres d'une matrice dont on connait les valeurs propres.

Nous allons maintenant considérer l'application de l'ε-algorithme vectoriel à des vecteurs produits par :

$$x_n = \sum_{i=1}^{k} A_i \, x_{n-i} + b$$

où b est un vecteur, où $x_0, \ldots x_{k-1}$ sont donnés et où les A_i sont des matrices carrées réelles. Cette équation d'ordre k peut être transformée en un système de k équations du premier ordre de la façon suivante :

On pose $y_n = x_n - x$ puis

$$y_{n+1}^{(1)} = y_n$$

$$y_{n+1}^{(2)} = y_{n-1} = y_n^{(1)}$$

$$y_{n+1}^{(k-1)} = y_{n-k+2} = y_n^{(k-2)}$$

$$y_{n+1} = A_1 \, y_n + A_2 \, y_n^{(1)} + \ldots + A_k \, y_n^{(k-1)}$$

D'où le système équivalent $Y_{n+1} = A \, Y_n$:

$$\begin{pmatrix} y_{n+1} \\ y_{n+1}^{(1)} \\ \vdots \\ y_{n+1}^{(k-1)} \end{pmatrix} = \begin{pmatrix} A_1 & \ldots\ldots\ldots & A_k \\ I & \ldots\ldots\ldots & 0 \\ \hline 0 & \ldots\ldots\ldots & I0 \end{pmatrix} \begin{pmatrix} y_n \\ y_n^{(1)} \\ \vdots \\ y_n^{(k-1)} \end{pmatrix}$$

Supposons que la matrice $B = I - \sum_{i=1}^{k} A_i$ soit inversible. Alors on déduit immédiatement d'un résultat de Gantmacher [82] que $\lambda = 1$ n'est pas valeur propre de A et que, par conséquent, I - A est inversible. On peut donc appliquer les théorème 92 et 93. En utilisant le même résultat de Gantmacher on voit que si $\lambda = 1$ est valeur propre de A alors la matrice B est singulière. On peut donc, dans ce cas, appliquer le théorème

94 et par conséquent on a le résultat suivant [29] :

Théorème 95 ;

Appliquons l'ε-algorithme vectoriel à des vecteurs produits par :

$$x_n = \sum_{i=1}^{k} A_i \, x_{n-i} + b$$ où les A_i sont des matrices carrées réelles.

Posons $B = I - \sum_{i=1}^{k} A_i$ et

$$A = \begin{pmatrix} A_1 & \cdots & A_k \\ I & \cdots & 0 \\ \hline 0 & \cdots I & 0 \end{pmatrix}$$

soit m le degré du polynôme minimal de A pour le vecteur :

$$y_0 = \begin{pmatrix} x_k - x \\ \hline x_0 - x \end{pmatrix}$$

et r la multiplicité éventuelle de la racine $\lambda = 0$ pour ce polynôme minimal.

1°) Si B est inversible alors $\varepsilon_{2(m-r)}^{(n+r)} = x$ pour $n = 0, 1, \ldots$ où x est la solution unique du système $Bx = b$. De plus on a $k \leq m \leq kp$ où p est la dimension des vecteurs x_n et b.

2°) Si B est singulière appelons q la multiplicité de la racine $\lambda = 1$ pour le polynôme minimal précédent.

Si $b \in Im(B)$ et si $q = 1$ alors $\varepsilon_{2(m-r)-2}^{(n+r)} = x$ pour $n = 0, 1, \ldots$ où x est une solution de $Bx = b$.

Si $q = 2$ alors $\varepsilon_{2(m-r)-3}^{(n+r)} =$ vecteur constant pour $n = 0, 1, \ldots$

3°) Si B est singulière et si $b \notin Im(B)$ appelons m' le degré du polynôme minimal de A pour le vecteur Δy_0, r' et q' les multiplicités des racines $\lambda = 0$ et $\lambda = 1$ pour ce polynôme minimal. Si $q' = 1$ alors $\varepsilon_{2(m'-r')-1}^{(n+r')} =$ vecteur constant pour $n = 0, 1, \ldots$

Démonstration : la seule démonstration qu'il reste à faire est que $k \leq m \leq kp$. Il est évident que $m \leq kp$. Démontrons que $k \leq m$. Pour cela supposons que les polynômes minimaux de $A_1, \ldots, A_k$ soient du premier degré. Alors $A_i = \lambda_i I$ pour $i = 1, \ldots, k$ où λ_i est la valeur propre unique de A_i.

Considérons maintenant A comme une matrice k x k sur l'anneau des matrices p x p. Son polynôme minimal est :

$$\lambda^k - A_1 \lambda^{k-1} - \ldots - A_{k-1} \lambda - A_k$$

A annule son polynôme minimal, donc :

$$A^k - A_1 A^{k-1} - \ldots - A_{k-1} A - A_k = 0$$

où le produit $A_i A^{k-i}$ est le produit de chaque élément p x p de A^{k-i} par A_i au sens du produit matriciel. Remplaçons A_i par $\lambda_i I$ on obtient :

$$A^k - \lambda_1 A^{k-1} - \ldots - \lambda_k = 0$$

ce qui démontre que $k \leq m$

REMARQUE :

La première partie de ce théorème (B inversible) est une généralisation du théorème fondamental 91.

Une question qui se pose pour l'ε-algorithme vectoriel est de trouver toutes les suites de vecteurs qui vérifient le théorème 94. Au cas où ce théorème serait également une condition nécessaire on aurait ainsi obtenu la forme de toutes les suites pour lesquelles il existe k tel que $\varepsilon_{2k}^{(n)}$ = vecteur constant quelquesoit n. Une telle recherche nécessiterait la résolution complète du polynôme matriciel :

$$X + A_1 X^{k-1} + \ldots + A_k = 0$$

où l'inconnue X est une matrice. C'est un problème difficile car l'anneau des matrices p x p est non communicatif et non intègre. On peut cependant obtenir des résultats partiels [29] :

<u>Théorème 96</u> :

Si on applique l'ε-algorithme vectoriel à des vecteurs x_n produits par :

$$x_n = x + \sum_{i=1}^{k} \Lambda_i^n z_i$$

où les z_i et x sont des vecteurs et les Λ_i des matrices carrées réelles telles que $I - \Lambda_1, \ldots, I - \Lambda_k$ soient inversibles alors $\varepsilon_{2(m-r)}^{(n+r)} = x$ pour $n = 0, 1, \ldots$ où m est le degré du polynôme minimal de

$$\Lambda = \begin{pmatrix} \Lambda_1 & \Lambda_2 - \Lambda_1 & \ldots\ldots & \Lambda_{k-1} - \Lambda_{k-2} & \Lambda_k - \Lambda_{k-1} \\ 0 & \Lambda_2 & \ldots\ldots & \Lambda_{k-1} - \Lambda_{k-2} & \Lambda_k - \Lambda_{k-1} \\ \hline 0 & 0 & \ldots\ldots & \Lambda_{k-1} & \Lambda_k - \Lambda_{k-1} \\ 0 & 0 & \ldots\ldots & 0 & \Lambda_k \end{pmatrix}$$

pour le vecteur

$$y = \begin{pmatrix} z_1 + \ldots + z_k \\ z_2 + \ldots + z_k \\ \hline z_k \end{pmatrix}$$

et r la multiplicité éventuelle de la racine $\lambda = 0$ pour ce polynôme minimal.

Démonstration : posons $y_n = x_n - x$ et $y_n^{(i)} = \sum_{j=i}^{k} \Lambda_j^n \, z_j$. On a $y_n = y_n^{(1)}$ et :

$$\begin{pmatrix} y_{n+1} \\ y_{n+1}^{(2)} \\ \vdots \\ y_{n+1}^{(k)} \end{pmatrix} = \Lambda \begin{pmatrix} y_n \\ y_n^{(2)} \\ \vdots \\ y_n^{(k)} \end{pmatrix}$$

que l'on démontre par induction mathématique :

$$y_{n+1}^{(k)} = \Lambda_k \, y_n^{(k)}$$

$$y_{n+1}^{(i)} = \Lambda_i \, y_n^{(i)} + \sum_{j=i+1}^{k} (\Lambda_j - \Lambda_{j-1}) \, y_n^{(j)} \quad \text{pour } i = 1, \ldots, k-1$$

en remplaçant $y_n^{(j)}$ par son expression et en réarrangeant l'ordre des termes dans les sommations on obtient

$$y_{n+1}^{(i)} = \sum_{j=i}^{k} \Lambda_j^{n+1} \, z_i$$

Les valeurs propres de Λ sont l'union des valeurs propres de $\Lambda_1, \ldots, \Lambda_k$. Donc si $\lambda = 1$ n'est pas valeur propre de $\Lambda_1, \ldots, \Lambda_k$ alors ce ne sera pas une valeur propre de Λ. Par conséquent $I - \Lambda$ sera inversible et l'on pourra appliquer le théorème 93 ce qui termine la démonstration.

REMARQUES :

1°) Dans le théorème précédent on a fait l'hypothèse que les matrices $I - \Lambda_1, \ldots, I - \Lambda_k$ étaient inversibles. Or on a vu au théorème 37 pour l'ε-algorithme scalaire que si l'équation aux différences admettait des racines nulles alors l'ε-algorithme donnait encore la réponse exacte.

La même propriété reste valable pour l'ε-algorithme vectoriel en prenant des matrices nilpotentes pour certaines matrices Λ_i. Des expériences numériques montrent également que si certains Λ_i^n sont multipliés par un polynôme en n ou par cos n b_i alors il existe m tel que $\varepsilon_{2m}^{(n)} = x \ \forall n$. Il reste encore à le démontrer.

2°) Si $x_n = x + \sum_{i=1}^{k} A_i \Lambda_i^n z_i$ où les A_i sont des matrices carrées réelles non singulières alors, avec les mêmes hypothèses, les conclusions du théorème 96 restent valables.

En effet posons $B_i = A_i \Lambda_i A_i^{-1}$ et $y_i = A_i z_i$ on a

$B_i^n y_i = A_i \Lambda_i^n A_i^{-1} A_i z_i = A_i \Lambda_i^n z_i$

3°) Si les vecteurs $\{x_n\}$ sont tels que

$$\sum_{i=0}^{k} a_i (x_{n+i} - x) = 0 \qquad \text{pour } n = 0, 1, \ldots$$

avec $a_k \neq 0$, les a_i réels et $\sum_{i=0}^{k} a_i \neq 0$

alors l'application de l'ε-algorithme scalaire aux suites de chacune des composantes des vecteurs x_n donne les composantes du vecteur x comme l'ε-algorithme vectoriel.

4°) Tous les résultats de ce paragraphe restent valables si la matrice correspondant à la matrice A du théorème 92 est une matrice complexe mais dont les coefficients du polynôme minimal par rapport au vecteur considéré sont des nombres réels.

L'utilisation pratique de l'ε-algorithme vectoriel est limitée par la propagation des erreurs dues à l'ordinateur lorsque deux vecteurs consécutifs d'une même colonne sont voisins.

Cordellier [66] a récemment obtenu des règles particulières pour éviter cette propagation ainsi que la règle singulière à utiliser lorsque deux vecteurs consécutifs d'une colonne sont strictement égaux. Ces règles particulières et singulières sont l'équivalent, pour l'ε-algorithme vectoriel, de celles obtenues par Wynn pour l'ε-algorithme scalaire (paragraphe IV-8).

Normalement, pour l'ε-algorithme vectoriel, la règle de la croix de la propriété 33, permet de calculer E dès que N,C,S et W sont connus :

$$E = C + [(N - C)^{-1} + (S - C)^{-1} - (W - C)^{-1}]^{-1}$$

Donnons la règle particulière de Cordellier qui est algébriquement équivalente à la règle de la croix. Nous avons auparavant besoin du :

<u>Lemme 17ter</u> : Si $a, b \in \mathcal{C}^p - \{0\}$ alors :

$$\|a^{-1} + b^{-1}\|^2 = \|a+b\|^2 \;/\; \|a\|^2 \; \|b\|^2$$

où $\|y\|^2 = (y,y)$.

Démonstration :

$$a^{-1} + b^{-1} = a \;/\; \|a\|^2 + b \;/\; \|b\|^2$$

$$\begin{aligned} \|a^{-1} + b^{-1}\|^2 &= (a \;/\; \|a\|^2 + b \;/\; \|b\|^2,\; a \;/\; \|a\|^2 + b \;/\; \|b\|^2) \\ &= 1/\; \|a\|^2 + 2(a,b) \;/\; \|a\|^2 \; \|b\|^2 + 1 \;/\; \|b\|^2 \\ &= (a + b,\; a + b) \;/\; \|a\|^2 \; \|b\|^2 \end{aligned}$$

La règle particulière est maintenant donnée par le :

Théorème 96bis : Si les vecteurs N, S et W sont différents de C et si $(N-C)^{-1} + (S-C)^{-1} \neq (W-C)^{-1}$ alors E est donné par :

$E = (\gamma_N N + \gamma_S S - \gamma_W W + \lambda C) / (\gamma_N + \gamma_S - \gamma_W + \lambda)$ avec :

$\gamma_N = \|N-C\|^{-2}, \gamma_S = \|S-C\|^{-2}, \gamma_W = \|W-C\|^{-2}$

et

$\lambda = \gamma_N \gamma_W \|N-W\|^2 + \gamma_W \gamma_S \|W-S\|^2 - \gamma_S \gamma_N \|S-N\|^2.$

Démonstration : définissons μ par :

$$\mu = \|(N-C)^{-1} + (S-C)^{-1} - (W-C)^{-1}\|^2.$$

Puisque N, S et W sont différents de C alors μ est fini et non nul à cause de la condition du théorème. Un calcul simple donne :

$$\mu = \gamma_N + \gamma_S - \gamma_W + \|(N-C)^{-1} - (W-C)^{-1}\| + \|(S-C)^{-1} - (W-C)^{-1}\| - \|(N-C)^{-1} - (S-C)^{-1}\|$$

En utilisant trois fois la relation du lemme 17ter on trouve que :

$$\mu = \gamma_N + \gamma_S - \gamma_W + \lambda$$

Puisque $\mu \neq 0$ la relation de la croix peut s'écrire :

$$\begin{aligned} E &= C + [(N-C)^{-1} + (S-C)^{-1} - (W-C)^{-1}] / \mu \\ &= [(N-C)^{-1} + (S-C)^{-1} - (W-C)^{-1} + \mu C] / \mu \\ &= [\gamma_N(N-C) + \gamma_S(S-C) - \gamma_W(W-C) + \mu C] / \mu \\ &= [\gamma_N N + \gamma_S S - \gamma_W W + \lambda C] / \mu \end{aligned}$$

En faisant tendre C vers l'infini on obtient la règle singulière :

$$E = N + S - W$$

qui est exactement la même que celle obtenue par Wynn pour l'ε-algorithme scalaire.

Illustrons ceci par un exemple numérique. On considère les vecteurs $\{S_n\}$ de $\mathbb{R}^3$ générés par :

$$S_n = S_{n-4} / 2 \text{ pour } n = 4,5,\ldots$$

avec

$$S_0 = \begin{pmatrix} 1 \\ 0 \\ 0 \end{pmatrix} \qquad S_1 = \begin{pmatrix} 1 \\ 10^{-8} \\ 0 \end{pmatrix} \qquad S_2 = \begin{pmatrix} 0 \\ 0 \\ 0 \end{pmatrix} \qquad S_3 = \begin{pmatrix} 0 \\ 10^{-8} \\ 1 \end{pmatrix}$$

D'après le théorème 91 on doit théoriquement obtenir $\varepsilon_8^{(0)} = 0$. En pratique on trouve :

avec l'ε-algorithme de Wynn $\begin{pmatrix} 0,61 \\ -0,36 \\ 0,83 \end{pmatrix} 10^{-6}$

avec la règle particulière de Cordellier $\begin{pmatrix} 0,72 & 10^{-15} \\ 0,25 & 10^{-22} \\ 0,36 & 10^{-15} \end{pmatrix}$

IV - 4 Résolution de systèmes d'équations non linéaires par l'ε-algorithme vectoriel

Nous avons vu au paragraphe précédent que l'ε-algorithme vectoriel fournissait une méthode directe de résolution des systèmes d'équations linéaires.

Dans ce paragraphe nous allons montrer comment la même méthode appliquée à des systèmes d'équations non linéaires, fournit une méthode de résolution à convergence quadratique et cela sans avoir à effectuer ni calcul de dérivées ni inversion de matrices comme c'est malheureusement le cas pour la méthode de Newton. Cette méthode a été trouvée indépendemment et presque simultanément par Gekeler [83] et Brezinski [42 , 44]

Soit à résoudre $x = F(x)$ où $F : \mathbb{R}^p \to \mathbb{R}^p$ et F différentiable au sens de Fréchet dans un voisinage d'une solution x que nous cherchons.

L'algorithme est le suivant :

x_0 donné

$(n+1)^{\text{ième}}$ itération $u_0 = x_n$

$u_k = F(u_{k-1})$ pour $k = 1, \ldots, 2m-r$

application de l'ε-algorithme aux vecteurs $u_0, \ldots, u_{2m-r}$ afin de calculer $\varepsilon_{2(m-r)}^{(r)}$

puis on prend :

$$x_{n+1} = \varepsilon_{2(m-r)}^{(r)}$$

m est le degré du polynôme minimal de $F'(x)$ pour le vecteur $x_n - x$ et r est la multiplicité éventuelle de la racine $\lambda = 0$ pour ce polynôme minimal ($r = 0$ si $F'(x)$ est inversible).

Le résultat fondamental est le suivant :

Théorème 97 :

Soit $F : \mathbb{R}^p \to \mathbb{R}^p$ telle qu'il existe $x \in \mathbb{R}^p$ qui vérifie $x = F(x)$, telle que F soit différentiable au sens de Fréchet dans un voisinage de x et telle que $I - F'(x)$ soit inversible alors il existe un voisinage V de x tel que pour tout $x_0 \in V$ l'algorithme précédent converge vers x et ceci au moins quadratiquement c'est-à-dire que :

$$||x_{n+1} - x|| = 0 (||x_n - x||^2)$$

démonstration :

Si F est différentiable au sens de Fréchet au voisinage de x on a :

$u_{k+1} - x = F'(x)(u_k - x) + O(||u_k - x||^2)$

où la notation $O(||z_k||^2)$ désigne un vecteur y_k de $\mathbb{R}^p$ tel que $\forall k > K$ $||y_k|| \leq A\ ||z_k||^2$

Soit $p(t) = \sum_{i=0}^{m} a_i t^i$ le polynôme minimal de $F'(x)$ pour le vecteur $x_n - x$. Puisque $I - F'(x)$ est inversible on a $p(1) = \sum_{i=0}^{m} a_i \neq 0$

On a :

$$u_1 - x = F'(x)\ (u_0 - x) + O(||u_0 - x||^2)$$

et $$u_k - x = [F'(x)]^k\ (u_0 - x) + O(||u_0 - x||^2)$$

d'où en portant dans le polynôme minimal :

$$\sum_{i=0}^{m} a_i\ [F'(x)]^i\ (x_n - x) = \sum_{i=0}^{m} a_i (u_i - x) + O(||u_0 - x||^2) = 0$$

Par conséquent :

$$\sum_{i=0}^{m} a_i\ u_i = x \sum_{i=0}^{m} a_i + O\ (||x_n - x||^2)$$

puisque $u_0 = x_n$.

En utilisant les théorèmes 92, 93 ainsi que la continuité de l'ε-algorithme vectoriel on obtient :

$$\varepsilon_{2(m-r)}^{(r)} = x + O\ (||x_n - x||^2)$$

On pourra trouver la démonstration détaillée de ce théorème en [22] ou [83].

REMARQUES :

1°) si p = 1 l'algorithme proposé se réduit à la méthode de Steffesen :

$$x_{n+1} = \frac{F(F(x_n)).\ x_n - [F(x_n)]^2}{F(F(x_n)) - 2F(x_n) + x_n}$$

dont il possède les propriétés. Il peut donc être considéré comme sa généralisation à p dimensions.

2°) Si F est affine on retrouve le fait que $x_1 = x$ quelquesoit x_0. Ce n'est autre que le résultat du théorème 93.

3°) On ne suppose pas que les itérations de base $u_k = F(u_{k-1})$ convergent. Il ne faut cependant pas que ces itérations divergent trop rapidement car cela pourrait entraîner une instabilité numérique comme nous le verrons plus loin.

4°) En pratique m et r sont inconnus. On prendra donc m = p et r = 0 pour effectuer les calculs. Si ce n'était pas le cas une utilisation en parallèle de l'ε-algorithme vectoriel (voir paragraphe IV - 8) permettrait de stopper les itérations de base et le calcul du tableau ε car deux vecteurs consécutifs deviendraient égaux dans ce tableau.

5°) A la place de l'ε-algorithme vectoriel on aurait pu utiliser l'ε-algorithme scalaire sur chaque composante des vecteurs u_k. L'organisation des calculs est plus simple avec l'ε-algorithme vectoriel.

6°) Il est impossible, sans calculer de dérivées ni inverser de matrices, de construire une méthode quadratique qui nécessite moins d'itérations de base. En ce sens la méthode proposée ici est optimale. Ulm [177] a proposé une extension de la méthode de Steffensen qui est à convergence quadratique mais qui nécessite plus d'évaluation de F ainsi que des inversions de matrices.
Henrici [110] a proposé une méthode quadratique qui nécessite seulement p+1 évaluations de F et une inversion de matrice par itération. Les essais numériques effectués avec la méthode d'Henrici montrent que celle-ci est numériquement instable [146].

Si l'on possède des informations supplémentaires sur la convergence de $u_{k+1} - x - F'(x)(u_k - x)$ vers zéro, on peut alors améliorer le résultat du théorème précédent :

Théorème 98 : Si, pour tout y, appartenant à un voisinage de x on a

$F(y) - x - F'(x)(y - x) = O(||y - x||^a)$ avec $a > 1$ alors la suite générée par l'algorithme précédent vérifie :

$$||x_{n+1} - x|| = O(||x_n - x||^a)$$

Si $F(y) - x - F'(x)(y-x) = o(||y - x||^a)$ alors

$$||x_{n+1} - x|| = o(||x_n - x||^a)$$

La démonstration est immédiate à partir de celle du théorème 97. Ce résultat est une généralisation d'un théorème obtenu par Ostrowski [147] dans le cas p = 1.

Donnons un exemple numérique : soit à trouver la solution unique x = -1, y = 1 du système :

$$x = -\frac{y^4}{4} - \frac{3}{4}$$

$$y = -0.405\, e^{1-x^2} + 1.405$$

Les itérations de base convergent lentement car les valeurs propres du jacobien calculées à la solution valent ± 0.9.

En partant de $x_0 = y_0 = 0$ on obtient :

n	x_n	y_n
1	-0.85	0.87
2	-0.96	0.97
3	-0.9979	0.9978
4	-0.999989	0.999984
5	-0.9999999997	0.9999999991

Si on avait utilisé l'ε-algorithme scalaire on aurait obtenu :

n	x_n	y_n
1	-0.85	0.87
2	-0.97	0.97
3	-0.9980	0.9978
4	-0.9999905	0.999984
5	-0.9999999998	0.9999999991

Dans ce cas on avait p = m = 2.

Considérons maintenant le cas suivant :

$$x = \frac{y^2}{2} + x - \frac{1}{2}$$

$$y = \sin x + \sin (y-1) + 1$$

dont une solution est x = 0, y = 1. On a :

$$F'(x) = \begin{pmatrix} 1 & 1 \\ 1 & 1 \end{pmatrix}$$

et par conséquent r = 1. On prendra donc $x_{n+1} = \varepsilon_2^{(1)}$.

Partant de $x_0 = 1/2$ et $y_0 = -1$ on trouve :

n	x_n	y_n
1	0.28	1.22
2	0.15	0.907
3	$0.11\ 10^{-1}$	0.9928
4	$0.61\ 10^{-4}$	0.999957
5	$0.19\ 10^{-8}$	0.9999999983
6	$0.52\ 10^{-17}$	1.00000000000000000

Signalons deux utilisations particulièrement intéressantes de cet algorithme.
Quand on intègre une équation différentielle par une méthode de type Runge-Kutta explicite on sait que l'on ne peut pas augmenter le pas d'intégration à loisir pour des raisons de stabilité numérique. On est donc amené à s'orienter vers des méthodes de Runge-Kutta implicites. Si le système d'équations différentielles est non linéaire alors, à chaque étape, il faut résoudre un système d'équations non linéaires. L'utilisation de la méthode que nous venons de décrire permet d'effectuer cette résolution dans de bonnes conditions [7].
La seconde utilisation est la résolution des problèmes aux limites en plusieurs points pour des systèmes d'équations différentielles [48] : considérons en effet le système de p équations différentielles :

$$y'(t) = f(t, y(t))$$

avec les conditions aux limites en plusieurs points :

$$g(y(t_1), \ldots, y(t_k)) = 0$$

où $g : \mathbb{R}^k \to \mathbb{R}^p$.
Nous voulons transformer ce problème aux limites en un problème de conditions initiales.
Appelons $y(t,x)$ la solution de cette équation différentielle qui vérifie la condition $y(t_1) = x$. Par conséquent il nous faut trouver x tel que :

$$g(x, y(t_2, x), \ldots, y(t_k, x)) = 0$$

ce qui n'est autre que la résolution d'un système de p équations non linéaires à p inconnues. Ce système est résolu à l'aide de l'algorithme précédent. On trouvera dans

[162] des détails sur cette méthode et dans [222] une méthode pour estimer les paramètres dans les modèles mathématiques.
L'algorithme précédent permet de passer de x_n à x_{n+1} par une itération du type :

$$x_{n+1} = G(x_n) \qquad x_0 \text{ donné}$$

avec G différentiable au sens de Fréchet au voisinage de x. Nous allons étudier la propagation des erreurs d'arrondis dans un tel procédé. En effet à cause des erreurs d'arrondis on ne calcule pas exactement la suite $\{x_n\}$ mais la suite $\{\bar{x} = x_n + e_n\}$
Les itérations $x_{n+1} = G(x_n)$ peuvent s'écrire :

$$x_{n+1} = x_n + h\,(G(x_n) - x_n)$$

qui n'est autre que la méthode d'Euler avec $h = 1$ appliquée à l'équation différentielle :

$$\frac{dx(t)}{dt} = G(x(t)) - x(t)$$

$$x\,(0) = x_0$$

Nous allons donc, tout naturellement, utiliser la théorie de la propagation des erreurs d'arrondis mise au point pour les méthodes numériques d'intégration des équations différentielles [111,121,129] (A-stabilité). On a :

$$\bar{x}_{n+1} = \bar{x}_n + h(G(\bar{x}_n) - \bar{x}_n)$$

$$= x_n + e_n + h(G(x_n + e_n) - x_n - e_n)$$

Si G est Fréchet différentiable, alors :

$$G(x_n + e_n) = G(x_n) + G'(x_n)\, e_n + o\,(e_n)$$

où $o(e_n)$ dénote un vecteur dont la norme tend vers zéro plus vite que celle de e_n.
Ainsi on a : $\bar{x}_{n+1} = x_{n+1} + e_n + h(G'(x_n)\, e_n - e_n) + o(e_n)$

d'où

$$e_{n+1} = [I + h(G'(x_n) - I)]\, e_n + o\,(e_n)$$

Supposons que $o(e_n)$ puisse être négligé et que les valeurs propres des matrices $G'(x_n)$ soient indépendantes de n. Alors on sait qu'une condition nécessaire et suffisante pour que $\lim_{n\to\infty} e_n = 0$ est que le rayon spectral de la matrice $I + h(G'(x_n) - I)$ soit strictement inférieur à un. On dit, dans ce cas, que la méthode est numériquement stable : (A-stable).
Soient λ_i pour $i = 1, \ldots, m$ les valeurs propres de $G'(x_n)$. Il faut donc que :

$$|1 + h(\lambda_i - 1)| < 1 \text{ pour } i = 1, \ldots, m$$

Soit C le disque ouvert de centre -1 et de rayon 1 :

$$C = \{z \in \mathbb{C} \mid |z+1| < 1\}$$

ainsi la condition de stabilité peut donc s'écrire :

$$h(\lambda_i - 1) \in C \qquad \text{pour } i = 1, \ldots, m$$

Il faudra donc remplacer les itérations $x_{n+1} = G(x_n)$ par $x_{n+1} = x_n + h\,(G(x_n) - x_n)$ où le pas h sera choisi afin que la condition de stabilité soit vérifiée. Il n'est possible de trouver un tel h que si les quantités Re (λ_i) $i = 1, \ldots, m$ sont toutes de même signe. Si c'est impossible alors on choisira h afin que $h(\lambda - 1) \in C$ où λ est la valeur propre qui satisfait $|\lambda - 1| = \max_i |\lambda_i - 1|$.
On minimisera ainsi la propagation des erreurs d'arrondis. Appliquons cette théorie à notre méthode de résolution des systèmes d'équations non linéaires.
Puisque la méthode converge quadratiquement alors $G'(x) = 0$ et donc $\lambda_i = 0$ pour $i = 1, \ldots, m$. Cette méthode est donc stable à condition que les itérations de base $u_k = F(u_{k-1})$ soient, elles aussi, stables. On remplacera donc ces itérations de base par les nouvelles itérations de base

$$u_k = u_{k-1} + h\,(F(u_{k-1}) - u_{k-1})$$

où h sera choisi afin de vérifier la condition de stabilité où les λ_i seront les valeurs propres de $F'(x)$.
Si la condition de stabilité n'est pas satisfaite alors l'instabilité numérique pourra prendre les formes :

- non convergence des itérations $x_{n+1} = G(x_n)$
- convergence de $x_{n+1} = G(x_n)$ mais perte du caractère quadratique de la convergence.

Du point de vue pratique les hypothèses que nous avons été amenés à faire ne sont qu'imparfaitement vérifiées. Il s'en suit que cette théorie ne sera qu'approximativement exacte. En particulier près de la frontière de C il pourra y avoir stabilité au dehors et instabilité dedans. Le caractère quadratique de la convergence sera plus affirmé si toutes les quantités h $(\lambda_i - 1)$ sont voisines du centre de C. Par contre si les hypothèses sont bien satisfaites les conclusions précédentes seront valables quelquesoit le point de départ x_0.

Reprenons par exemple le système

$$x = \begin{pmatrix} y \\ z \end{pmatrix} = \begin{pmatrix} -z^4/4 \quad -3/4 \\ -0.405\, e^{1-y^2} + 1.405 \end{pmatrix}$$

dont la solution unique est $y = -1$ et $z = 1$. La condition de stabilité est :

$$0 \leq h \leq 2/1.9$$

car $\lambda_1 = -0.9$ et $\lambda_2 = 0.9$

Partant de $y_0 = z_0 = 0$ on a les résultats suivants :

$h = -0.1$ convergence en 14 itérations ; non quadratique

$h = 0.1$ convergence en 9 itérations ; presque quadratique

$h = 0.5$ convergence en 7 itérations ; quadratique

$h = 1.1$ convergence en 6 itérations ; quadratique

$h = 2.3$ non convergence.

On trouvera les résultats détaillés en [45] ainsi qu'un exemple montrant que si les hypothèses faites ne sont absolument pas vérifiées, alors la théorie précédente ne s'applique pas.

V - 5 Calcul des valeurs propres d'une matrice par l'ε-algorithme vectoriel

La méthode de la puissance est une méthode très utilisée pour calculer la valeur propre de plus grand module d'une matrice. Nous allons voir comment l'ε-algorithme permet, dans certains cas, de calculer simultanément toutes les valeurs propres.

Soit A une matrice carrée réelle $p \times p$. Notons $\lambda_1, \ldots, \lambda_p$ ses valeurs propres et $v_1, \ldots, v_p$ les vecteurs propres correspondants. On supposera que :

$$\lambda_i \neq 1 \qquad i = 1, \ldots, p$$

$$|\lambda_1| > |\lambda_2| > \cdots > |\lambda_p| \geq 0$$

Si la première hypothèse n'est pas satisfaite, il suffira de multiplier la matrice par un scalaire ; la seconde condition est beaucoup plus contraignante mais des modifications appropriées des algorithmes devraient permettre de s'en affranchir. Si $\{u_n\}$ et $\{w_n\}$ sont deux suites de vecteurs de $\mathbb{R}^p$, la notation $u_n \sim w_n$ signifiera que :

$$\lim_{n\to\infty} (y,u_n) / (y_n,w_n) = 1$$

$$\forall y \neq o \in \mathbb{R}^p \text{ tel que } (y,v_i) \neq o \text{ pour } i = 1,\ldots,p.$$

Soit x_o un vecteur de $\mathbb{R}^p$ tel que $(x_o,v_i) \neq o \; \forall i$ et construisons la suite des vecteurs $\{x_n\}$ par :

$$x_{n+1} = A\, x_n \qquad n = o, 1,\ldots$$

Appliquons l'ε-algorithme vectoriel à cette suite $\{x_n\}$. On a le :

Théorème 99 :

$$\varepsilon_{2k}^{(n)} \sim \sum_{i=k+1}^{p} \lambda_i^{n+k} z_i \qquad k = o,\ldots,p-1$$

$$\varepsilon_{2k+1}^{(n)} \sim \frac{y_{k+1}^{-1}}{\lambda_{k+1}^{n+k}} \qquad k = o,\ldots,p-1$$

avec $y_i = (\lambda_i - 1)\, z_i$.

Démonstration : puisque les vecteurs propres forment une base, on peut la supposer orthogonale et écrire que :

$$x_o = a_1 v_1 + \ldots + a_p v_p.$$

La condition $(x_o,v_i) \neq o$ implique que $a_i \neq o$. Posons $z_i = a_i v_i$. On a :

$$\varepsilon_o^{(n)} = x_n = \sum_{i=1}^{p} \lambda_i^n z_i.$$

Il est facile de voir que :

$$\varepsilon_1^{(n)} \sim y_1^{-1} / \lambda_1^n.$$

En portant ces résultats dans les règles de l'ε-algorithme, une simple démonstration de récurrence permet d'établir le théorème. On en trouvera les détails dans [46].

On a donc l'algorithme suivant pour calculer toutes les valeurs propres de la matrice A :

1) Choisissons un vecteur arbitraire x_o tel que $(x_o, v_i) \neq o$ pour $i = 1, \ldots, p$

2) Effectuons les itérations $x_{n+1} = Ax_n$ pour $n = 0, 1, \ldots$

3) Appliquons l'ε-algorithme vectoriel à la suite $\{x_n\}$. Soient $\varepsilon_k^{(n)}$ les vecteurs ainsi obtenus.

4) Calculons les rapports :

$$a_k^{(n)} = (y, \varepsilon_{2k}^{(n+1)})/(y, \varepsilon_{2k}^{(n)}) \text{ pour } k = o, \ldots, p-1 \text{ et } n = o, 1, \ldots$$
$$b_k^{(n)} = (y, \varepsilon_{2k+1}^{(n)})/(y, \varepsilon_{2k+1}^{(n+1)}) \text{ pour } k = o, \ldots, p-1 \text{ et } n = o, 1, \ldots$$

où y est un vecteur arbitraire non nul, tel que $(y, v_i) \neq o$ pour tout i.

On tire immédiatement du théorème 99 que :

$$\lim_{n\to\infty} a_k^{(n)} = \lim_{n\to\infty} b_k^{(n)} = \lambda_{k+1} \qquad \text{pour } k = o, \ldots, p-1$$

$$\lim_{n\to\infty} \varepsilon_{2k}^{(n)}/(y, \varepsilon_{2k}^{(n)}) = \lim_{n\to\infty} (y, \varepsilon_{2k+1}^{(n)})\varepsilon_{2k}^{(n)} = v_{k+1} \qquad \text{pour } k = o, \ldots, p-1$$

De plus, on montre que la vitesse de convergence est réglée par :

$$a_k^{(n)} = \lambda_{k+1} + O[(\lambda_{k+2}/\lambda_{k+1})^{n+k+1}] \quad \text{pour } n \to \infty.$$

Pour k fixé la suite $\{a_k^{(n)}\}$ est une suite de scalaires qui converge vers λ_{k+1} lorsque n tend vers l'infini. On peut donc essayer d'accélérer sa convergence en lui appliquant l'ε-algorithme scalaire ; on montre que cela est possible et l'on obtient alors :

$$\varepsilon_{2q}^{(n)} = \lambda_{k+1} + O[(\lambda_{k+q+2}/\lambda_{k+1})^{n+k}]$$

pour q et k fixés et n tendant vers l'infini.

Remarque : les résultats précédents restent valables si on utilise l'ε-algorithme normé décrit au paragraphe V-2 au lieu de l'ε-algorithme vectoriel.

Au lieu d'appliquer l'ε-algorithme vectoriel à la suite des vecteurs $\{x_n\}$ on peut appliquer l'ε-algorithme scalaire à la suite $\{(z,x_n)\}$ où z est un vecteur arbitraire tel que $(z,v_i) \neq 0$ pour tout i. On considérera ensuite les rapports $a_k^{(n)} = \varepsilon_{2k}^{(n+1)}/\varepsilon_{2k}^{(n)}$ et $b_k^{(n)} = \varepsilon_{2k+1}^{(n)}/\varepsilon_{2k+1}^{(n+1)}$. Cette variante réduit considérablement l'encombrement mémoire de l'algorithme puisque l'on travaille sur une suite de scalaires au lieu de travailler sur une suite de vecteurs. Tous les résultats précédents restent valables sauf, évidemment, le fait qu'il est impossible d'obtenir les vecteurs propres de cette façon.

Au lieu d'utiliser l'ε-algorithme on peut utiliser l'application répétée du procédé Δ^2 d'Aitken.

Prenons la matrice

$$\begin{pmatrix} 3 & 12 & 30 \\ -6 & -27 & -66 \\ 4 & 16 & 37 \end{pmatrix}$$

dont les valeurs propres sont 9, 3 et 1. Avec $x_o = y = (1;o;o)^T$ on obtient :

$\{a_o^{(n)}\}$	$\{b_o^{(n)}\}$	$\{a_1^{(n)}\}$	$\{b_1^{(n)}\}$	$\{a_2^{(n)}\}$	$\{b_2^{(n)}\}$
3					
19	12.9				
11.4	10.1	-2.5			
9.7	9.3	5.2	2.93		
9.2	9.1	3.4	2.98	0.999999	
9.07	9.04	3.1	2.992	1.000000	0.5
9.02	9.01	3,04	2.997	0.999999	5.3
9.008	9.004	3.01	2.9991	1.000000	1.7
9.002	9.001	3.004	2,9997	0.999999	1.7

Si l'on accélère la convergence de $\{b_1^{(n)}\}$ à l'aide de l'ε-algorithme scalaire on trouve :

$\{\varepsilon_0^{(n)} = b_1^{(n)}\}$	$\{\varepsilon_2^{(n)}\}$	$\{\varepsilon_4^{(n)}\}$
2.93		
2.98	2.99992	
2.992	2.999991	2.999999989
2.997	2.9999990	2,9999999996
2.9991	2.99999989	
2,9997		

Remarque : cette méthode de calcul des valeurs propres d'une matrice est à relier à l'utilisation de l'algorithme q-d pour effectuer le même travail.

Une autre application du théorème 99 est l'accélération de la convergence des suites de vecteurs produits par relaxation. Considérons, en effet, les vecteurs $\{x_n\}$ générés par :

$$x_0 \text{ donné}$$

$$x_{n+1} = Ax_n + b$$

où A est une matrice carrée telle que I-A soit inversible et b un vecteur. Soient $\lambda_1,\ldots,\lambda_p$ les valeurs propres de A. Supposons que $|\lambda_1| > |\lambda_2| > \cdots > |\lambda_p|$ et posons $x = (I-A)^{-1}\, b$. Si nous appliquons l'ε-algorithme vectoriel à la suite des vecteurs $\{x_n\}$ alors le théorème 99 nous montre que :

$$\varepsilon_{2k}^{(n)} - x = O(\lambda_{k+1}^n) \text{ pour } k = 0,\ldots,p-1.$$

Si la méthode de relaxation est convergente, c'est-à-dire si $\rho(A) = |\lambda_1| < 1$ alors chaque colonne de l'ε-algorithme converge plus vite que la précédente et l'on voit que l'accélération obtenue dépend de la proximité de deux valeurs propres consécutives.

Si la méthode de relaxation diverge et si $|\lambda_1| > \cdots |\lambda_i| > 1 > |\lambda_{i+1}| > \cdots > |\lambda_p|$ alors les suites $\{\varepsilon_{2k}^{(n)}\}$ divergeront pour $k = 0,\ldots,i-1$ et convergeront vers x pour k=i,...,p-1 et cela de plus en plus vite lorsque k augmentera.

Ainsi l'ε-algorithme vectoriel peut être utilisé pour accélérer la convergence des méthodes de relaxation qui convergent et pour induire la convergence, dans certains cas, de celles qui divergent.

On trouvera dans [76] les démonstrations de ces résultats ainsi qu'une étude d'autres procédés d'accélération de la convergence des méthodes de relaxation.

V - 6 L'ε-algorithme topologique

Dans ce qui précède on a vu que l'ε-algorithme scalaire est finalement un artifice commode pour mettre en oeuvre la transformation de Shanks qui est un rapport de déterminants. Par contre, la situation est différente pour l'ε-algorithme vectoriel ; il n'y a pas alors de rapport de déterminants et l'algorithme a été construit, on peut le dire, artificiellement à partir de la règle de l'ε-algorithme scalaire. Les propriétés connues de l'ε-algorithme vectoriel découlent toutes du théorème 91 dont la démonstration ne permet pas de comprendre la nature mathématique de l'algorithme ni la sorte de transformation qu'il sert à mettre en oeuvre. D'autre part, il est difficile d'obtenir de nouvelles propriétés sans finalement savoir ce que fait cet algorithme.

C'est pour pallier à ces inconvénients que l'ε-algorithme topologique a été défini [31]. La démarche qui a permis de l'obtenir est semblable à celle de Shanks pour la définition de la transformation puis à celle de Wynn pour trouver l'algorithme de mise en oeuvre.

Cet algorithme a été baptisé ε-algorithme topologique parce que la suite $\{S_n\}$ qu'il transforme est une suite d'éléments d'un espace vectoriel topologique E sur K ($\mathbb{R}$ ou $\mathbb{C}$).

Soit donc $\{S_n\}$ une suite d'éléments de E et $S \in E$. Supposons que la suite $\{S_n\}$ vérifie :

$$\sum_{i=0}^{k} a_i (S_{n+i} - S) = 0 \quad \forall n \text{ avec } \sum_{i=0}^{k} a_i \neq 0 \text{ et } a_i \in K \qquad (1)$$

on peut, sans restreindre la généralité, supposer que $\sum_{i=0}^{k} a_i = 1$.

La transformation de Shanks permet de transformer $\{S_n\}$ en une suite constante S.

Considérons le système :

$$\begin{array}{lllll} a_o & + a_1 & + \ldots + a_k & = 1 & \\ a_o S_n & + a_1 S_{n+1} & + \ldots + a_k S_{n+k} & = S & \\ a_o S_{n+1} & + a_1 S_{n+2} & + \ldots + a_k S_{n+k+1} & = S & \qquad (2) \\ - - - & - - - & - - - & & \\ a_o S_{n+k} & + a_1 S_{n+k+1} & + \ldots + a_k S_{n+2k} & = S & \end{array}$$

Ce système peut s'écrire :

$$\begin{array}{lllll} a_o & + a_1 & + \ldots + a_k & = 1 & \\ a_o \Delta S_n & + a_1 \Delta S_{n+1} & + \ldots + a_k \Delta S_{n+k} & = 0 & \\ - - - & - - - & - - - & & \qquad (3) \\ a_o \Delta S_{n+k-1} & + a_1 \Delta S_{n+k} & + \ldots + a_k \Delta S_{n+2k-1} & = 0 & \\ a_o S_n & + a_1 S_{n+1} & + \ldots + a_k S_{n+k} & = S & \end{array}$$

Dans tout ce qui suit quand Δ sera appliqué à des quantités avec deux indices il agira toujours soit sur l'indice n soit sur l'indice placé en position supérieure.

Considérons les k+1 premières équations de ce système et soit $y' \in E'$ dual topologique de E ; on a :

$$\begin{array}{ll} a_o + a_1 + \ldots\ldots\ldots + a_k = 1 & \\ a_o < y', \Delta S_n > + \ldots + a_k < y', \Delta S_{n+k} > = 0 & \\ - - - - - - - - - - - - & \qquad (4) \\ a_o < y', \Delta S_{n+k-1} > + \ldots + a_k < y', \Delta S_{n+2k-1} > = 0 & \end{array}$$

où $<y', y>$ désigne la forme bilinéaire qui met E et E' en dualité.

On peut résoudre ce système linéaire à condition que son déterminant soit différent de zéro. On calculera ensuite S en utilisant la dernière relation du système (3). On a donc symboliquement :

$$S = \frac{\begin{vmatrix} S_n & \cdots\cdots & S_{n+k} \\ \langle y',\Delta S_n\rangle & \cdots\cdots & \langle y',\Delta S_{n+k}\rangle \\ - - - & - - - & - - - \\ \langle y',\Delta S_{n+k-1}\rangle & \cdots\cdots & \langle y',\Delta S_{n+2k-1}\rangle \end{vmatrix}}{\begin{vmatrix} 1 & \cdots\cdots & 1 \\ \langle y',\Delta S_n\rangle & \cdots\cdots & \langle y',\Delta S_{n+k}\rangle \\ - - - & - - - & - - - \\ \langle y',\Delta S_{n+k-1}\rangle & \cdots\cdots & \langle y',\Delta S_{n+2k-1}\rangle \end{vmatrix}} = e_k(S_n) \qquad (5)$$

Le déterminant généralisé qui se trouve au numérateur se développe de façon habituelle et désigne un élément de E. Si la suite $\{S_n\}$ ne vérifie pas une relation du type (1) alors (5) n'est pas égal à S mais à un élément de E que nous noterons $e_k(S_n)$. On transforme ainsi la suite $\{S_n\}$ en un ensemble de suites $\{e_k(S_n)\}$ pour différentes valeurs de k. Cette transformation généralise la transformation de Shanks.

Remarque 1 : pour passer du système (3) au système (4) on peut prendre un y' différent pour chaque équation de (3). (4) devient donc alors :

$$\begin{aligned} &a_o + \cdots\cdots + a_k = 1 \\ &a_o \langle y_1',\Delta S_n\rangle + \cdots\cdots + a_k \langle y_1',\Delta S_{n+k}\rangle = 0 \\ &- - - - - - - - - - - - - - - - \\ &a_o \langle y_k', \Delta S_{n+k-1} + \cdots + a_k \langle y_k',\Delta S_{n+2k-1}\rangle = 0 \end{aligned}$$

Il est bien évident que les y_i' peuvent également dépendre de n. Cependant nous n'envisagerons pas ces deux cas par la suite car l'algorithme récursif de calcul de (5) étudié plus loin ne s'applique pas alors. y' sera donc toujours le même pour toutes les équations de (4) ; il ne dépendra ni de k ni de n.

Remarque 2 : Contrairement à ce qui se passe lorsque $E = \mathbb{C}$ le fait que (4) soit vérifié n'entraîne pas que (1) soit vérifié. C'est pour cette raison que la condition du théorème 100 est seulement suffisante.

Les propriétés de (5) sont les mêmes que celles de la transformation de Shanks habituelle :

Théorème 100: Une condition suffisante pour que $e_k(S_n) = S \quad \forall n > N$ *est que la suite* $\{S_n\}$ *vérifie la relation* $\sum_{i=0}^{k} a_i(S_{n+i}-S) = 0 \ \forall n > N$ *avec* $a_i \in K$ *et* $\sum_{i=0}^{k} a_i \neq 0$.

Cette propriété découle directement de la construction même du procédé. L'équation aux différences $\sum_{i=0}^{k} a_i(S_{n+i}-S) = 0$ peut être résolue dans E de même façon que lorsque $S_n \in \mathbb{R}$. On a donc un résultat analogue à celui démontré dans ce cas :

Théorème 101: Une condition suffisante pour que $e_k(S_n) = S \quad \forall n > N$ *est que :*

$$S_n = S + \sum_{i=1}^{p} A_i(n)\, r_i^n + \sum_{i=p+1}^{q} [B_i(n) \cos b_i n + C_i(n) \sin b_i n]\, e^{w_i n} + \sum_{i=0}^{m} c_i \delta_{in} \qquad \forall n > N.$$

r_i, w_i et b_i appartiennent à K et l'on a $r_i \neq 1$ pour $i=1,\ldots,p$.

A_i, B_i et C_i sont des polynômes en n dont les coefficients appartiennent à E. Les c_i appartiennent à E et δ_{in} est le symbole de Kronecker.

Si d_i désigne le degré de A_i plus un pour $i=1,\ldots,p$ et le plus grand des degrés de B_i et de C_i pour $i=p+1,\ldots,q$, on doit avoir :

$$m + \sum_{i=1}^{p} d_i + 2 \sum_{i=p+1}^{q} d_i = k-1$$

avec la convention que $m=-1$ s'il n'y a aucun terme en δ_{in}.

La transformation de Shanks généralisée est une transformation non linéaire de suite à suite ; cependant on a la

Propriété 36 :

$$e_k(aS_n+b) = a\, e_k(S_n) + b \qquad \forall\, n,k$$

$\forall\, a \neq 0 \in K$ *et* $\forall\, b \in E$.

La démonstration est évidente à partir de (5).

Propriété 37 : *Soit* $e_k(S_n)$ *l'élément de* E *obtenu en appliquant* (5) *à* $S_n, S_{n+1}, \ldots, S_{n+2k}$. *Si on applique* (5) *à* $u_n = S_{n+2k}$, $u_{n+1} = S_{n+2k-1}, \ldots$ $\ldots, u_{n+2k} = S_n$ *alors on obtient un élément de* E *généralement différent de* $e_k(S_n)$.

La démonstration est évidente en intervertissant les lignes et les colonnes dans (5). Cette propriété est l'inverse de celle démontrée par Gilewicz dans le cas scalaire où l'élément obtenu est identique.

Donnons maintenant une interprétation barycentrique de la généralisation de la transformation de Shanks que nous venons d'étudier, analogue à celle obtenue dans le cas scalaire (paragraphe III-4) :

d'après (2), (4) et (5) on a :

$$\sum_{i=0}^{k} a_i\, S_{p+i} = e_k(S_n) \sum_{i=0}^{k} a_i \qquad \text{pour } p=n,\ldots,n+k$$

avec $\sum_{i=0}^{k} a_i \neq 0$. $e_k(S_n)$ apparaît donc comme le barycentre des points $S_n, \ldots, S_{n+k}$ affectés des masses $a_0, \ldots, a_k$. Les masses $a_0, \ldots, a_k$ sont choisies de sorte que $e_k(S_n)$ soit également le barycentre de $(S_{n+1}, \ldots, S_{n+k+1})$, $\ldots$, $(S_{n+k}, \ldots, S_{n+2k})$ affectés des mêmes masses $a_0, \ldots, a_k$ (ces masses peuvent être ici négatives).

La propriété 36 provient tout simplement du fait que toute transformation affine transforme le barycentre en le barycentre des points transformés affectés des mêmes masses. Le fait que l'on puisse remplacer plusieurs points par leur barycentre affecté d'une masse égale à la somme de leurs masses nous fournira une méthode récursive de calcul de $e_k(S_n)$: ce sera l'ε-algorithme topologique.

Si $\sum_{i=0}^{k} a_i=0$ alors tout point de E est barycentre, le déterminant intervenant au dénominateur de (5) est nul et le calcul de $e_k(S_n)$ ne peut pas alors être effectué.

Remarque : on voit que $\langle y',e_k(S_n)\rangle$ n'est autre que le résultat de la transformation habituelle de Shanks appliquée à la suite $\{\langle y',S_n\rangle\}$.
Il est possible, à partir de la transformation (5), de donner une généralisation de la table de Padé.

Considérons la série de puissances formelle :

$$f(x) = \sum_{i=0}^{\infty} c_i x^i$$

avec $x \in K$ et $c_i \in E$.

Prenons comme suite $\{S_n\}$ la suite des sommes partielles de $f(x)$:

$$S_n = \sum_{i=0}^{n} c_i x^i.$$

D'après (5) on a :

$$e_k(S_n) = \frac{\begin{vmatrix} \sum_{i=0}^{n} c_i x^i & \cdots\cdots\cdots & \sum_{i=0}^{n+k} c_i x^i \\ x^{n+1}\langle y',c_{n+1}\rangle & \cdots\cdots & x^{n+k+1}\langle y',c_{n+k+1}\rangle \\ - - - - & - - - - & - - - - \\ x^{n+k}\langle y',c_{n+k}\rangle & \cdots\cdots & x^{n+2k}\langle y',c_{n+2k}\rangle \end{vmatrix}}{\begin{vmatrix} 1 & \cdots\cdots\cdots & 1 \\ x^{n+1}\langle y',c_{n+1}\rangle & \cdots\cdots & x^{n+k+1}\langle y',c_{n+k+1}\rangle \\ - - - - & - - - - & - - - - \\ x^{n+k}\langle y',c_{n+k}\rangle & \cdots\cdots & x^{n+2k}\langle y',c_{n+2k}\rangle \end{vmatrix}}$$

Multiplions la première colonne du numérateur et du dénominateur par x^k, la seconde par x^{k-1},..., la dernière par 1 ; on obtient :

$$e_k(S_n) = \frac{\begin{vmatrix} \sum_{i=0}^{n} c_i x^{k+i} & & \sum_{i=0}^{n+k} c_i x^i \\ x^{n+k+1}\langle y',c_{n+1}\rangle & \cdots\cdots\cdots & x^{n+k+1}\langle y',c_{n+k+1}\rangle \\ - - - & - - - & - - - \\ x^{n+2k}\langle y',c_{n+k}\rangle & \cdots\cdots\cdots & x^{n+2k}\langle y',c_{n+2k}\rangle \end{vmatrix}}{\begin{vmatrix} x^k & \cdots\cdots\cdots & 1 \\ x^{n+k+1}\langle y',c_{n+1}\rangle & \cdots\cdots\cdots & x^{n+k+1}\langle y',c_{n+k+1}\rangle \\ - - - & - - - & - - - \\ x^{n+2k}\langle y',c_{n+k}\rangle & \cdots\cdots\cdots & x^{n+2k}\langle y',c_{n+2k}\rangle \end{vmatrix}}$$

divisons maintenant les secondes lignes du numérateur et du dénominateur par x^{n+k+1}, les troisièmes par x^{n+k+2},..., les dernières par x^{n+2k}. On trouve :

$$e_k(S_n) = \frac{\begin{vmatrix} \sum_{i=0}^{n} c_i x^{k+i} & \cdots\cdots & \sum_{i=0}^{n+k} c_i x^i \\ \langle y',c_{n+1}\rangle & \cdots\cdots\cdots & \langle y',c_{n+k+1}\rangle \\ - - - & - - - & - - - \\ \langle y',c_{n+k}\rangle & \cdots\cdots\cdots & \langle y',c_{n+2k}\rangle \end{vmatrix}}{\begin{vmatrix} x^k & \cdots\cdots\cdots & 1 \\ \langle y',c_{n+1}\rangle & \cdots\cdots\cdots & \langle y',c_{n+k+1}\rangle \\ - - - & - - - & - - - \\ \langle y',c_{n+k}\rangle & & \langle y',c_{n+2k}\rangle \end{vmatrix}} \qquad (6)$$

On a :

$$\begin{vmatrix} \sum_{i=0}^{n} c_i x^{k+i} & \cdots & \sum_{i=0}^{n+k} c_i x^i \\ \langle y',c_{n+1}\rangle & \cdots\cdots\cdots & \langle y',c_{n+k+1}\rangle \\ - - - & - - - & - - - \\ \langle y',c_{n+k}\rangle & \cdots\cdots\cdots & \langle y',c_{n+2k}\rangle \end{vmatrix} - f(x) \begin{vmatrix} x^k & \cdots\cdots\cdots & 1 \\ \langle y',c_{n+1}\rangle & \cdots\cdots\cdots & \langle y',c_{n+k+1}\rangle \\ - - - & - - - & - - - \\ \langle y',c_{n+k}\rangle & \cdots\cdots\cdots & \langle y',c_{n+2k}\rangle \end{vmatrix} =$$

$$\begin{vmatrix} \sum_{i=n+1}^{\infty} c_i x^{k+i} & \cdots\cdots & \sum_{i=n+k+1}^{\infty} c_i x^i \\ \langle y', c_{n+1}\rangle & \cdots\cdots & \langle y', c_{n+k+1}\rangle \\ - - - & - - - & - - - \\ \langle y', c_{n+k}\rangle & \cdots\cdots & \langle y', c_{n+2k}\rangle \end{vmatrix} = Ax^{n+k+1} \quad \text{avec } A \in E \qquad (7)$$

En examinant les relations (6) et (7) on voit que l'on peut considérer (5) comme une généralisation de la table de Padé de f(x) bien que la série située dans le membre de droite de (7) ne commence qu'avec un terme en x^{n+k+1}. Le numérateur de (6) est de degré n+k et son dénominateur de degré k. Nous noterons donc symboliquement :

$$e_k(S_n) = [n+k/k]$$

Pour rappeler que $e_k(S_n)$ est un approximant de la série de puissance f(x), nous le noterons quelques fois :

$$[n+k/k]_f(x)$$

Par analogie l'approximant de Padé généralisé sera défini par :

$$[p/q] = \frac{\begin{vmatrix} \sum_{i=0}^{p-q} c_i x^{q+i} & \cdots\cdots & \sum_{i=0}^{p} c_i x^i \\ \langle y', c_{p-q+1}\rangle & \cdots\cdots & \langle y', c_{p+1}\rangle \\ - - - & - - - & - - - \\ \langle y', c_p\rangle & \cdots\cdots & \langle y', c_{p+q}\rangle \end{vmatrix}}{\begin{vmatrix} x^q & \cdots\cdots & 1 \\ \langle y', c_{p-q+1}\rangle & \cdots\cdots & \langle y', c_{p+1}\rangle \\ - - - & - - - & - - - \\ \langle y', c_p\rangle & \cdots\cdots & \langle y', c_{p+q}\rangle \end{vmatrix}} = \frac{P(x)}{Q(x)} \qquad (8)$$

où les c_i avec un indice négatif sont pris égaux à $0 \in E$. [p/q] pourra, dans la suite, être noté $[p/q]_f(x)$.

On voit, d'après (8), que l'on a :

$$[p/q] = \frac{\sum_{i=0}^{p} a_i x^i}{\sum_{i=0}^{q} b_i x^i} \quad \text{avec } a_i \in E \text{ et } b_i \in K$$

Le calcul des a_i et des b_i s'effectue comme pour la table de Padé ordinaire en écrivant que :

$$\sum_{i=0}^{\infty} c_i x^i - \frac{\sum_{i=0}^{p} a_i x^i}{\sum_{i=0}^{q} b_i x^i} = Ax^k$$

avec $A \in E$ et k le plus grand possible. En d'autres termes on veut déterminer les a_i et les b_i de sorte que :

$$(c_o+c_1x+\ldots)(b_o+b_1x+\ldots+b_qx^q) - (a_o+a_1x+\ldots+a_px^p) = Ax^{p+q+1}$$

ou encore :

$$(c_o+c_1x+\ldots)(b_o+\ldots+b_qx^q) = a_o+\ldots+a_px^p+0x^{p+1}+\ldots+0x^{p+q}+Ax^{p+q+1}$$

En identifiant les coefficients des termes de même degré en x on obtient :

$$\begin{array}{l} b_oc_{p+1} + b_1c_p + \ldots + b_qc_{p-q+1} = 0 \\ \text{-------------------------} \\ b_oc_{p+q} + b_1c_{p+q-1}+\ldots+ b_qc_p = 0 \end{array}$$

avec la convention que $c_i = 0 \in E$ si $i < 0$. En prenant $b_0=1$ on trouve donc les b_i comme solution du système suivant de q équations à q+1 inconnues :

$$\begin{array}{l} b_o \langle y',c_{p+1}\rangle + b_1 \langle y',c_p\rangle + \ldots + b_q \langle y',c_{p-q+1}\rangle = 0 \\ \text{-------------------------} \\ b_o \langle y',c_{p+q}\rangle + b_1 \langle y',c_{p+q-1}\rangle+\ldots+ b_q \langle y',c_p\rangle = 0 \end{array} \qquad (9)$$

Puis les $a_i \in E$ sont calculés à partir des p+1 relations :

$$\begin{aligned}
c_o b_o &= a_o \\
c_1 b_o + c_o b_1 &= a_1 \\
c_2 b_o + c_1 b_1 + c_o b_2 &= a_2 \\
&\text{- - - - - - - - - - - - -} \\
c_p b_o + c_{p-1} b_1 + \ldots + c_{p-q} b_q &= a_p
\end{aligned} \qquad (10)$$

On voit que l'on a :

$$<y',[p/q]> - <y',f(x)> = 0(x^{p+q+1})$$

Par contre on a seulement :

$$[p/q] - f(x) = Ax^{p+1}$$

ceci tient au fait que $<y',y> = 0$ n'entraîne pas que $y=0$. Nous considérerons cependant (8) comme une généralisation de la table de Padé. (8) possède d'ailleurs les mêmes propriétés que les quotients de Padé ordinaires :

<u>*Théorème 102*</u>: *Si* P/Q *est un approximant de Padé généralisé* $[p/q]$ *de* $f(x) = \sum_{i=0}^{\infty} c_i x^i$ *défini par (8), (9) et (10), alors on a :*

$$<y',f(x)> \ Q(x) - <y',P(x)> = \sum_{i=p+q+1}^{\infty} d_i x^i$$

$$\text{avec} \quad d_i = \sum_{k=0}^{q} b_k \ <y',c_{i-k}>$$

Démonstration : Elle est évidente ; c'est une simple identification de coefficients dans des séries de puissances. Ce résultat généralise un résultat classique de la table de Padé ordinaire [53].

<u>*Théorème 103*</u>: *Une condition nécessaire et suffisante pour que* $[p/q]$ *défini par (9) et (10) existe est que :*

$$H_q^{(p-q+1)}(<y',c_{p-q+1}>) \neq 0$$

où $H_k^{(n)}(u_n)$ *est le déterminant de Hankel défini de façon habituelle par :*

$$H_o^{(n)}(u_n) = 1$$

$$H_k^{(n)}(u_n) = \begin{vmatrix} u_n & \cdots\cdots & u_{n+k-1} \\ u_{n+1} & \cdots\cdots & u_{n+k} \\ - & - - - - & - \\ u_{n+k-1} & \cdots\cdots & u_{n+2k-2} \end{vmatrix} \qquad \begin{matrix} n = 0,1,\ldots \\ k = 1,2,\ldots \end{matrix}$$

avec $u_n \in K \quad \forall\, n$.

Démonstration : C'est tout simplement la condition nécessaire et suffisante pour que le système (9) donnant les b_i admette une solution. Cette solution est d'ailleurs unique d'où le :

Théorème 104: *S'il existe,* $[p/q]$, *défini par (9) et (10), est unique.*

Un certain nombre de propriétés de la table de Padé ordinaire restent encore valables ici :

Propriété 38 : *Si* $c_o = 0$ *alors :*

$$[p-1/q]_{f/x}(x) = [p/q]_f(x)/x$$

Propriété 39 : *Soit* $R_k(x) = \sum_{i=0}^{r} a_i x^i$ *avec* $a_i \in E$ *et* $x \in K$. *Alors si* $p \geq q+k$ *et* $r \leq k$:

$$[p/q]_{f+R_k}(x) = [p/q]_f(x) + R_k(x)$$

La démonstration de la première propriété découle immédiatement de (8). La seconde provient de la définition même des approximants de Padé (7) ; en effet posons :

$$[p/q]_{f+R_k}(x) = \frac{\sum_{i=0}^{p} a_i x^i}{\sum_{i=0}^{q} b_i x^i} \qquad \text{avec } a_i \in E \quad b_i,\ x \in K$$

On a donc d'après (7) :

$$\frac{\sum_{i=0}^{p} a_i x^i}{\sum_{i=0}^{q} b_i x^i} - f(x) - R_k(x) = A\ x^{p+q+1} \qquad A \in E$$

ou encore

$$\frac{\sum_{i=0}^{p} a_i x^i - R_k(x) \sum_{i=0}^{q} b_i x^i}{\sum_{i=0}^{q} b_i x^i} - f(x) = A\ x^{p+q+1}$$

si $p \geq q+k$ alors le numérateur est de degré p. Par conséquent le rapport intervenant dans la relation précédente n'est autre que $[p/q]_f(x)$. D'où finalement :

$$[p/q]_{f+R_k}(x) - R_k(x) = [p/q]_f(x) \qquad \text{si} \quad p \geq q+k.$$

Remarque : prenons $p = n+k$ et $q = k$. On a $p-q=n$. Appliquons la propriété 39 :

$$[n+k/k]_{f-R_n}(x) = [n+k/k]_f(x) - R_n(x)$$

Prenons $f(x) = \sum_{i=0}^{\infty} c_i x^i$ et $R_n(x) = \sum_{i=0}^{n-1} c_i x^i$

on a $f(x) - R_n(x) = \sum_{i=n}^{\infty} c_i x^i = x^n \sum_{i=0}^{\infty} c_{n+i} x^i$

posons $f_n(x) = \sum_{i=0}^{\infty} c_{n+i} x^i$.

Par conséquent :

$$[n+k/k]_{x^n f_n}(x) = [n+k/k]_f(x) - R_n(x)$$

d'où, en divisant les deux membres par x^n :

$$[k/k]_{f_n}(x) = \frac{[n+k/k]_f(x) - R_n(x)}{x^n}$$

où $R_n(x)$ est la somme des n premiers termes de f(x). Cette relation permet donc de relier les approximants de Padé diagonaux [k/k] et les approximants non diagonaux [n+k/k].

<u>*Propriété 40*</u> : *Posons* $y = \frac{x}{ax+b}$ et $g(x) = f(y)$ *alors*

$$[k/k]_f(y) = [k/k]_g(x)$$

La démonstration est identique à celle effectuée pour la table de Padé ordinaire.

Remarque : Lorsque E est un espace de Hilbert, les résultats de ce paragraphe sont à rapprocher de ceux obtenus par Wynn [217]. On comparera également au calcul d'approximants de Padé pour des matrices effectué par Rissanen [163].
Avant d'obtenir la règle de l'ε-algorithme topologique, il nous faut définir l'inverse d'un couple d'éléments et celui d'une série.

Soit $f(x) \in E$ une série de puissances formelle :

$$f(x) = \sum_{i=0}^{\infty} c_i x^i \qquad c_i \in E \qquad x \in K.$$

Nous voulons, comme pour la table de Padé ordinaire, définir son inverse. Il nous faut définir auparavant ce que l'on entend par inverse d'un élément $a \in E$ ou plutôt par inverse d'un couple $(a,b) \in E \times E'$. Cette notion est fondamentale pour pouvoir généraliser l'ε-algorithme.

Soit $a \in E$ et $b \in E'$ tels que $\langle b,a \rangle \neq 0$.

On appelle inverse du couple $(a,b) \in E \times E'$ le couple $(b^{-1},a^{-1}) \in E \times E'$ défini par :

$$a^{-1} = \frac{b}{\langle b,a \rangle} \qquad b^{-1} = \frac{a}{\langle b,a \rangle} \qquad a^{-1} \in E',\ b^{-1} \in E$$

On dira également par la suite que a^{-1} est l'inverse de a par rapport à b et réciproquement. Les propriétés de l'inverse de (a,b) sont les suivantes :

Propriété 41 : $\langle a^{-1},a\rangle = 1$

$\langle b,b^{-1}\rangle = 1$

$\langle a^{-1},b^{-1}\rangle = 1/\langle b,a\rangle$

$(a^{-1})^{-1} = a$ et $(b^{-1})^{-1} = b$.

Exemple 1 : Soit (y'^{-1},d^{-1}) l'inverse de $(d,y') \in E \times E'$ où d est quelconque tel que $\langle y',d\rangle \neq 0$.

Soit $b \in E'$ tel que $\langle b,y'^{-1}\rangle \neq 0$; alors l'inverse de (y'^{-1},b) est $(b^{-1},(y'^{-1})^{-1})$ défini par :

$$(y'^{-1})^{-1} = \frac{b}{\langle b,y'^{-1}\rangle} \qquad b^{-1} = \frac{y'^{-1}}{\langle b,y'^{-1}\rangle}$$

Exemple 2 : Soit $(a,b) \in E \times E'$ et (b^{-1},a^{-1}) son inverse. Alors $a^{-1} \in E'$.

Considérons l'inverse de $(a,a^{-1}) \in E \times E'$:

$$a^{-1} = \frac{a^{-1}}{\langle a^{-1},a\rangle} \qquad (a^{-1})^{-1} = \frac{a}{\langle a^{-1},a\rangle}$$

On voit que la première relation entraîne que $\langle a^{-1},a\rangle = 1$ et que l'on a, par conséquent, $(a^{-1})^{-1} = a$.

Exemple 3 : Soit $(a,b) \in E \times E'$ et (b^{-1},a^{-1}) son inverse. On a $b^{-1} \in E$.

Considérons l'inverse de $(b^{-1},b) \in E \times E'$:

$$(b^{-1})^{-1} = \frac{b}{\langle b,b^{-1}\rangle} \qquad b^{-1} = \frac{b^{-1}}{\langle b,b^{-1}\rangle}$$

On a $\langle b,b^{-1}\rangle = 1$ et par conséquent $(b^{-1})^{-1} = b$.

Remarque : Si E est un espace de Hilbert alors l'inverse du couple $(a,a) \in E \times E$ est (a^{-1},a^{-1}) avec :

$$a^{-1} = \frac{a}{\langle a,a\rangle}$$

où <a,a> est le produit scalaire dans E. On voit que l'on retrouve dans ce cas la définition de l'inverse de $a \in \mathbb{R}^n$ utilisée par Wynn dans l'ε-algorithme vectoriel [242].

Nous pouvons maintenant définir l'inverse d'une série formelle. Pour cela utilisons les résultats précédents pour obtenir l'inverse du couple $(f(x),y') \in E \times E'$.

$$[f(x)]^{-1} = \frac{y'}{\langle y', f(x)\rangle}$$

Nous allons chercher les coefficients de $[f(x)]^{-1}$ que nous mettrons sous la forme :

$$[f(x)]^{-1} = \sum_{i=0}^{\infty} d_i x^i \qquad \text{avec } d_i \in E' \quad \text{et} \quad x \in K$$

d'où :

$$[f(x)]^{-1} = \frac{y'}{\langle y', \sum_{i=0}^{\infty} c_i x^i\rangle} = \sum_{i=0}^{\infty} d_i x^i$$

Posons $d_i = y' e_i$ avec $e_i \in K$. On a donc :

$$\frac{1}{\langle y', \sum_{i=0}^{\infty} c_i x^i\rangle} = \sum_{i=0}^{\infty} e_i x^i$$

ce qui donne, comme dans le cas de l'inverse ordinaire d'une série de puissances formelle :

$$\langle y', c_o\rangle\, e_o = 1$$

$$\langle y', c_o\rangle\, e_1 + \langle y', c_1\rangle\, e_o = 0$$

- - - - - - - - - - - - - - -

$$\langle y', c_o\rangle\, e_k + \langle y', c_1\rangle\, e_{k-1} + \dots + \langle y', c_{k-1}\rangle e_1 + \langle y', c_k\rangle\, e_o = 0$$

- -

et permet de calculer les e_i à condition que $<y',c_o> \neq 0$.

D'après (8) on a :

$$[0/n] = \frac{a_o}{\sum_{i=0}^{n} b_i x^i} = \left[\sum_{i=0}^{n} d_i x^i\right]^{-1} = \frac{y'^{-1}}{<\sum_{i=0}^{n} d_i x^i, y'^{-1}>}$$

ou encore :

$$[0/n] = \frac{a_o}{\sum_{i=0}^{n} b_i x^i} = \frac{y'^{-1}}{\sum_{i=0}^{n} e_i x^i}$$ en utilisant le fait que $<y',y'^{-1}> = 1$

On obtient donc :

$$a_o = y'^{-1}$$

$$b_i = e_i \quad \text{pour} \quad i=0,\ldots,n$$

On pourra rapprocher l'inverse généralisé d'une série de puissances formelle tel que nous venons de le définir de celui donné par Wynn dans le cas où $E = \mathbb{R}^n$ [201].

L'inverse de f(x) étant défini de la façon précédente nous pouvons maintenant énoncer la :

Propriété 42 : Si $<y',c_o> \neq 0$ *alors*

$$[q/p]_{f^{-1}}(x) = 1 / [p/q]_f(x)$$

Démonstration : On a :

$$1/[p/q]_f(x) = \left\{\frac{\sum_{i=0}^{p} a_i x^i}{\sum_{i=0}^{q} b_i x^i}\right\}^{-1} = \frac{y' \sum_{i=0}^{q} b_i x^i}{<y', \sum_{i=0}^{p} a_i x^i>}$$

et $$f^{-1}(x) = \frac{y'}{<y', \sum_{i=0}^{\infty} c_i x^i>}$$

d'autre part :

$$\frac{\sum_{i=0}^{q} b_i x^i}{<y', \sum_{i=0}^{p} a_i x^i>} - \frac{1}{<y', \sum_{i=0}^{\infty} c_i x^i>} = \frac{(\sum_{i=0}^{\infty} <y',c_i>x^i)(\sum_{i=0}^{q} b_i x^i) - \sum_{i=0}^{p} <y',a_i>x^i}{<y', \sum_{i=0}^{p} a_i x^i> \quad <y', \sum_{i=0}^{\infty} c_i x^i>}$$

Le numérateur de cette expression est égal a :

$$<y',c_o> b_o + \{<y',c_1> b_o + <y',c_o> b_1\} x + \ldots + \{<y',c_p> b_o + \ldots + <y',c_o>b_p\} x^p$$
$$+ \{b_o <y',c_{p+1}> + \ldots + b_q <y',c_{p-q+1}>\}x^{p+1} + \ldots + \{b_o <y',c_{p+q}> + \ldots + b_q <y',c_p>\} x^{p+q}$$
$$+ Ax^{p+q+1} - \sum_{i=0}^{p} <y',a_i> x^i$$

Or, d'après les relations (10), on a :

$$<y',c_o> b_o = <y',a_o>$$
$$<y',c_1> b_o + <y',c_o> b_1 = <y',a_1>$$
$$- - - - - - - - - - - - - - - - - - - -$$
$$<y',c_p> b_o + \ldots + <y',c_o> b_p = <y',a_p>$$

D'autre part, d'après le système (9), on voit que les coefficients de $x^{p+1},\ldots,x^{p+q}$ sont nuls. Par conséquent on a :

$$1/[p/q]_f(x) - f^{-1}(x) = A'x^{p+q+1} \qquad \text{avec} \qquad A' \in E'$$

ce qui démontre la propriété par définition des approximants de Padé puisque le numérateur de $1/[p/q]_f(x)$ est de degré q et que son dénominateur est de degré p.

On voit donc que la table de Padé généralisée que nous venons de définir possède les mêmes propriétés que la table de Padé ordinaire.

Venons-en maintenant à l'ε-algorithme topologique.

Le calcul des déterminants intervenant dans (5) est difficile dès que k devient élevé. Nous allons donc maintenant étudier un procédé récursif pour éviter le calcul de ces déterminants. Ce procédé sera une généralisation de l'ε-algorithme scalaire que l'on retrouve lorsque $E = \mathbb{R}$. Cet algorithme est basé sur le fait que les déterminants qui interviennent dans la relation (5) vérifient un certain nombre de propriétés analogues à celles vérifiées dans le cas scalaire.

Définissons d'abord les déterminants de Hankel généralisés.

Soit $\{u_n\}$ une suite d'éléments de E et y' un élément arbitraire de E'.

Nous poserons :

$$\tilde{H}_{k+1}^{(n)}(u_n) = \begin{vmatrix} u_n & \cdots\cdots\cdots & u_{n+k} \\ \langle y',\Delta u_n\rangle & \cdots\cdots & \langle y',\Delta u_{n+k}\rangle \\ \vdots & & \vdots \\ \langle y',\Delta u_{n+k}\rangle & \cdots & \langle y',\Delta u_{n+2k}\rangle \end{vmatrix} \quad \text{pour } k=0,1,\ldots$$

et nous appelerons $\tilde{H}_{k+1}^{(n)}(u_n)$ déterminant de Hankel généralisé ; on voit que c'est un élément de E défini par la combinaison linéaire de $u_n,\ldots,u_{n+k}$ obtenue en développant ce déterminant à l'aide des règles habituelles de calcul d'un déterminant.

Nous poserons :

$$H_{k+1}^{(n)}(u_n) = \langle y',\tilde{H}_{k+1}^{(n)}(u_n)\rangle$$

On voit que $H_{k+1}^{(n)}(u_n)$ n'est autre que le déterminant de Hankel classique de la suite scalaire $\{\langle y',u_n\rangle\}$.

Avec ces notations on voit que (5) s'écrit :

$$e_k(S_n) = \frac{\tilde{H}_{k+1}^{(n)}(S_n)}{H_k^{(n)}(\Delta^2 S_n)}$$

L'identité entre l'ε-algorithme scalaire et la transformation de Shanks repose sur le développement de Schweins du quotient de deux déterminants. La condensation d'un déterminant, les identités extentionnelles et le développement de Schweins s'obtiennent par combinaison linéaire des lignes ou des colonnes des déterminants mis en jeu [2]. Ces propriétés s'étendent donc immédiatement aux déterminants de Hankel généralisés que nous venons de définir. En particulier en effectuant un développement de Schweins on obtient la :

Propriété 43 :

$$e_{k+1}(S_n) - e_k(S_n) = - \frac{H_{k+1}^{(n)}(\Delta S_n)\ \tilde{H}_{k+1}^{(n)}(\Delta S_n)}{H_{k+1}^{(n)}(\Delta^2 S_n)\ H_k^{(n)}(\Delta^2 S_n)}$$

On voit que cette propriété est une généralisation d'une propriété bien connue dans le cas scalaire et que l'on retrouve immédiatement en écrivant que :

$$\langle y', e_{k+1}(S_n) - e_k(S_n)\rangle = - \frac{[H_{k+1}^{(n)}(\Delta S_n)]^2}{H_{k+1}^{(n)}(\Delta^2 S_n)\ H_k^{(n)}(\Delta^2 S_n)}$$

De la relation (5) et de la propriété 8 on tire la :

Propriété 44 :

$$H_k^{(n)}(\Delta^2 S_n)\ \tilde{H}_{k+2}^{(n)}(S_n) - H_{k+1}^{(n)}(\Delta^2 S_n)\ \tilde{H}_{k+1}^{(n)}(S_n) = - H_{k+1}^{(n)}(\Delta S_n)\ \tilde{H}_{k+1}^{(n)}(\Delta S_n)$$

Donnons maintenant les relations de l'ε-algorithme topologique.

Les quantités avec un indice inférieur pair sont des éléments de E ; celles avec un indice inférieur impair appartiennent à E' :

$$\varepsilon_{-1}^{(n)} = 0 \in E' \qquad \varepsilon_o^{(n)} = S_n \in E \qquad n=0,1,\ldots$$

$$\varepsilon_{2k+1}^{(n)} = \varepsilon_{2k-1}^{(n+1)} + [\Delta\varepsilon_{2k}^{(n)}]^{-1} \qquad n,k=0,1,\ldots \qquad (11')$$

avec $$[\Delta\varepsilon_{2k}^{(n)}]^{-1} = \frac{y'}{<y',\Delta\varepsilon_{2k}^{(n)}>} \text{ et } y'^{-1} = \frac{\Delta\varepsilon_{2k}^{(n)}}{<y',\Delta\varepsilon_{2k}^{(n)}>} \quad \text{où } y' \in E'$$

$$\varepsilon_{2k+2}^{(n)} = \varepsilon_{2k}^{(n+1)} + [\Delta\varepsilon_{2k+1}^{(n)}]^{-1} \qquad n,k=0,1,\ldots \qquad (11")$$

avec $$[\Delta\varepsilon_{2k+1}^{(n)}]^{-1} = \frac{y'^{-1}}{<\Delta\varepsilon_{2k+1}^{(n)},y'^{-1}>} = \frac{\Delta\varepsilon_{2k}^{(n)}}{<\Delta\varepsilon_{2k+1}^{(n)},\Delta\varepsilon_{2k}^{(n)}>}$$

Appelons (11) l'ensemble des relations (11') et (11") qui définissent l'ε-algorithme topologique. D'après la définition de l'inverse d'un couple de E × E' donnée précédemment on voit que $\{[\Delta\varepsilon_{2k}^{(n)}]^{-1}\}^{-1} = \Delta\varepsilon_{2k}^{(n)}$. D'après le premier exemple de l'inverse d'un couple on a également $\{[\Delta\varepsilon_{2k+1}^{(n)}]^{-1}\}^{-1} = \Delta\varepsilon_{2k+1}^{(n)}$. Les exemples 2 et 3 montrent que :

$$<[\Delta\varepsilon_{2k}^{(n)}]^{-1}, \Delta\varepsilon_{2k}^{(n)}> = 1$$

$$<\Delta\varepsilon_{2k+1}^{(n)}, [\Delta\varepsilon_{2k+1}^{(n)}]^{-1}> = 1$$

Dans ce qui suit l'inverse de y'^{-1} sera toujours pris par rapport au couple $(y'^{-1},[\Delta\varepsilon_{2k}^{(n)}]^{-1}) \in E \times E'$ afin d'avoir $(y'^{-1})^{-1}=y'$.

Nous allons maintenant relier l'algorithme (11) avec la généralisation de la transformation de Shanks que nous avons exposée précédemment. Le résultat fondamental est le suivant :

Théorème 105 :

$$\varepsilon_{2k}^{(n)} = e_k(S_n) \text{ et } \varepsilon_{2k+1}^{(n)} = [e_k(\Delta S_n)]^{-1} = \frac{y'}{<y',e_k(\Delta S_n)>} \quad \text{pour } n,k=0,1,\ldots$$

Démonstration : On a $\varepsilon_0^{(n)} = e_0(S_n) = S_n$ et d'après (11') :

$$\varepsilon_1^{(n)} = \frac{y'}{\langle y', \Delta S_n \rangle} = \frac{y'}{\langle y', e_0(\Delta S_n)\rangle} = [e_0(\Delta S_n)]^{-1}$$

Supposons avoir démontré les relations du théorème jusqu'à $\varepsilon_{2k-1}^{(n)}$ et $\varepsilon_{2k}^{(n)}$; nous allons montrer qu'elles restent encore vraies pour $\varepsilon_{2k+1}^{(n)}$ et $\varepsilon_{2k+2}^{(n)}$ $\forall n$. D'après (11') on a :

$$\varepsilon_{2k+1}^{(n)} = \frac{y'}{\langle y', e_k(\Delta S_n)\rangle} = \frac{y'}{\langle y', e_{k-1}(\Delta S_{n+1})\rangle} + \frac{y'}{\langle y', \Delta\varepsilon_{2k}^{(n)}\rangle}$$

En utilisant (5) on voit que cette relation n'est autre que celle de l'ε-algorithme scalaire multipliée par $y' \in E'$. Elle est donc vérifiée si (11") est satisfaite. La démonstration de 11" est calquée sur celle de l'ε-algorithme scalaire et nous ne la donnerons pas ici.

Remarque : On voit que seules sont intéressantes les quantités avec un indice inférieur pair ; les quantités avec un indice inférieur impair ne représentent que des calculs intermédiaires.

On a les propriétés évidentes suivantes.

<u>*Propriété 45*</u> :

$$e_{k+1}(S_n) = e_k(S_{n+1}) - \frac{\langle y', e_k(\Delta S_n)\rangle \langle y', e_k(\Delta S_{n+1})\rangle}{\langle y', \Delta e_k(S_n)\rangle \langle y', \Delta e_k(\Delta S_n)\rangle} \Delta e_k(S_n)$$

où l'opérateur Δ *porte toujours sur l'indice* n.

<u>*Propriété 46*</u> :

$$[\varepsilon_{k+2}^{(n-1)} - \varepsilon_k^{(n)}]^{-1} - [\varepsilon_k^{(n)} - \varepsilon_{k-2}^{(n+1)}]^{-1} = [\Delta\varepsilon_k^{(n)}]^{-1} - [\Delta\varepsilon_k^{(n-1)}]^{-1}$$

La démonstration de cette propriété est analogue à celle effectuée par Wynn dans le cas de l'ε-algorithme scalaire . Elle résulte du fait que l'inverse de l'inverse d'un élément de E ou de E' est l'élément lui-même.

Lorsque k est pair cette relation devient :

$$<y',\varepsilon_{2k+2}^{(n-1)} - \varepsilon_{2k}^{(n)}>^{-1} - <y',\varepsilon_{2k}^{(n)} - \varepsilon_{2k-2}^{(n+1)}>^{-1} = <y',\Delta\varepsilon_{2k}^{(n)}>^{-1} - <y',\Delta\varepsilon_{2k}^{(n-1)}>^{-1}$$

Comme on le voit cette relation ne fait intervenir que des colonnes paires du tableau de l'ε-algorithme. Nous avons vu que l'ε-algorithme permettait de construire la moitié supérieure de la table de Padé. L'autre moitié peut être construite à l'aide de cette relation en partant des conditions aux limites :

$$[-1/q] = 0$$
$$<y',[p/-1]> = \infty$$
$$[p/0] = \sum_{i=0}^{p} c_i x^i$$
$$[0/q] = \left(\sum_{i=0}^{q} d_i x^i\right)^{-1}$$

où $\sum_{i=0}^{\infty} d_i x^i = [\sum_{i=0}^{\infty} c_i x^i]^{-1}$ où $c_i \in E$, $d_i \in E'$ et $x \in K$.

En termes de table de Padé, cette relation s'écrit :

$$([p/q+1] - [p/q])^{-1} - ([p/q] - [p/q-1])^{-1} = ([p+1/q] - [p/q])^{-1} - ([p/q] - [p-1/q])^{-1}$$

où l'inverse est pris par rapport à y'.

Propriété 47 : *Si l'application de l'ε-algorithme (11) aux suites* $\{S_n\}$ *et* $\{aS_n + b\}$ avec $a \neq 0 \in K$ et $b \in E$ *fournit respectivement les éléments* $\varepsilon_k^{(n)}$ *et* $\bar{\varepsilon}_k^{(n)}$ *alors on a* :

$$\bar{\varepsilon}_{2k}^{(n)} = a\varepsilon_{2k}^{(n)} + b \quad \textit{et} \quad \bar{\varepsilon}_{2k+1}^{(n)} = \varepsilon_{2k+1}^{(n)}/a$$

Démonstration : La relation sur les colonnes paires n'est autre que la propriété 1. La relation sur les colonnes impaires provient du théorème 6 et de la propriété 1.

Propriété 48 : Si on applique l'ε-algorithme topologique(11) à une suite $\{S_n\}$ d'éléments de E qui vérifie :

$$\sum_{i=0}^{k} a_i S_{n+i} = 0 \qquad \forall\, n > N$$

avec $\sum_{i=0}^{k} a_i \neq 0$, *alors :*

$$<\varepsilon_1^{(n)},\varepsilon_0^{(n)}> - <\varepsilon_1^{(n)},\varepsilon_2^{(n)}> + <\varepsilon_3^{(n)},\varepsilon_2^{(n)}> - \ldots + <\varepsilon_{2k-1}^{(n)},\varepsilon_{2k-2}^{(n)}> = - \sum_{i=1}^{k} i a_i / \sum_{i=0}^{k} a_i \quad \forall\, n>N.$$

Démonstration : on a, d'après (11) :

$$<\varepsilon_{2i+1}^{(n)} - \varepsilon_{2i-1}^{(n+1)}, \Delta\varepsilon_{2i}^{(n)}> = 1$$

$$<\Delta\varepsilon_{2i+1}^{(n)}, \varepsilon_{2i+2}^{(n)} - \varepsilon_{2i}^{(n+1)}>= 1$$

On a donc la même propriété que dans le cas de l'ε-algorithme scalaire mais où le produit ordinaire est remplacé par le produit de dualité. La démonstration reste donc la même que celle effectuée par Bauer [15] pour l'invariance de la somme quelque soit n et que celle de Wynn [195] pour la valeur numérique de la constante.

Remarque : Les relations (11) n'englobent pas les relations de l'ε-algorithme vectoriel défini par Wynn . En effet d'après cet algorithme on a :

$$\varepsilon_2^{(n)} = \{S_{n+2}(\Delta S_n,\Delta S_n) - 2S_{n+1}(\Delta S_{n+1},\Delta S_n) + S_n(\Delta S_{n+1},\Delta S_{n+1})\}/(\Delta^2 S_n,\Delta^2 S_n).$$

D'après (5) on voit ici que $e_1(S_n)$ est une combinaison de S_n et de S_{n+1} seulement.

Dans cet ε-algorithme vectoriel Wynn utilise comme définition de l'inverse y^{-1} de $y \in \mathbb{C}^p$: $y^{-1} = \bar{y}/(y,y)$. Dans [214], Wynn a émis la conjecture que l'on pouvait également utiliser la définition $y^{-1} = \bar{y}/(y,Dy)$ où D est une matrice symétrique et que la propriété du théorème 1 restait vraie. Greville [105] a montré que cette conjecture était fausse. On voit, à l'aide de l'étude précédente, que cela tient au fait que $(y,y^{-1}) \neq 1$ et au fait que $(y,y)(y^{-1},y^{-1}) \neq 1$. C'est pour la même raison que l'ε-algorithme normé (paragraphe V-2) ne vérifie pas la propriété du théorème 100 pour $k>1$.

Etudions maintenant la convergence de cet algorithme.

D'après (11") on a :

$$\varepsilon_{2k+2}^{(n)} = \varepsilon_{2k}^{(n+1)} + \frac{\Delta\varepsilon_{2k}^{(n)}}{<\Delta\varepsilon_{2k+1}^{(n)},\Delta\varepsilon_{2k}^{(n)}>}$$

$$= \varepsilon_{2k}^{(n+1)}\left\{ 1 + \frac{1}{<\Delta\varepsilon_{2k+1}^{(n)},\Delta\varepsilon_{2k}^{(n)}>} \right\} - \frac{\varepsilon_{2k}^{(n)}}{<\Delta\varepsilon_{2k+1}^{(n)},\Delta\varepsilon_{2k}^{(n)}>}$$

d'où immédiatement le :

<u>*Théorème 106*</u> : *Supposons que* $\lim_{n\to\infty} \varepsilon_{2k}^{(n)} = S$. *Si* $\exists\ \alpha' < 0 < \beta'$ *tels que*

$$<\Delta\varepsilon_{2k+1}^{(n)},\Delta\varepsilon_{2k}^{(n)}> \notin [\alpha',\beta'] \qquad \forall\ n > N$$

alors $\lim_{n\to\infty} \varepsilon_{2k+2}^{(n)} = S$.

Remarque 1 : Prenons $k=0$ dans le théorème . Alors la condition devient :

$$<\Delta\varepsilon_{1}^{(n)},\Delta S_n> = \frac{<y',\Delta S_n>}{<y',\Delta S_{n+1}>} - 1 \notin [\alpha',\beta']$$

ou, en d'autres termes, si $\exists\ \alpha < 1 < \beta$ tels que :

$$\frac{<y',\Delta S_{n+1}>}{<y',\Delta S_n>} \notin [\alpha,\beta] \qquad \forall\ n > N$$

alors $\lim_{n\to\infty} \varepsilon_{2}^{(n)} = S$.

On retrouve ainsi un résultat analogue à ceux obtenus dans le cas de l'ε-algorithme ordinaire [38] et dans le cas de sa généralisation à un espace de Banach [40].

<u>*Théorème 107*</u>: *Si* $\lim_{n\to\infty} \varepsilon_{2k}^{(n)} = S$, *si* $\lim_{n\to\infty} <\Delta\varepsilon_{2k+1}^{(n)},\Delta\varepsilon_{2k}^{(n)}> = a \neq 0$

et si $\lim_{n\to\infty} \frac{<z',\varepsilon_{2k}^{(n)}-S>}{<z',\varepsilon_{2k}^{(n+1)}-S>} = 1+a$ *avec* $z' \in E'$ *alors* $\lim_{n\to\infty} \varepsilon_{2k+2}^{(n)} = S$

et de plus :

$$\lim_{n\to\infty} \frac{<z',\varepsilon_{2k+2}^{(n)}-S>}{<z',\varepsilon_{2k}^{(n+1)}-S>} = 0$$

Démonstration : Il est évident, d'après le théorème 106, que $\lim_{n\to\infty} \varepsilon_{2k+2}^{(n)} = S$.

D'autre part on a :

$$<z',\varepsilon_{2k+2}^{(n)}-S> = <z',\varepsilon_{2k}^{(n+1)} - S> + \frac{<z',\varepsilon_{2k}^{(n+1)}-S> - <z',\varepsilon_{2k}^{(n)}-S>}{<\Delta\varepsilon_{2k+1}^{(n)},\Delta\varepsilon_{2k}^{(n)}>}$$

d'où :

$$\frac{<z',\varepsilon_{2k+2}^{(n)}-S>}{<z',\varepsilon_{2k}^{(n+1)}-S>} = 1 + \frac{1 - \dfrac{<z',\varepsilon_{2k}^{(n)}-S>}{<z',\varepsilon_{2k}^{(n+1)}-S>}}{<\Delta\varepsilon_{2k+1}^{(n)},\Delta\varepsilon_{2k}^{(n)}>}$$

Ce qui termine la démonstration du théorème.

Remarque 2 : Pour k=0 le théorème précédent nous donne :

si $$\lim_{n\to\infty} \frac{<z',S_{n+1}-S>}{<z',S_n - S>} = \lim_{n\to\infty} \frac{<y',\Delta S_{n+1}>}{<y',\Delta S_n>} = b \neq 1$$

alors $\lim_{n\to\infty} \varepsilon_2^{(n)} = S$ et, de plus :

$$\lim_{n\to\infty} \frac{<z',\varepsilon_2^{(n)} - S>}{<z',S_{n+1}-S>} = 0$$

On pourra de nouveau comparer avec les résultats de [40].

Si la suite $\{<y',S_n>\}$ est totalement monotone ou totalement oscillante alors les quantités $<y',\varepsilon_k^{(n)}>$ vérifient les inégalités qui ont été démontrées dans le cas scalaire et l'on a les résultats de convergence pour $\{<y',\varepsilon_{2k}^{(n)}>\}$ mais pas pour $\{\varepsilon_{2k}^{(n)}\}$.

Si la condition du théorème 107 n'est pas vérifiée, il est possible d'introduire dans l'algorithme un paramètre d'accélération, de caractériser sa valeur optimale et de construire un Θ-algorithme topologique en suivant la même démarche que dans le cas scalaire.

Dans la première généralisation de la transformation de Shanks que nous venons d'étudier $e_k(S_n)$ était calculé en résolvant le système (4) puis par $e_k(S_n) = a_0 S_n + \ldots + a_k S_{n+k}$. Il est évident, qu'au lieu d'utiliser la seconde des équations du système (2), on peut utiliser n'importe laquelle des autres équations et, en particulier, la dernière ; on obtiendra ainsi :

$$\tilde{e}_k(S_n) = a_0 S_{n+k} + \ldots + a_k S_{n+2k}$$

ce qui s'écrit encore :

$$\tilde{e}_k(S_n) = \frac{\begin{vmatrix} S_{n+k} & \cdots & S_{n+2k} \\ \langle y', \Delta S_n \rangle & \cdots & \langle y', \Delta S_{n+k} \rangle \\ \text{-----} & & \text{-----} \\ \langle y', \Delta S_{n+k-1} \rangle & \cdots & \langle y', \Delta S_{n+2k-1} \rangle \end{vmatrix}}{\begin{vmatrix} 1 & \cdots & 1 \\ \langle y', \Delta S_n \rangle & \cdots & \langle y', \Delta S_{n+k} \rangle \\ \text{-----} & & \text{-----} \\ \langle y', \Delta S_{n+k-1} \rangle & \cdots & \langle y', \Delta S_{n+2k-1} \rangle \end{vmatrix}} \qquad (12)$$

Pour cette seconde généralisation de la transformation de Shanks, le théorème 100 ainsi que les propriétés 36 et 37 sont vérifiées. Il est bien évident que (5) et (12) ne sont pas indépendants ; on a :

Propriété 49 : $\langle y', e_k(S_n) \rangle = \langle y', \tilde{e}_k(S_n) \rangle = e_k(\langle y', S_n \rangle)$

La démonstration est évidente par combinaison linéaire des lignes du numérateur de (12). Le dernier terme de cette double égalité représente la transformation habituelle de Shanks appliquée à la suite de scalaires $\langle y', S_n \rangle$. Cette propriété montre que l'on retrouve la transformation de Shanks ordinaire lorsque $E = \mathbb{R}$. On a également le résultat suivant qui est l'équivalent du résultat de Gilewicz déjà cité [90].

Propriété 50 : Soient $e_k(S_n)$ *et* $\tilde{e}_k(S_n)$ *les éléments de* E *obtenus en appliquant respectivement (5) et (12) aux* 2k+1 *éléments successifs* $S_n, S_{n+1}, \ldots, S_{n+2k}$. *Soient* $e_k(u_n)$ et $\tilde{e}_k(u_n)$ *les éléments de* E *obtenus en appliquant respectivement (5) et (12) aux* 2k+1 *éléments successifs* $u_n = S_{n+2k}, u_{n+1} = S_{n+2k-1}, \ldots, u_{n+2k} = S_n$. *Alors on a :*

$$e_k(S_n) = \tilde{e}_k(u_n)$$

et

$$e_k(u_n) = \tilde{e}_k(S_n)$$

La démonstration de cette propriété est évidente à partir de (5) et (12).

Si on applique (12) aux sommes partielles de la série formelle $f(x) = \sum_{i=0}^{\infty} c_i x^i$ avec $x \in K$ et $c_i \in E$ alors (12) nous fournit une seconde généralisation de la table de Padé. En effet en remplaçant S_n par sa valeur et en effectuant les mêmes transformations que précédemment on trouve que le numérateur de $\tilde{e}_k(S_n)$ est de degré n+2k par rapport à x et que son dénominateur est de degré k. On a :

$$<y', \tilde{e}_k(S_n)> - <y', f(x)> = 0(x^{n+2k+1})$$

et $\quad \tilde{e}_k(S_n) - f(x) = Ax^{n+2k+1}$ avec $A \in E$.

On notera donc symboliquement :

$$\tilde{e}_k(S_n) = [n+2k/k]$$

Par analogie l'approximant de Padé généralisé sera défini par :

$$[p/q] = \frac{\begin{vmatrix} \sum_{i=0}^{p-q} c_i x^{q+i} & \cdots\cdots\cdots & \sum_{i=0}^{p} c_i x^i \\ <y', c_{p-2q+1}> & \cdots\cdots & <y', c_{p-q+1}> \\ - - - - & - - - - & - - - - \\ <y', c_{p-q}> & & <y', c_p> \end{vmatrix}}{\begin{vmatrix} x^q & \cdots\cdots\cdots\cdots\cdots & 1 \\ <y', c_{p-2q+1}> & \cdots\cdots & <y', c_{p-q+1}> \\ - - - - & - - - - & - - - - \\ <y', c_{p-q}> & \cdots\cdots\cdots & <y', c_p> \end{vmatrix}} \qquad (13)$$

avec $c_i = 0 \in E_i$ si $i < 0$.

Remarque : D'après (13) on voit que [p/q] n'est défini que pour $p-q+1 \geq 0$. On ne peut donc ainsi construire que la moitié de la table de Padé généralisée. Cette restriction sera toujours sous entendue dans la suite du paragraphe.

Les approximants sont de la forme :

$$[p/q] = \frac{\sum_{i=0}^{p} a_i x^i}{\sum_{i=0}^{q} b_i x^i} \qquad \text{avec } a_i \in E \text{ et } b_i \in \mathbb{C}$$

Le calcul des b_i s'effectue comme précédemment en résolvant le système :

$$\begin{array}{l} b_0 \langle y',c_{p-q+1}\rangle + b_1 \langle y',c_{p-1}\rangle + \ldots + b_q \langle y',c_{p-2q+1}\rangle = 0 \\ - \\ b_0 \langle y',c_p\rangle \quad + b_1 \langle y',c_{p-1}\rangle + \ldots + b_q \langle y',c_{p-q+1}\rangle = 0 \end{array} \qquad (14)$$

avec $b_0=1$. Puis les $a_i \in E$ sont calculés à l'aide des relations (10).

Comme pour la généralisation de la table de Padé étudiée au second paragraphe, on voit que l'on a pour la même raison :

$$\langle y',[p/q]\rangle - \langle y',f(x)\rangle = 0(x^{p+q+1})$$

et

$$[p/q] - f(x) = Ax^{p+1}$$

On a les résultats suivants :

Théorème 108 : *Une condition nécessaire et suffisante pour que [p/q] défini par (14) et (10) existe est que :*

$$H_q^{(p-2q+1)}(\langle y',c_{p-2q+1}\rangle) \neq 0$$

Théorème 109 : *S'il existe, [p/q] défini par (14) et (10), est unique.*

On peut calculer (12) au moyen d'un procédé récursif analogue à la généralisation (11) de l'ε-algorithme :

$$\varepsilon_{-1}^{(n)} = 0 \qquad \varepsilon_0^{(n)} = S_n \qquad n = 0,1,\ldots$$

$$\varepsilon_{2k+1}^{(n)} = \varepsilon_{2k-1}^{(n+1)} + \frac{y'}{\langle y', \Delta\varepsilon_{2k}^{(n)}\rangle} \qquad n,k=0,1,\ldots \qquad (15')$$

$$\varepsilon_{2k+2}^{(n)} = \varepsilon_{2k}^{(n+1)} + \frac{\Delta\varepsilon_{2k}^{(n+1)}}{\langle \Delta\varepsilon_{2k+1}^{(n)}, \Delta\varepsilon_{2k}^{(n+1)}\rangle} \qquad n,k=0,1,\ldots \qquad (15'')$$

où y'^{-1} qui intervient dans le calcul de $\varepsilon_{2k+2}^{(n)}$ est défini par :

$$y'^{-1} = \frac{\Delta\varepsilon_{2k}^{(n+1)}}{\langle y', \Delta\varepsilon_{2k}^{(n+1)}\rangle}$$

On a le résultat fondamental suivant :

Théorème 110: $\varepsilon_{2k}^{(n)} = \tilde{e}_k(S_n)$ et $\varepsilon_{2k+1}^{(n)} = [\tilde{e}_k(\Delta S_n)]^{-1} = \dfrac{y'}{\langle y', \tilde{e}_k(\Delta S_n)\rangle}$

Cette seconde généralisation de l'ε-algorithme possède des propriétés analogues à celles de la première généralisation (11) ; nous ne le retranscrirons pas ici.

Il faut remarquer que, dans le cas où $E = \mathbb{C}^p$, les relations (15) n'englobent pas les relations de l'ε-algorithme vectoriel. Cet algorithme ne semble pas devoir rentrer dans le cadre des généralisations que nous avons étudiées et ceci même en effectuant des combinaisons linéaires entre les diverses généralisations que l'on peut obtenir en utilisant les différentes équations du système (2) pour calculer $e_k(S_n)$.

On peut, pour cette seconde généralisation de l'ε-algorithme, démontrer des résultats de convergence analogues à ceux du paragraphe 5. Les théorèmes sur les suites totalement monotones ou totalement oscillantes sont encore vrais. Il est également possible d'introduire dans l'algorithme (15) un paramètre d'accélération de la convergence et de caractériser sa valeur optimale ; on peut aussi définir un Θ-algorithme en remplaçant la valeur optimale de ce paramètre d'accélération par son approximation. L'établissement de ces résultats est laissé au lecteur.

Supposons que la suite $\{S_n\}$ vérifie encore la relation (1). Comme précédemment on veut calculer S.

Soient $y_1', \ldots, y_k' \in E'$. Alors on a :

$$\begin{aligned} a_0 + a_1 + \cdots\cdots + a_k &= 1 \\ a_0 \langle y_1', \Delta S_n \rangle + \cdots + a_k \langle y_1', \Delta S_{n+k} \rangle &= 0 \\ \cdots\cdots\cdots\cdots\cdots\cdots \\ a_0 \langle y_k', \Delta S_n \rangle + \cdots + a_k \langle y_k', \Delta S_{n+k} \rangle &= 0 \end{aligned} \qquad (16)$$

Par conséquent, si le déterminant de ce système est différent de zéro, on obtient :

$$S = \frac{\begin{vmatrix} S_n & \cdots\cdots & S_{n+k} \\ \langle y_1', \Delta S_n \rangle & \cdots\cdots & \langle y_1', \Delta S_{n+k} \rangle \\ \cdots & \cdots & \cdots \\ \langle y_k', \Delta S_n \rangle & \cdots\cdots & \langle y_k', \Delta S_{n+k} \rangle \end{vmatrix}}{\begin{vmatrix} 1 & \cdots\cdots & 1 \\ \langle y_1', \Delta S_n \rangle & \cdots\cdots & \langle y_1', \Delta S_{n+k} \rangle \\ \cdots & \cdots & \cdots \\ \langle y_k', \Delta S_n \rangle & \cdots\cdots & \langle y_k', \Delta S_{n+k} \rangle \end{vmatrix}} = \bar{e}_k(S_n) \qquad (17)$$

On voit que l'on a immédiatement le :

<u>*Théorème 111*</u> : *Une condition nécessaire pour que le déterminant situé au dénominateur de (17) soit différent de zéro est que* $y_1', \ldots, y_k'$ *soient linéairement indépendants.*

Remarque 1 : Si E est de dimension p et si k>p alors la condition du théorème précédent n'est pas satisfaite. Dans ce cas on doit utiliser les généralisations (5) ou (12) étudiées dans les paragraphes précédents ; ceci est en particulier vrai lorsque $E = \mathbb{R}$: (17) est impossible à utiliser si $k > 1$; (5) et (12) se réduisent alors à la transformation de Shanks habituelle. On voit que cette remarque restreint singulièrement les possibilités d'utilisation de cette généralisation dans le cas vectoriel.

Remarque 2 : Dans le cas où (17) est applicable (c'est-à-dire lorsque son dénominateur est différent de zéro) on voit que seuls sont nécessaires les éléments $S_n, \ldots, S_{n+k+1}$ alors que l'utilisation de (5) ou (12) demande la connaissance de $S_n, \ldots, S_{n+2k}$.

Pour cette troisième généralisation $\bar{e}_k(S_n)$ de la transformation de Shanks le théorème 100 ainsi que les propriétés 36 et 37 restent vérifiées.

Considérons de nouveau la série formelle :

$$f(x) = \sum_{i=0}^{\infty} c_i x^i$$

avec $x \in K$ et $c_i \in E$. Si l'on prend comme suite $\{S_n\}$ les sommes partielles de $f(x)$:

$$S_n = \sum_{i=0}^{n} c_i x^i$$

alors (17) nous fournit une troisième généralisation de la table de Padé définie par :

$$[p/q] = \frac{\begin{vmatrix} \sum_{i=0}^{p-q} c_i x^{q+i} & \cdots\cdots & \sum_{i=0}^{p} c_i x^i \\ \langle y_1', c_{p-q+1}\rangle & \cdots\cdots & \langle y_1', c_{p+1}\rangle \\ - - - & & - - - \\ \langle y_k', c_{p-q+1}\rangle & \cdots\cdots & \langle y_k', c_{p+1}\rangle \end{vmatrix}}{\begin{vmatrix} x^q & \cdots\cdots\cdots & 1 \\ \langle y_1', c_{p-q+1}\rangle & \cdots\cdots & \langle y_1', c_{p+1}\rangle \\ - - - & & - - - \\ \langle y_k', c_{p-q+1}\rangle & \cdots\cdots & \langle y_k', c_{p+1}\rangle \end{vmatrix}}$$

avec la convention que $c_i = 0 \in E$ si $i < 0$. Pour que ces approximants soient définis il faut donc que : $p \geq q-1$; cette restriction sera par conséquent toujours sous entendue par la suite.

Les approximants sont de la forme :

$$[p/q] = \frac{\sum_{i=0}^{p} a_i x^i}{\sum_{i=0}^{q} b_i x^i} \quad \text{avec } a_i \in E \quad \text{et} \quad b_i \in \mathbb{C}$$

Le calcul des a_i et des b_i s'effectue comme pour la première généralisation de la table de Padé étudiée précédemment. En prenant $b_0=1$ on trouve les b_i comme solution du système :

$$b_0 \langle y_1', c_{p+1} \rangle + b_1 \langle y_1', c_p \rangle + \ldots + b_q \langle y_1', c_{p-q+1} \rangle = 0$$
$$- -$$
$$b_0 \langle y_q', c_{p+1} \rangle + b_1 \langle y_q', c_p \rangle + \ldots + b_q \langle y_q', c_{p-q+1} \rangle = 0$$

Puis les a_i sont calculés à partir des relations (10).

On a les mêmes résultats théoriques que pour les première et seconde généralisations de la table de Padé : théorèmes 101,102, et 103, propriétés 38, 39 et 40.

Remarque : Puisque l'on doit avoir $p \geq q-1$ seule la moitié de cette table de Padé est définie. Il est par conséquent inutile d'étudier dans ce cas la série inverse de $f(x)$.

Le calcul effectif de $\bar{e}_k(S_n)$ à partir de (17) est difficile dès que k vaut 4 ou 5. Il est donc nécessaire d'éviter ce calcul à l'aide d'un algorithme analogue aux généralisations (11) et (15) de l'ε-algorithme. Un tel algorithme n'a pas encore été obtenu. Il est cependant toujours possible de calculer numériquement $\bar{e}_k(S_n)$ en résolvant le système (16) dont les inconnues sont $a_0, \ldots, a_k$ puis en écrivant que :

$$\bar{e}_k(S_n) = a_0 S_n + a_1 S_{n+1} + \ldots + a_k S_{n+k}$$

Cette façon de procéder est à rapprocher d'une méthode utilisée par Henrici [110, paragraphe 5-9 page 115] pour résoudre les systèmes d'équations non linéaires par un procédé qui étend à plusieurs dimensions la formule de Steffensen (dans ce cas il faut prendre comme y'_i dans (17) le $i^{ème}$ vecteur de base de $\mathbb{R}^k$). On pourra également comparer la méthode d'Henrici avec celle proposée au paragraphe V-4 qui est basée sur l'utilisation de l'ε-algorithme vectoriel.

L'utilisation d'une relation du type (17) est liée à la méthode des moments [184]. La connexion qui existe entre cette méthode et les procédés d'accélération de la convergence a été mise en évidence par Germain-Bonne [88] ; ce nouvel aspect de ces méthodes semble d'ailleurs devoir se développer. On voit également la liaison qui existe entre (17) et le procédé d'orthogonalisation de Schmidt lorsque E est un espace de Hilbert et que $y'_1 = \Delta S_n, \ldots, y'_k = \Delta S_{n+k-1}$.

Dans les applications, c'est évidemment le cas vectoriel qui est le plus important. Tous les résultats des paragraphes V-3, V-4 et V-5 sont encore valables pour les deux ε-algorithmes topologiques puisque leurs démonstrations reposent uniquement sur le théorème de Wynn-McLeod.L'avantage des ε-algorithmes topologiques est que l'on connaît les $e_k(S_n)$ sous forme d'un rapport de déterminants ; cela nous a permis d'obtenir un certain nombre de résultats qui restent encore à démontrer dans le cas de l'ε-algorithme vectoriel. Il a d'autre part été possible de rattacher le premier ε-algorithme topologique à la méthode des moments et par là à la méthode du gradient conjugué et à la théorie des polynômes orthogonaux. Cette étude n'est pas encore achevée actuellement mais elle devrait fournir un cadre théorique à l'ε-algorithme et à la table de Padé et permettre d'englober tous les résultats connus.

Remarque 1: Dans l'ε-algorithme vectoriel utilisé par Wynn l'inverse d'un vecteur $y \in \mathbb{C}^p$ est définit par $y^{-1} = \bar{y}/(y,y)$. Dans cet algorithme, si l'on remplace, dans y^{-1}, $\bar{y}$ par y alors les vecteurs d'indice inférieur pair restent inchangés alors que les vecteurs d'indice inférieur impair sont remplacés par leurs conjugués. On remarquera, que dans les algorithmes que nous venons d'étudier, le conjugué d'un élément de E n'apparait jamais.

Remarque 2:Les algorithmes (11) et (15) peuvent être utilisés de façon similaire à celle décrite au paragraphe V-5 pour calculer les valeurs propres d'un endomorphisme de E lorsque celui-ci est normal et compact. Les algorithmes (11) et (15) peuvent également être utilisés pour résoudre des équations de point fixe de la forme $x = Ax + b$ où A est un endomorphisme de E normal, compact et de rang fini. Une telle méthode est à rapprocher de l'utilisation par Chisholm [55] de la table de Padé ordinaire pour résoudre certaines équations intégrales provenant de problèmes de mécanique quantique.

Les résultats présentés ici montrent que l'on peut généraliser de cette façon tous les algorithmes d'accélération de la convergence. Il n'y a en particulier aucune difficulté pour donner les règles des procédés p et q ainsi que des première et seconde généralisation de l'ε-algorithme et le ρ-algorithme . La suite auxiliaire $\{x_n\}$ qui intervient dans ces algorithmes est toujours une suite d'éléments de K.

Les procédés linéaires de sommation et, en particulier, l'extrapolation polynomiale de Richardson se généralisent immédiatement puisque la notion d'inverse d'un élément n'y intervient pas. On voit d'ailleurs que la base de la définition de l'ε-algorithme généralisé que nous avons donnée ici est la notion d'inverse d'un couple d'éléments l'un appartenant à E et l'autre à E'. On remarquera aussi que l'ensemble des généralisations que nous venons d'exposer dépend d'un élément arbitraire $y' \in E$ (ou d'une suite de tels éléments) ; il se pose dont le problème du choix optimal de cet élément y' (ou de cette suite d'éléments).

CHAPITRE VI

ALGORITHMES DE PREDICTION CONTINUE

Jusqu'à présent le problème auquel nous nous sommes intéressés était celui de l'estimation de la limite S de la suite convergente $\{S_n\}$ à partir des quantités S_n, ΔS_n, $\Delta^2 S_n$, ..., $\Delta^k S_n$ pour une certaine valeur de n. Dans ce chapitre nous étudierons le problème suivant : étant donnée $f : \mathbb{R} \to \mathbb{R}$ continue, suffisamment dérivable et telle que $\lim_{t\to\infty} f(t) = S$ existe et soit finie on veut estimer S à partir des quantités f(t), f'(t), f"(t), ..., $f^{(k)}(t)$ pour une certaine valeur de t.

On voit la ressemblance que présentent ces deux problèmes ; pour traiter le second problème on utilisera donc des formes spécialement adaptées des algorithmes que nous connaissons pour les suites : ce seront les formes confluentes des ε et ρ-algorithmes, etc ... Nous n'étudierons ici que la première forme confluente de l'ε-algorithme, la forme confluente du procédé d'Overholt et le développement en série de Taylor.

VI - 1 La première forme confluente de l'ε-algorithme

Cet algorithme a été obtenu par Wynn [239] de la façon suivante : dans la règle de l'ε-algorithme scalaire on remplace la variable discrète n par la variable continue $t = a + n.\Delta t$, puis $\varepsilon_{2k+1}^{(n)}$ par $\varepsilon_{2k+1}(t) / \Delta t$ et $\varepsilon_{2k}^{(n)}$ par $\varepsilon_{2k}(t)$ et ensuite on fait tendre Δt vers zéro. D'où la première forme confluente de l'ε-algorithme donc les règles sont les suivantes :

$$\varepsilon_{-1}(t) = 0 \qquad \varepsilon_0(t) = f(t)$$

$$\varepsilon_{k+1}(t) = \varepsilon_{k-1}(t) + \frac{1}{\varepsilon_k'(t)}$$

On peut démontrer, pour cet algorithme, des propriétés analogues à celle de l'ε-algorithme

<u>Propriété 51</u> : Si l'application de la première forme confluente de l'ε-algorithme aux fonctions f et af + b, où a et b sont des constantes avec $a \neq 0$, fournit respectivement les fonctions ε_k et $\bar{\varepsilon}_k$ alors :

$$\bar{\varepsilon}_{2k}(t) = a\,\varepsilon_{2k}(t) + b \qquad \bar{\varepsilon}_{2k+1}(t) = \varepsilon_{2k+1}(t) \,/\, a$$

démonstration : on a $\bar{\varepsilon}_0(t) = a\,\varepsilon_0(t) + b$ et $\bar{\varepsilon}'_0(t) = a\,\varepsilon'_0(t)$.

Donc

$$\bar{\varepsilon}_1(t) = \frac{1}{\bar{\varepsilon}'_0(t)} = \varepsilon_1(t) \,/\, a.$$

Supposons que la propriété soit vraie jusqu'aux fonctions d'indices 2k et 2k+1 et démontrons qu'elle est vraie pour les fonctions d'indices 2k+2 et 2k+3. On a :

$$\bar{\varepsilon}_{2k+2}(t) = \bar{\varepsilon}_{2k}(t) + \frac{1}{\bar{\varepsilon}'_{2k+1}(t)} = a\,\varepsilon_{2k}(t) + b + \frac{a}{\varepsilon'_{2k+1}(t)}$$

$$= a\,\varepsilon_{2k+2}(t) + b$$

De même :

$$\bar{\varepsilon}_{2k+3}(t) = \bar{\varepsilon}_{2k+1} + \frac{1}{\bar{\varepsilon}'_{2k+2}(t)}$$

$$= \frac{\varepsilon_{2k+1}(t)}{a} + \frac{1}{a\,\varepsilon'_{2k+2}(t)} = \frac{\varepsilon_{2k+3}(t)}{a}$$

<u>définition 23</u> : On appelle déterminants fonctionnels de Hankel les déterminants

$$H_0^{(n)}(t) = 1$$

$$H_k^{(n)}(t) = \begin{vmatrix} f^{(n)}(t) & f^{(n+1)}(t) & \dots & f^{(n+k-1)}(t) \\ \hline f^{(n+k-1)}(t) & f^{(n+k)}(t) & \dots & f^{(n+2k-2)}(t) \end{vmatrix}$$

Wynn [240] a démontré que l'on avait la :

<u>propriété 52</u> :

$$\varepsilon_{2k}(t) = \frac{H_{k+1}^{(0)}(t)}{H_k^{(2)}(t)} \qquad \varepsilon_{2k+1}(t) = \frac{H_k^{(3)}(t)}{H_{k+1}^{(1)}(t)}$$

la démonstration est analogue à celle effectuée pour l'ε-algorithme scalaire en utilisant un développement de Schweins. On notera également $\varepsilon_{2k}(t) = e_k(f,t)$.

Propriété 53 :

$$\varepsilon_{2k+2}(t) - \varepsilon_{2k}(t) = - \frac{[H_{k+1}^{(1)}(t)]^2}{H_k^{(2)}(t)\ H_{k+1}^{(2)}(t)}$$

Nous allons maintenant chercher les conditions que doit vérifier f pour que $\varepsilon_{2k}(t) = S$ $\forall t > T$. On a le :

Théorème 112 :

Une condition nécessaire et suffisante pour que $\varepsilon_{2k}(t) = S$ $\forall t > T$ est que f(t) vérifie :

$$\sum_{i=0}^{k} a_i\, f^{(i)}(t) = a_0 S \qquad \forall t > T \text{ avec } a_0 \neq 0$$

démonstration : démontrons que la condition est nécessaire ; d'après la propriété 52 on doit avoir :

$$S = \frac{H_{k+1}^{(0)}(t)}{H_k^{(2)}(t)} \qquad \forall t > T$$

or

$$H_k^{(2)}(t) = \begin{vmatrix} f''(t) & \ldots & f^{(k+1)}(t) \\ & & \\ \hline f^{(k+1)}(t) & \ldots & f^{(2k)}(t) \end{vmatrix} = \begin{vmatrix} 1 & f'(t) & \ldots & f^{(k)}(t) \\ 0 & f''(t) & \ldots & f^{(k+1)}(t) \\ \hline 0 & f^{(k+1)}(t) & \ldots & f^{(2k)}(t) \end{vmatrix}$$

d'où

$$\begin{vmatrix} f(t) - S & f'(t) & \ldots & f^{(k)}(t) \\ f'(t) & f''(t) & \ldots & f^{(k+1)}(t) \\ \hline f^{(k)}(t) & f^{(k+1)}(t) & \ldots & f^{(2k)}(t) \end{vmatrix} = 0$$

Ce déterminant est nul si et seulement s'il existe $a_0, \ldots, a_k$ non tous nuls tels que :

$$\begin{aligned} &a_0(f(t) - S) + a_1\, f'(t) + \ldots + a_k\, f^{(k)}(t) = 0 \\ &a_0\, f'(t) \quad + a_1\, f''(t) + \ldots + a_k\, f^{(k+1)}(t) = 0 \\ &\text{------------------------------------} \\ &a_0\, f^{(k)}(t) \quad + a_1\, f^{(k+1)}(t) + \ldots + a_k\, f^{(2k)}(t) = 0 \end{aligned}$$

ce qui démontre le théorème

D'où, immédiatement en résolvant cette équation différentielle :

Théorème 113 : une condition nécessaire et suffisante pour que $\varepsilon_{2k}(t) = S \; \forall t > T$ est que :

$$f(t) = S + \sum_{i=1}^{p} A_i(t)\, e^{r_i t} + \sum_{i=p+1}^{q} [B_i(t) \cos b_i t + C_i(t) \sin b_i t]\, e^{r_i t} \quad \text{pour } t > T \text{ avec}$$

$r_i \neq 0$ pour $i=1,\ldots,p$.

A_i, B_i et C_i sont des polynômes en t tels que si d_i est égal au degré de A_i plus un pour $i = 1, \ldots, p$ et au plus grand des degrés de B_i et de C_i plus un pour $i = p+1, \ldots, q$ on ait :

$$\sum_{i=1}^{p} d_i + 2 \sum_{i=p+1}^{q} d_i = k$$

La démonstration de ce théorème est évidente. On écrit tout simplement que f est la solution de l'équation différentielle du théorème 112.

Propriété 54 : Supposons que l'on applique la première forme confluente de l'ε-algorithme a $f(t) = S + \sum_{i=0}^{k} a_i\, e^{\lambda_i t}$

Si $S \neq 0$ et $Re(\lambda_1) > Re(\lambda_2) > \ldots > Re(\lambda_k) > 0$ alors

$$\lim_{t\to\infty} \frac{\varepsilon'_{2i}(t)}{\varepsilon_{2i}(t)} = \lambda_{i+1} \qquad i = 0, \ldots, k-1$$

$$\lim_{t\to\infty} \frac{\varepsilon'_{2i+1}(t)}{\varepsilon_{2i+1}(t)} = -\lambda_{i+1} \qquad i = 0, \ldots, k-1$$

Si $S = 0$ et $Re(\lambda_1) > Re(\lambda_2) > \ldots > Re(\lambda_k)$ alors les mêmes conclusions restent vraies.

Wynn [230] a démontré également la :

Propriété 55 : Si on applique la première forme confluente de l'ε-algorithme à une fonction f qui vérifie :

$$\sum_{i=0}^{k} a_i\, f^{(i)}(t) = 0$$

alors

$$\sum_{i=0}^{2k-2} (-1)^i\, \varepsilon_i(t)\, \varepsilon_{i+1}(t) = -a_1/a_0 \qquad \forall t$$

Nous ne donnerons pas la démonstration de ce résultat.

Propriété 56 : on a les relations suivantes :

$$H_{k+2}^{(n-1)}(t).\ H_k^{(n+1)}(t) + [H_{k+1}^{(n)}(t)]^2 = H_{k+1}^{(n-1)}(t)\ H_{k+1}^{(n+1)}(t)$$

$$\varepsilon'_{2k+1}(t) = -\frac{H_k^{(2)}(t)\ H_{k+1}^{(2)}(t)}{[H_{k+1}^{(1)}(t)]^2}$$

$$\varepsilon'_{2k}(t) = \frac{H_k^{(1)}(t)\ H_{k+1}^{(1)}(t)}{[H_k^{(2)}(t)]^2}$$

démonstration : d'après la propriété 53 on a :

$$\frac{H_{k+2}^{(0)}}{H_{k+1}^{(2)}} - \frac{H_{k+1}^{(0)}}{H_k^{(2)}} = -\frac{[H_{k+1}^{(1)}]^2}{H_k^{(2)}\ H_{k+1}^{(2)}}$$

ce qui donne la première propriété en remplaçant f par $f^{(n-1)}$.

On a :

$$\varepsilon_{2k+2}(t) - \varepsilon_{2k}(t) = \frac{1}{\varepsilon'_{2k+1}(t)} = -\frac{[H_{k+1}^{(1)}]^2}{H_k^{(2)}\ H_{k+1}^{(2)}}$$

Ce qui démontre la seconde propriété.

D'après ce qui précède on a :

$$H_{k+2}^{(1)}\ H_k^{(3)} - H_{k+1}^{(1)}\ H_{k+1}^{(3)} = -[H_{k+1}^{(2)}]^2$$

divisons par $H_{k+1}^{(1)}.\ H_{k+2}^{(1)}$; on obtient :

$$\frac{H_k^{(3)}}{H_{k+1}^{(1)}} - \frac{H_{k+1}^{(3)}}{H_{k+2}^{(1)}} = -\frac{[H_{k+1}^{(2)}]^2}{H_{k+1}^{(1)}\ H_{k+2}^{(1)}}$$

ou encore, d'après la propriété 52 :

$$\varepsilon_{2k+1}(t) - \varepsilon_{2k+3}(t) = -\frac{[H_{k+1}^{(2)}]^2}{H_{k+1}^{(1)}\ H_{k+2}^{(1)}} = -\frac{1}{\varepsilon'_{2k+2}(t)}$$

on peut donner pour la première forme confluente de l'ε-algorithme une interprétation analogue à celle donnée au paragraphe III.4 pour l'ε-algorithme scalaire.

L'application de la première forme confluente de l'ε-algorithme à f(t), f'(t), ..., $f^{(2k)}$ (t) revient à résoudre le système :

$$a_0\, f(t) + a_1\, f'(t) + \ldots + a_k\, f^{(k)}(t) = c \neq 0$$
$$a_0\, f'(t) + a_1\, f''(t) + \ldots + a_k\, f^{(k+1)}(t) = 0$$
$$\text{------------------------------------}$$
$$a_0\, f^{(k)}(t) + a_1\, f^{(k+1)}(t) + \ldots + a_k\, f^{(2k)}(t) = 0$$

puis à calculer $\frac{c}{a_0} = \varepsilon_{2k}(t)$. En effet on voit immédiatement que :

$$a_0 = \frac{c\, H_k^{(2)}(t)}{H_{k+1}^{(0)}(t)}$$

d'où

$$\varepsilon_{2k}(t) = \frac{H_{k+1}^{(0)}(t)}{H_k^{(2)}(t)} = \frac{c}{a_0}$$

on voit que si c est remplacé par ac où a est une constante non nulle alors a_0 est remplacé par a a_0. Par conséquent $\varepsilon_{2t}(t)$ est indépendant de c. On voit également que la condition $H_k^{(2)}(t) \neq 0$ est équivalente à la condition $a_0 \neq 0$

VI - 2 Etude de la convergence

Les théorèmes de convergence pour la première forme confluente de l'ε-algorithme ne sont pas encore nombreux. On a cependant les résultats suivants [20] :

Théorème 114 :

Si $\lim_{t\to\infty} \varepsilon_{2k}(t) = S$, si $\varepsilon'_{2k-1}(t) \leq 0$, $\forall\, t > T$ et si $\varepsilon''_{2k}(t) \geq 0$, $\forall\, t > T$ alors il existe une suite strictement croissante $\{t_n\}$ tendant vers l'infini telle que $\lim_{n\to\infty} \varepsilon_{2k+2}(t_n) = S$.

démonstration : elle est calquée sur celle du théorème 54. Remarquons d'abord que $\varepsilon'_{2k}(t) \leq 0$ puisque $\varepsilon''_{2k}(t) \geq 0$ et que $\lim_{t\to\infty} \varepsilon'_{2k}(t) = 0$. Posons $u_0 = \varepsilon_{2k}(t)$ et $u_{p+1} = \varepsilon_{2k}(t+(p+1)k) - \varepsilon_{2k}(t+ph)$. On démontre qu'il n'existe pas A < 0 fini tel que $A < u_{n+1}^{-1} - u_n^{-1} \leqslant 0$, $\forall$ n. Or $u_{n+1} = h\varepsilon'_{2k}(t+\Theta h)$ avec $\Theta \in [n,n+1]$. Le fait que

$\varepsilon''_{2k}(t) \geq 0$, $\forall\, t > T$ entraîne que ε'_{2k} est une fonction croissante de t, $\forall\, t > T$;

donc $0 \geq h\varepsilon'_{2k}(t+(n+1)h) \geq u_{n+1} \geq h\varepsilon'_{2k}(t+nh)$. Posons $x = t+nh$, on a :

$$\frac{1}{h\varepsilon'_{2k}(x+h)} \leq \frac{1}{u_{n+1}} \leq \frac{1}{h\varepsilon'_{2k}(x)} \leq 0 \quad \text{d'où}$$

$$\frac{1}{h}\left[\frac{1}{\varepsilon'_{2k}(x+h)} - \frac{1}{\varepsilon'_{2k}(x-h)}\right] \leq \frac{1}{h\varepsilon'_{2k}(x+h)} - \frac{1}{u_n} \leq \frac{1}{u_{n+1}} - \frac{1}{u_n} \leq 0$$

car $1/u_n \leq 1/h\varepsilon'_{2k}(x-h)$.

Donc $\exists\, t_n \in [x-h, x+h]$ tel que :

$$\left(\frac{1}{\varepsilon'_{2k}(t_n)}\right)' = \frac{1}{2h}\left[\frac{1}{\varepsilon'_{2k}(x+h)} - \frac{1}{\varepsilon'_{2k}(x-h)}\right]$$

Lorsqu'on fait tendre n vers l'infini $\{(1/\varepsilon'_{2k}(t_n))'\}$ n'est pas borné inférieurement.

Comme cette propriété est vraie $\forall\, t > T$, la suite des abscisses $\{t_n\}$ tend vers l'infini.

Or on a :

$$\varepsilon_{2k+2}(t) = \varepsilon_{2k}(t) + \frac{1}{\varepsilon'_{2k+1}(t)} = \varepsilon_{2k}(t) + \frac{1}{\varepsilon'_{2k-1}(t) + \left(\frac{1}{\varepsilon'_{2k}(t)}\right)'}$$

Puisque $\varepsilon'_{2k-1}(t) \leqslant 0$ la suite $\{\varepsilon'_{2k+1}(t_n)\}$ est négative et non bornée inférieurement lorsque n tend vers l'infini, ce qui termine la démonstration.

Remarque : si $\lim\limits_{t\to\infty} \varepsilon_{2k-2}(t) = S$ alors $\lim\limits_{t\to\infty} \varepsilon'_{2k-1}(t) = -\infty$ et donc, sous les mêmes hypothèses, $\lim\limits_{t\to\infty} \varepsilon'_{2k+1}(t) = -\infty$ et $\lim\limits_{t\to\infty} \varepsilon_{2k+2}(t) = S$.

Nous allons maintenant étudier la convergence de la première forme confluente de l'ε-algorithme pour les fonctions totalement monotones. On a d'abord la :

Définition 24 : on dit que f est une fonction totalement monotone de la variable t si :

$$(-1)^k f^{(k)}(t) \geqslant 0 \qquad \forall t > T \text{ et } \forall k \geqslant 0$$

Propriété 57 : si f est totalement monotone alors $\lim_{t\to\infty} f(t)$ existe et est finie.

démonstration : $f'(t) \leq 0$ entraîne $0 \leq f(t+h) \leq f(t)$ $\forall t > T$ et $\forall h$.

On a la propriété suivante [188]:

Propriété 58 : si f est totalement monotone alors $H_k^{(0)}(t) \geq 0$ $\forall t > T$

Lemme 18 : si on applique la première forme confluente de l'ε-algorithme à une fonction f totalement monotone alors :

$$\varepsilon_{2k}(t) \geq 0 \quad \text{et} \quad \varepsilon_{2k+1}(t) \leq 0 \qquad \forall t > T$$

démonstration : si f est totalement monotone alors $(-1)^k f^{(k)}$ est aussi totalement monotone et par conséquent, d'après la propriété 58 on a :

$$(-1)^{nk} H_k^{(n)}(t) \geq 0$$

ce qui démontre le lemme en utilisant la propriété 52.

Remarque : si f et g sont deux fonctions totalement monotones alors, en utilisant une propriété donnée par Dieudonné [72, problème 17, p.51], on a :

$$e_k(f+g,t) \geq e_k(f,t) + e_k(g,t) \geq 0 \quad \forall\, k,t$$

Théorème 115 :

Appliquons la première forme confluente de l'ε-algorithme à une fonction f telle que $\lim_{t\to\infty} f(t) = S$ existe et soit finie. S'il existe deux constantes $a \neq 0$ et b telles que la fonction af + b soit totalement monotone alors :

$$\lim_{t\to\infty} \varepsilon_{2k}(t) = \lim_{t\to\infty} f(t) \text{ pour } k = 0, 1, \ldots$$

démonstration : d'après les propriétés 53 et 54 on a

$$\varepsilon_{2k+2}(t) - \varepsilon_{2k}(t) \leq 0 \qquad \forall t > T$$

d'où, en utilisant le lemme 18 :

$$0 \leq \varepsilon_{2k+2}(t) \leq \varepsilon_{2k}(t) \quad \forall t > T$$

La fonction f - S est totalement monotone, par conséquent en utilisant la propriété 51 :

$$0 \leq \varepsilon_{2k+2}(t) - S \leq \varepsilon_{2k}(t) - S$$

la convergence de $\varepsilon_{2k}(t)$ vers S lorsque t tend vers l'infini entraîne donc celle de $\varepsilon_{2k+2}(t)$ ce qui démontre le théorème en utilisant de nouveau la propriété 51.

On a également le :

Théorème 116 :

Si on applique la première forme confluente de l'ε-algorithme à une fonction f totalement monotone alors :

$$\varepsilon_{2k+1}(t) \leqslant \varepsilon_{2k-1}(t) \leqslant 0 \qquad \forall t > T$$

$$\text{et} \quad \lim_{t\to\infty} \varepsilon_{2k+1}(t) = -\infty \qquad \text{pour } k = 0, 1, \ldots$$

démonstration : d'après les propriétés 56 et 58 on a :

$$\varepsilon'_{2k}(t) = \frac{H_k^{(1)}(t) \cdot H_{k+1}^{(1)}(t)}{[H_k^{(2)}(t)]^2} \leqslant 0$$

d'où

$$\varepsilon_{2k+1}(t) - \varepsilon_{2k-1}(t) = \frac{1}{\varepsilon'_{2k}(t)} \quad \text{et} \quad \varepsilon_{2k+1}(t) \leqslant \varepsilon_{2k-1}(t) \leqslant 0$$

en utilisant le lemme 18.

D'autre part $\varepsilon_1(t) = 1 / f'(t)$ d'où

$\lim\limits_{t\to\infty} \varepsilon_1(t) = \lim\limits_{t\to\infty} \varepsilon_{2k+1}(t) = -\infty$ pour $k = 0, 1, \ldots$

puisque $f'(t) \leqslant 0 \quad \forall t > T$

Exemple : $f(t) = \int_1^t \frac{e^{-x}}{x} dx$. On a $\lim\limits_{t\to\infty} f(t) = S = 0.21983934\ldots$La fonction $S - f(t)$ est totalement monotone $\forall t \geqslant 1$. On obtient :

t	f(t)	$\varepsilon_2(t)$	$\varepsilon_4(t)$	$\varepsilon_6(t)$
1	0	0.18393972	0.21021682	0.21639967
3	0.20633555	0.21878232	0.21932348	0.21937502
5	0.21823564	0.21935863	0.21938252	0.21938381
6	0.21902385	0.21937796	0.21938367	0.21938392

On remarque que l'on a bien :

$$\lim_{t\to\infty} \varepsilon_{2k}(t) = S$$

$$0 \leq \varepsilon_{2k+2}(t) - S \leq \varepsilon_{2k}(t) - S$$

$$0 \leq \varepsilon_{2k}(t_2) - S \leq \varepsilon_{2k}(t_1) - S \qquad \forall t_2 > t_1$$

Le théorème 115 n'assure pas une convergence de $\varepsilon_{2k+2}(t)$ plus rapide que celle de $\varepsilon_{2k}(t)$. Prenons, en effet, $f(t) = 1 / t$. On trouve que $\varepsilon_{2k}(t) = 1 / (k+1)t$ et par conséquent on a :

$$\frac{\varepsilon'_{2k+2}(t)}{\varepsilon'_{2k}(t)} = \frac{k+1}{k+2}$$

Le fait que $\lim_{k\to\infty} \varepsilon_{2k}(t) = S \ \forall\ t$ reste à démontrer.

VI - 3 Le problème de l'accélération de la convergence

En terminant le paragraphe précédent nous avons vu un exemple où il n'y avait pas accélération de la convergence. Donnons d'abord la :

définition 25 : Soient f et g deux fonctions dérivables telles que $\lim_{t\to\infty} g(t)$ et $\lim_{t\to\infty} f(t)$ existent et soient finies. On dit que f(t) converge plus vite que g(t) si :

$$\lim_{t\to\infty} \frac{f'(t)}{g'(t)} = 0$$

En d'autres termes $f' = o(g')$.

Dans ce paragraphe nous allons étudier l'introduction d'un facteur d'accélération dans les algorithmes de façon analogue à ce qui a été fait au paragraphe IV-5 pour les formes discrètes des algorithmes. Afin d'homogénéiser les notations nous étudierons les algorithmes confluents de la forme :

$$\theta_{-1}(t) = 0 \qquad \theta_0(t) = f(t)$$

$$\theta_{k+1}(t) = \theta_{k-1}(t) + D_k(t)$$

ainsi pour $D_k(t) = 1 / \theta'_k(t)$ on retrouve la première forme confluente de l'ε-algorithme. Pour $D_k(t) = (k+1) / \theta'_k(t)$ on retrouve la première forme confluente du ρ-algorithme [239].

On a d'abord le :

<u>Théorème 117</u> :

Supposons que $\lim_{t\to\infty} \theta_{2k}(t) = \lim_{t\to\infty} \theta_{2k+2}(t)$; alors une condition nécessaire et suffisante pour que $\theta_{2k+2}(t)$ converge plus vite que $\theta_{2k}(t)$ est que :

$$\lim_{t\to\infty} \frac{D'_{2k+1}(t)}{\theta'_{2k}(t)} = -1$$

La démonstration est évidente ; elle est laissée en exercice. Si cette condition n'est pas vérifiée alors on introduit dans l'algorithme un facteur d'accélération de la convergence w_k :

$$\theta_{2k+1}(t) = \theta_{2k-1}(t) + D_{2k}(t)$$

$$\theta_{2k+2}(t) = \theta_{2k}(t) + w_k\, D_{2k+1}(t)$$

Le choix optimal de w_k est caractérisé par le :

<u>Théorème 118</u> :

Supposons que $\lim_{t\to\infty} \theta_{2k}(t) = \lim_{k\to\infty} \theta_{2k+2}(t)$. Une condition nécessaire et suffisante pour que $\theta_{2k+2}(t)$ converge plus vite que $\theta_{2k}(t)$ est de prendre :

$$w_k = -\lim_{t\to\infty} \frac{\theta'_{2k}(t)}{D'_{2k+1}(t)}$$

démonstration :

$$\theta'_{2k+2}(t) = \theta'_{2k}(t) + w_k\, D'_{2k+1}(t)$$

d'où

$$\lim_{t\to\infty} \frac{\theta'_{2k+2}(t)}{\theta'_{2k}(t)} = 0 = 1 + w_k \lim_{t\to\infty} \frac{D'_{2k+1}(t)}{\theta'_{2k}(t)}$$

le reste de la démonstration est évident.

Considérons par exemple $D_k(t) = 1/\theta'_k(t)$ c'est-à-dire la première forme confluente de l'ε-algorithme et $f(t) = 1 + 1/t$.

On trouve $w_0 = +2$ d'où :

$$\theta_2(t) = f(t) + 2\, D_1(t)$$

qui n'est autre que la première forme confluente du ρ-algorithme. Ce facteur w_k apparait donc comme le lien entre les premières formes confluentes de l'ε et du ρ-algorithme. Comme pour l'ε-algorithme discret on peut donner une interprétation de ces résultats en considérant les $w_k\ D_{2k+1}(t)$ comme les termes successifs d'un développement asymptotique.

Soit f une fonction de t telle que $\lim_{t\to\infty} f(t) = S$ existe et soit finie. Soit G l'ensemble des $D_{2k+1}(t)$. Supposons que $D_{2k+1}(t) = o\ (D_{2k-1}(t))$. Alors, s'il vérifie cette propriété, l'ensemble G est une échelle de comparaison. Cherchons le développement asymptotique de $S - f(t)$ par rapport à G au voisinage de $+\infty$. Si un tel développement existe jusqu'à l'ordre k on aura :

$$S - f(t) = \sum_{i=0}^{k} w_{i-1}\ D_{2i-1}(t) + o(D_{2k-1}(t))$$

Le problème est de trouver les coefficients w_i de ce développement asymptotique. On a :

$$\theta_{2k}(t) = f(t) + \sum_{i=1}^{k} w_{i-1}\ D_{2i-1}(t)$$

d'où :

$$S = \theta_{2k}(t) + o\ (D_{2k-1}(t))$$

$$= \theta_{2k-2}(t) + w_{k-1}\ D_{2k-1}(t) + o(D_{2k-1}(t))$$

On va choisir w_{k-1} de façon à avoir :

$$0 = \theta'_{2k-2}(t) + w_{k-1}\ D'_{2k-1}(t) + o\ (D'_{2k-1}(t))$$

ce qui entraînera $S = \theta_{2k}(t) + o\ (D_{2k-1}(t))$ en supposant, ce qui est effectivement vérifié que les intégrales :

$$\int_t^\infty \theta'_{2k-2}(t)\ dt \qquad \text{et} \qquad \int_t^\infty D'_{2k-1}(t)\ dt$$

sont convergentes. On a donc :

$$w_{k-1}\ D'_{2k-1}(t) = -\ \theta'_{2k-2}(t) + o\ (D'_{2k-1}(t))$$

d'où

$$w_{k-1} = -\lim_{t\to\infty} \frac{\theta'_{2k-2}(t)}{D'_{2k-1}(t)}$$

ce qui n'est autre que le choix optimal du théorème 118. Le théorème 117 apparait donc comme une condition nécessaire et suffisante pour que $w_k = 1$. Le fait que le choix optimal du théorème 118 fournisse le meilleur algorithme signifie simplement que w_k est le coefficient de $D_{2k+1}(t)$ dans le développement asymptotique de $S - f(t)$ par rapport à G au voisinage de $+\infty$. Ce choix optimal de w_k est le seul pour lequel on ait

$$S - \theta_{2k}(t) = O\,(D_{2k-1}(t))$$

d'où encore :

$$S - \theta_{2k-2}(t) = w_{k-1}\, D_{2k-1}(t) + o\,(D_{2k-1}(t))$$

et $S - \theta_{2k-2}(t) \sim w_{k-1}\, D_{2k-1}(t)$

$$S - \theta_{2k-2}(t) = O\,(D_{2k-1}(t))$$

ce qui fournit une estimation de l'erreur.

REMARQUE :

Si $f(t) = \int_a^t g(x)\,dx$ on aura

$$\varepsilon_2(t) = \int_a^t g(x)\,dx - \frac{g^2(x)}{g'(t)} \quad \text{d'où}$$

$$\int_t^\infty g(x)\,dx \sim \frac{g^2(t)}{g'(t)}$$

d'après ce qui précède. On retrouve ainsi un résultat connu sur la partie principale d'une primitive [72].

Nous avions vu pour l'ε-algorithme discret qu'il n'avait pas été possible de trouver un théorème analogue au théorème 35 pour caractériser l'ensemble des suites pour lesquelles on obtenait le résultat exact quand on introduisait les w_k. Il n'en est pas de même ici. On a le :

Théorème 119 :

Une condition nécessaire et suffisante pour que $\theta_{2k}(t) = S \;\forall t > T$ est que la fonction f vérifie l'équation différentielle :

$$S = \sum_{i=0}^{k} a_i \frac{H_{i+1}^{(0)}(t)}{H_i^{(2)}(t)} \quad \text{avec} \quad \sum_{i=0}^{k} a_i = 1 \quad \forall t > T$$

démonstration : on a

$$\theta_{2k}(t) = f(t) + \sum_{i=1}^{k} w_{i-1}\, D_{2i-1}(t)$$

or $D_{2i-1}(t) = \theta_{2i}(t) - \theta_{2i-2}(t)$

d'où :

$$\theta_{2k}(t) = f(t) + \sum_{i=1}^{k} w_{i-1}\, [\theta_{2i}(t) - \theta_{2i-2}(t)]$$

Posons $a_0 = 1 - w_0$

$a_i = w_{i-1} - w_i$ pour $i = 1, \ldots, k-1$

$a_k = w_{k-1}$

on a :

$$S = \theta_{2k}(t) = \sum_{i=0}^{k} a_i\, \theta_{2i}(t) \qquad \text{avec} \sum_{i=0}^{k} a_i = 1$$

d'où la condition nécessaire en utilisant la propriété 52. La condition suffisante est évidente.

Cette équation différentielle est difficile à résoudre pour k quelconque. Cependant pour $k = 1$ cette résolution est possible. On a le :

<u>Théorème 120</u> :

Une condition nécessaire et suffisante pour que
$\theta_2(t) = S \;\; \forall t > T$ est que $f(t) = S + c_1\, e^{-c_2 t}$

ou que $f(t) = [(1 - w_0)\, c_1 t + c_2]^{1/(1-w_0)} + S \;\; \forall t > T.$

démonstration : on doit avoir pour $t > T$

$$S = f(t) - w_0\, f'^2(t) / f''(t)$$

ou encore

$$g(t) = w_0\, g'^2(t) / g''(t) \text{ en posant } g(t) = f(t) - S.$$

Ceci peut s'écrire :

$$\frac{g}{g'} = w_0 \frac{g'}{g''} \quad \text{ou encore} \quad \frac{g'}{g} = \frac{1}{w_0} \frac{g''}{g'}$$

d'où en intégrant :

$$\text{Log } g = \frac{1}{w_0} \text{ Log } g' + c$$

ce qui donne :

$$g(t) = c\,[g'(t)]^{1/w_0}$$

ou encore $g^{-w_0}(t)\, dg(t) = c$

si $w_0 = 1$ on a $g(t) = c_1\, e^{-c_2 t}$

si $w_0 \neq 1$ on a $g(t) = [(1-w_0)\, c_1 t + c_2]^{1/(1-w_0)}$

La condition suffisante est immédiate. En effet si $f(t) = S + c_1\, e^{-c_2 t}$ on trouve $w_0=1$ et si $f(t) = S + [a\, c_1 t + c_2]^{1/a}$ on trouve que $w_0 = 1-a$.

Nous allons essayer d'élargir encore la classe des fonctions pour lesquelles $\varepsilon_{2k}(t) = S$ $\forall t > T$. Pour cela, au lieu d'introduire un paramètre d'accélération w_k nous allons utiliser une fonction d'accélération $w_k(t)$. D'où l'algorithme :

$$\theta_{2k+1}(t) = \theta_{2k-1}(t) + D_{2k}(t)$$

$$\theta_{2k+2}(t) = \theta_{2k}(t) + w_k(t)\, D_{2k+1}(t)$$

on démontrerait comme précédemment le :

Théorème 121 :

une condition nécessaire et suffisante pour que $\theta_{2k}(t) = S$ $\forall t > T$ est que la fonction f vérifie l'équation différentielle :

$$S = \sum_{i=0}^{k} a_i(t) \frac{H_{i+1}^{(0)}(t)}{H_i^{(2)}(t)} \quad \text{avec} \quad \sum_{i=0}^{k} a_i(t) = 1 \quad \forall t > T$$

La démonstration est analogue à celle du théorème 119. Elle est laissée en exercice.

Pour $k = 1$ on peut résoudre cette équation différentielle :

Théorème 122 :

Une condition nécessaire et suffisante pour que $\theta_2(t) = S$ $\forall t > T$ est que :

$$f(t) = S + c_1 .\, \exp \int \frac{dt}{c_2 + t - \Omega_0(t)} \quad \forall t > T$$

où $\Omega_0(t)$ est une primitive de $w_0(t)$.

démonstration : la condition est nécessaire. En effet on doit avoir :

$$w_0 \frac{g'}{g} = \frac{g''}{g} \text{ avec } g(t) = f(t) - S$$

cherchons les solutions de la forme $g(t) = e^{z(t)}$. On obtient pour $z(t)$ l'équation différentielle :

$w_0(t) - 1 = z''(t) / z'^2(t)$ d'où $-\frac{1}{z'(t)} = -c_2 - t + \Omega_0(t)$ où $\Omega_0(t)$ est une primitive de $w_0(t)$. En intégrant une nouvelle fois on obtient :

$$z(t) = \int \frac{dt}{c_2 + t - \Omega_0(t)}$$

La condition suffisante se démontre en portant $f(t)$ dans l'équation différentielle.

Théorème 123 :

une condition nécessaire et suffisante pour que $\theta_2(t)$ = constante $\forall t > T$ est que $w_0(t)$ vérifie l'équation différentielle :

$$f''^2 - w'_0 f' f'' - w_0(2f''^2 - f' f''') = 0 \quad \forall t > T$$

démonstration : si $\theta_2(t)$ = constante alors $\theta_2'(t) = 0$ d'où la condition du théorème. Réciproquement si cette condition est vérifiée alors $\theta_2'(t) = 0$ donc $\theta_2(t)$ = constante. Si l'on compare cet algorithme avec l'algorithme où $w_k(t) = w_k$ = constante on voit que, pour $k = 1$ la première méthode converge plus vite que la seconde si :

$$\lim_{t\to\infty} \frac{f''^2 - w_0'(t)\, f'\, f'' - w_0(t)(2f''^2 - f'\, f''')}{f''^2 - w_0\, (2f''^2 - f'\, f''')} = 0$$

Dans l'algorithme avec w_k = constante on voit que la valeur optimale donnée par le théorème 118 est difficile à obtenir car elle fait intervenir le calcul d'une limite. D'autre part dans l'algorithme avec une fonction d'accélération $w_k(t)$ on voit qu'il est difficile d'effectuer un choix intéressant pour cette fonction. Ces deux raisons conduisent donc naturellement à l'idée de prendre :

$$w_k(t) = -\frac{\theta'_{2k}(t)}{D'_{2k+1}(t)}$$

or $D_{2k+1}(t) = 1 / \theta'_{2k+1}(t)$ d'où :

$$w_k(t) = \frac{\theta'_{2k}(t)\, \theta'^2_{2k+1}(t)}{\theta''_{2k+1}(t)}$$

On obtient ainsi le nouvel algorithme :

$$\theta_{-1}(t) = 0 \qquad \theta_0(t) = f(t)$$

$$\theta_{2k+1}(t) = \theta_{2k-1}(t) + 1 \,/\, \theta'_{2k}(t)$$

$$\theta_{2k+2}(t) = \theta_{2k}(t) + \theta'_{2k}(t)\; \theta'_{2k+1}(t) \,/\, \theta''_{2k+1}(t)$$

La démonstration du théorème suivant est évidente :

Théorème 124 :

une condition suffisante pour que $\lim\limits_{t\to\infty} \theta_{2k}(t) = \lim\limits_{t\to\infty} \theta_{2k+2}(t)$ est que :

$$\lim_{t\to\infty} \frac{\theta''_{2k+1}(t)}{\theta'_{2k+1}(t)} \neq 0$$

Théorème 125 :

Supposons que $\lim\limits_{t\to\infty} \theta_{2k+2}(t) = \lim\limits_{t\to\infty} \theta_{2k}(t) = S$. Alors si $\lim\limits_{t\to\infty} w_k(t)$ existe et est finie

alors $\theta_{2k+2}(t)$ converge plus vite que $\theta_{2k}(t)$ en ce sens que :

$$\lim_{t\to\infty} \frac{\theta_{2k+2}(t) - S}{\theta_{2k}(t) - S} = 0$$

démonstration : on a :

$$\theta_{2k+2}(t) - S = \theta_{2k}(t) - S + w_k(t)\, D_{2k+1}(t)$$

$$\frac{\theta_{2k+2}(t) - S}{\theta_{2k}(t) - S} = 1 + w_k(t) \frac{D_{2k+1}(t)}{\theta_{2k}(t) - S}$$

La quantité $\lim\limits_{t\to\infty} \dfrac{\theta_{2k}(t) - S}{D_{2k+1}(t)}$ se présente sous la forme indéterminée $\frac{0}{0}$.

On applique la règle de l'Hospital :

$$\lim_{t\to\infty} \frac{\theta_{2k}(t) - S}{D_{2k+1}(t)} = \lim_{t\to\infty} \frac{\theta'_{2k}(t)}{D'_{2k+1}(t)} = - \lim_{t\to\infty} w_k(t)$$

d'où :

$$\lim_{t\to\infty} \frac{\theta_{2k+2}(t) - S}{\theta_{2k}(t) - S} = 0$$

ce qui termine la démonstration du théorème.

VI - 4 FORME CONFLUENTE DE L'ε-ALGORITHME TOPOLOGIQUE

Il est possible de définir une forme confluente pour l'ε-algorithme topologique qui a été étudié au paragraphe V-6.

Soit E un espace vectoriel topologique séparé sur K ($\mathbb{R}$ ou $\mathbb{C}$) et soit E' son dual topologique.

Soit, d'autre part, f une application de $\mathbb{R}$ dans E. Nous supposerons que f est différentiable autant de fois qu'il sera nécessaire et nous désignerons par $D^k f$ les dérivées successives de f.

Considérons maintenant le premier ε-algorithme topologique. Dans les règles de cet algorithme, remplaçons n par $t = a+nh$, $\varepsilon_{2k}^{(n)}$ par $\varepsilon_{2k}(t)$ et $\varepsilon_{2k+1}^{(n)}$ par $\varepsilon_{2k+1}(t)/h$ puis faisons tendre h vers zéro. On obtient immédiatement les règles de la forme confluente de l'ε-algorithme topologique [26] :

$$\varepsilon_{-1}(t) = o \in E \qquad \varepsilon_0(t) = f(t)$$

$$\varepsilon_{2k+1}(t) = \varepsilon_{2k-1}(t) + \frac{y'}{\langle y', D\varepsilon_{2k}(t)\rangle}$$

$$k = o,1,\ldots$$

$$\varepsilon_{2k+2}(t) = \varepsilon_{2k}(t) + \frac{D\varepsilon_{2k}(t)}{\langle D\varepsilon_{2k+1}(t), D\varepsilon_{2k}(t)\rangle}$$

où y' est un élément arbitraire non nul de E' et où $\langle\ ,\ \rangle$ désigne la forme bilinéaire qui met E et E' en dualité.

Remarque : si l'on effectue le même changement de variable dans le second ε-algorithme topologique on obtient la même forme confluente.

On voit que le calcul de $\varepsilon_{2k}(t)$ à l'aide de la forme confluente de l'ε-algorithme topologique nécessite la connaissance de $f(t), Df(t), \ldots, D^{2k}f(t)$. D'autre part l'application qui fait passer de ces valeurs à $\varepsilon_{2k}(t)$ est non linéaire ; on a cependant la :

<u>propriété 59</u>: Si l'application de la forme confluente de l'ε-algorithme topologique à f et à af + b ou a est un scalaire non nul et où b $\in$ E fournit respectivement les fonctions ε_k et $\bar{\varepsilon}_k$ alors :

$$\bar{\varepsilon}_{2k}(t) = a\varepsilon_{2k}(t) + b \text{ et } \bar{\varepsilon}_{2k+1}(t) = \varepsilon_{2k+1}(t)/a$$

La démonstration est évidente à partir des règles de l'algorithme.

Nous allons maintenant donner les éléments $\varepsilon_k(t)$ sous forme de rapports de déterminants.

<u>Définition 26</u>: On appelle déterminants fonctionnels de Hankel généralisés les élément $\tilde{H}_k^{(n)}(t)$ de E :

$$\tilde{H}_k^{(n)}(t) = \begin{vmatrix} D^n f(t) \ldots\ldots\ldots\ldots\ldots D^{n+k-1} f(t) \\ \langle y', D^{n+1} f(t)\rangle \ldots\ldots \langle y', D^{n+k} f(t)\rangle \\ \ldots\ldots\ldots\ldots\ldots\ldots\ldots\ldots \\ \langle y', D^{n+k-1} f(t)\rangle \ldots\ldots \langle y', D^{n+2k-2} f(t)\rangle \end{vmatrix}$$

Cet élément $\tilde{H}_k^{(n)}(t)$ désigne l'élément de E obtenu en développant ce déterminant généralisé de façon habituelle.

Nous poserons :

$$H_k^{(n)}(t) = \langle y', \tilde{H}_k^{(n)}(t)\rangle$$

avec la convention que $H_o^{(n)}(t) = 1$ pour tout n et tout t. $H_k^{(n)}(t)$ est déterminant fonctionnel de Hankel habituel.

<u>propriété 60</u>:

$$\varepsilon_{2k}(t) = \frac{\tilde{H}_{k+1}^{(o)}(t)}{H_k^{(2)}(t)} \qquad \varepsilon_{2k+1}(t) = \frac{H_k^{(3)}(t)}{H_{k+1}^{(1)}(t)} \, y'$$

La démonstration peut être effectuée directement en utilisant un développement de Schweins comme on l'avait fait pour établir les règles des ε-algorithmes topologiques. On peut aussi, plus simplement, partir de la relation de la première transformation de Shanks topologique :

$$\varepsilon_{2k}^{(n)} = \frac{\begin{vmatrix} S_n & \cdots & S_{n+k} \\ \langle y', \Delta S_n\rangle & \cdots & \langle y', \Delta S_{n+k}\rangle \\ \cdots & \cdots & \cdots \\ \langle y', \Delta S_{n+k-1}\rangle & \cdots & \langle y', \Delta S_{n+2k-1}\rangle \end{vmatrix}}{\begin{vmatrix} 1 & \cdots & 1 \\ \langle y', \Delta S_n\rangle & \cdots & \langle y', \Delta S_{n+k}\rangle \\ \cdots & \cdots & \cdots \\ \langle y', \Delta S_{n+k-1}\rangle & \cdots & \langle y', \Delta S_{n+2k-1}\rangle \end{vmatrix}}$$

En effectuant des différences de lignes et de colonnes on trouve que :

$$\varepsilon_{2k}^{(n)} = \frac{\begin{vmatrix} S_n & \Delta S_n & \cdots & \Delta^k S_n \\ \langle y', \Delta S_n\rangle & \langle y', \Delta^2 S_n\rangle & \cdots & \langle y', \Delta^{k+1} S_n\rangle \\ \cdots & \cdots & \cdots & \cdots \\ \langle y', \Delta^k S_n\rangle & \langle y', \Delta^{k+1} S_n\rangle & \cdots & \langle y', \Delta^{2k} S_n\rangle \end{vmatrix}}{\begin{vmatrix} \langle y', \Delta^2 S_n\rangle & \cdots & \langle y', \Delta^{k+1} S_n\rangle \\ \cdots & \cdots & \cdots \\ \langle y', \Delta^{k+1} S_n\rangle & \cdots & \langle y', \Delta^{2k} S_n\rangle \end{vmatrix}}$$

Pour le numérateur on divise la première ligne par h, la seconde par $h^2,\ldots$, la dernière par h^{k+1} ; puis on multiplie la première colonne par h, la seconde par 1, la troisième par $1/h,\ldots.$, la dernière par $1/h^{k-1}$. On effectue une transformation semblable pour le dénominateur.

Comme pour l'établissement des règles de la forme confluente de l'ε-algorithme topologique on remplace maintenant S_n par f(t) puis on fait tendre h vers zéro. En utilisant $\lim_{h\to o} \Delta^p f(t)/h^p = D^p f(t)$ on obtient immédiatement la première relation de la propriété 60. La seconde relation découle de :

$$\varepsilon_{2k+1}^{(n)} = \frac{y'}{\langle y', e_k(\Delta S_n)\rangle}$$

En effectuant un travail analogue on démontrerait de même la :

propriété 61:

$$\varepsilon_{2k+2}(t) - \varepsilon_{2k}(t) = - \frac{H_{k+1}^{(1)}(t)\ \tilde{H}_{k+1}^{(1)}(t)}{H_k^{(2)}(t)\ \ H_{k+1}^{(2)}(t)}$$

Nous allons maintenant chercher les conditions que doit vérifier f pour que $\varepsilon_{2k}(t) = S \quad \forall t>T$. On a le :

Théorème 126 Une condition suffisante pour que $\varepsilon_{2k}(t) = S\ \forall t>T$ est que, pour tout t>T, f vérifie :

$$\sum_{i=0}^{k} a_i\ D^i f(t) = a_o S$$

où $S \in E$, $a_i \in K$ et $a_o \neq o$.

démonstration : si la condition du théorème est vérifiée alors on a

$$a_o(f(t)-S) + a_1\ Df(t) + \ldots\ldots\ldots + a_k D^k f(t) = o$$

$$a_o Df(t) + a_1 D^2 f(t) + \ldots\ldots\ldots + a_k D^{k+1} f(t) = o$$

$$\ldots\ldots\ldots\ldots\ldots\ldots\ldots\ldots\ldots\ldots\ldots\ldots$$

$$a_o D^k f(t) + a_1 D^{k+1} f(t) + \ldots\ldots\ldots + a_k D^{2k} f(t) = o$$

Puisque $a_o \neq o$ on peut supposer sans restreindre la généralité que $a_o = 1$. Soit y' un élément arbitraire non nul de E'. Alors, d'après le système précédent on a :

$$a_o = 1$$

$$a_o\langle y', Df(t)\rangle + \ldots\ldots\ldots\ldots\ldots + a_k\langle y', D^{k+1} f(t)\rangle = o$$

$$\ldots\ldots\ldots\ldots\ldots\ldots\ldots\ldots\ldots\ldots\ldots\ldots$$

$$a_o\langle y', D^k f(t)\rangle + \ldots\ldots\ldots\ldots\ldots + a_k\langle y', D^{2k} f(t)\rangle = o$$

Le déterminant de ce système est égal à $H_k^{(2)}(t)$. Nous le supposerons différent de zéro. Résolvons ce système puis calculons S en utilisant la relation :

$$S = f(t) + a_1 \, Df(t) + \dots\dots\dots + a_k \, D^k f(t)$$

on obtient :

$$\tilde{S} = \frac{H_{k+1}^{(o)}(t)}{H_k^{(2)}(t)} \qquad \forall t > T$$

ce qui termine la démonstration du théorème d'après la propriété 60.

remarque : contrairement à ce qui se passe pour la première forme confluente de l'ε-algorithme scalaire, la condition du théorème 126 n'est que suffisante. **Cela** tient au fait que $\langle y', y\rangle = o$ n'entraine pas obligatoirement $y = o$.

Une conséquence du théorème 126 est le :

<u>Théorème 127</u>: une condition suffisante pour que $\varepsilon_{2k}(t) = S$ $\forall t > T$ est que :

$$f(t) = S + \sum_{i=1}^{p} A_i(t) \, e^{r_i t} + \sum_{i=p+1}^{q} \left[B_i(t) \cos b_i t + C_i(t) \sin b_i t \right] e^{r_i t}$$

pour $t > T$ avec $r_i \neq o$ pour $i=1,\dots,p$. A_i, B_i et C_i sont des polynômes de la variable réelle t dont les coefficients sont des éléments de E et tels que si d_i est égal au degré de A_i plus un pour $i=1,\dots,p$ et au plus grand des degrés de B_i et de C_i plus un pour $i=p+1,\dots,q$ on ait :

$$\sum_{i=1}^{p} d_i + 2 \sum_{i=p+1}^{q} d_i = k$$

La démonstration de ce théorème est immédiate. Elle exprime tout simplement le fait qu'une telle fonction f vérifie l'équation différentielle du théorème 126 pour tout $t > T$.

on a les relations suivantes :

propriété 62:

$$H_k^{(n+1)}(t)\ \tilde{H}_{k+2}^{(n-1)}(t) - H_{k+1}^{(n+1)}(t)\ \tilde{H}_{k+1}^{(n-1)}(t) = - H_{k+1}^{(n)}(t)\ \tilde{H}_{k+1}^{(n)}(t)$$

$$\frac{D\varepsilon_{2k}(t)}{<D\varepsilon_{2k+1}(t),\ D\varepsilon_{2k}(t)>} = - \frac{H_{k+1}^{(1)}(t)\ \tilde{H}_{k+1}^{(1)}(t)}{H_k^{(2)}(t)\ H_{k+1}^{(2)}(t)}$$

$$\frac{1}{<y',\ D\varepsilon_{2k}(t)>} = \frac{\left[H_k^{(2)}(t)\right]^2}{H_k^{(1)}(t)\ H_{k+1}^{(1)}(t)}$$

démonstration : d'après les propriétés 60 et 61 on a :

$$\frac{\tilde{H}_{k+2}^{(o)}(t)}{H_{k+1}^{(2)}(t)} - \frac{\tilde{H}_{k+1}^{(o)}(t)}{H_k^{(2)}(t)} = - \frac{H_{k+1}^{(1)}(t)\ \tilde{H}_{k+1}^{(1)}(t)}{H_{k+1}^{(2)}(t)\ H_k^{(2)}(t)}$$

ce qui démontre la première des relations en remplaçant f(t) par $D^{n-1}f(t)$. La seconde des relations découle immédiatement de la propriété 61 et de la définition des règles de l'algorithme.

Dans la première des relations de la propriété 62 faisons n = 2 et divisons les deux membres de l'égalité ainsi obtenue par $H_{k+1}^{(1)}\ H_{k+2}^{(1)}$. On obtient la troisième relation en multipliant scalairement par y' et en utilisant les règles de l'algorithme.

On peut donner, pour la forme confluente de l'ε-algorithme topologique, une interprétation barycentrique analogue à celles donnés dans les cas discrets et confluent :

l'application de la forme confluente de l'ε-algorithme topologique à f(t), Df(t),..., $D^{2k}f(t)$ revient à résoudre le système :

$$a_o \qquad\qquad = 1$$

$$a_o<y',\ Df(t)>+\dots\dots+a_k<y',\ D^{k+1}f(t)> = o$$

$$\dots\dots\dots\dots\dots\dots\dots\dots\dots\dots$$

$$a_o<y',\ D^kf(t)>+\dots\dots+a_k<y',\ D^{2k}f(t)> = o$$

puis à calculer :

$$\varepsilon_{2k}(t) = a_0 f(t) + a_1 Df(t) + \ldots\ldots + a_k D^k f(t)$$

Les théorèmes de convergence pour la première forme confluente de l'ε-algorithme scalaire ne sont pas encore nombreux.

Cependant certains résultats démontrés dans le cas scalaire restent vérifiés si l'on remarque que les quantités $<y', \varepsilon_k(t)>$ sont égales à celles obtenues en appliquant la forme confluente de l'ε-algorithme scalaire à $<y', f(t)>$. Ou a donc les :

Théorème 128 : si $\lim_{t\to\infty} <y',\varepsilon_{2k}(t)> = S$, si $<y',D\varepsilon_{2k-1}(t)> \leq 0$ $\forall\ t > T$ et si $<y',D^2\varepsilon_{2k}(t)> \geq 0\ \forall\ t > T$ alors il existe une suite strictement croissante $\{t_n\}$ tendant vers l'infini telle que $\lim_{n\to\infty} <y',\varepsilon_{2k+2}(t_n)> = S$.

Théorème 129 :

S'il existe $a \neq 0 \in K$ et $b \in E$ tels que :

$(-1)^k <y', D^k\ (af(t) + b)> \geqslant o\ \forall t > T$ et $\forall k \geqslant 0$

alors

$$\lim_{t\to\infty} <y', \varepsilon_{2k}(t)> = \lim_{t\to\infty} <y', f(t)>\ \forall k \geqslant 0$$

Ecrivons maintenant les règles de l'algorithme sous la forme condensée :

$$\varepsilon_{-1}(t) = 0 \qquad \varepsilon_0(t) = f(t)$$

$$\varepsilon_{k+1}(t) = \varepsilon_{k-1}(t) + D_k(t)$$

avec $D_{2k}(t) = y'/<y', D\varepsilon_{2k}(t)>$

et $D_{2k+1}(t) = D\varepsilon_{2k}(t)/<D\varepsilon_{2k+1}(t), D\varepsilon_{2k}(t)>$

Définiton 27 : Soit $z' \neq 0 \in E'$. On dira que ε_{2k+2} converge plus vite que ε_{2k} par rapport à z' si :

$$\lim_{t\to\infty} \frac{<z', D\varepsilon_{2k+2}(t)>}{<z', D\varepsilon_{2k}(t)>} = o$$

<u>Théorème 130</u>: Supposons que $\lim\limits_{t\to\infty} <z', \varepsilon_{2k+2}(t)> = \lim\limits_{t\to\infty} <z', \varepsilon_{2k}(t)>$.
Une condition nécessaire et suffisante pour que ε_{2k+2} converge plus vite que ε_{2k} par rapport à z' est que :

$$\lim_{t\to\infty} \frac{<z', DD_{2k+1}(t)>}{<z', D\varepsilon_{2k}(t)>} = -1$$

Si cette condition n'est pas vérifiée alors on peut introduire un paramètre d'accélération dans les règles de l'algorithme comme cela a été fait pour l'ε-algorithme scalaire et sa forme confluente.
Les règles de l'algorithme deviennent alors :

$$\varepsilon_{-1}(t) = o \qquad \varepsilon_0(t) = f(t)$$

$$\varepsilon_{2k+1}(t) = \varepsilon_{2k-1} + D_{2k}(t)$$

$$\varepsilon_{2k+2}(t) = \varepsilon_{2k}(t) + w_k D_{2k+1}(t)$$

Le choix optimal du paramètre w_k est caractérisé par le :

<u>Théorème 131</u>: Supposons que $\lim\limits_{t\to\infty} <z', \varepsilon_{2k}(t)> = \lim\limits_{t\to\infty} <z', \varepsilon_{2k+2}(t)>$.
Une condition nécessaire et suffisante pour que ε_{2k+2} converge plus vite que ε_{2k} par rapport à z' est de prendre :

$$w_k = -\lim_{t\to\infty} \frac{<z', D\varepsilon_{2k}(t)>}{<z', DD_{2k+1}(t)>}$$

On voit qu'en pratique le calcul de la valeur optimale de w_k est difficile parce qu'il fait intervenir la limite d'une expression.
On remplacera donc w_k par l'expression elle même sans en prendre la limite. On obtient ainsi la forme confluente du θ-algorithme généralisé :

$$\theta_{-1}(t) = o \qquad \theta_0(t) = f(t)$$

$$\theta_{2k+1}(t) = \theta_{2k-1}(t) + D_{2k}(t)$$

$$\theta_{2k+2}(t) = \theta_{2k}(t) + w_k(t)\, D_{2k+1}(t)$$

avec

$$w_k(t) = - \frac{<z', D\theta_{2k}(t)>}{<z', DD_{2k+1}(t)>}$$

$$D_{2k}(t) = y'/\langle y', D\theta_{2k}(t)\rangle$$
$$D_{2k+1}(t) = D\theta_{2k}(t)/\langle D\theta_{2k+1}(t), D\theta_{2k}(t)\rangle$$

Pour cet algorithme on a le :

<u>Théorème 132</u> supposons que $\lim_{t\to\infty} \langle z', \theta_{2k+2}(t)\rangle = \lim_{t\to\infty} \langle z', \theta_{2k}(t)\rangle = S$.
Si $-\lim_{t\to\infty} w_k(t)$ et $\lim_{t\to\infty} \frac{\langle z', \theta_{2k}(t)\rangle - S}{\langle z', D_{2k+1}(t)\rangle}$ existent et sont égales alors :

$$\lim_{t\to\infty} \frac{\langle z', \theta_{2k+2}(t)\rangle - S}{\langle z', \theta_{2k}(t)\rangle - S} = o$$

Les applications pratiques des formes confluentes de l'ε-algorithme et du Θ-algorithme topologiques restent encore à trouver.

L'ε-algorithme topologique est relié à la méthode du gradient conjugué et à la méthode des moments [184] de la façon suivante.

Soit à résoudre le système de p équations linéaires à p inconnues $Bx = b$ où la matrice B est symétrique définie positive et soit $\{x_k\}$ la suite des vecteurs obtenus en appliquant la méthode du gradient conjugué à ce système en partant de $x_o = o$.

D'un autre côté, posons $A = I-B$ et appliquons l'ε-algorithme topologique à la suite $\{S_n\}$ produite par :

$$S_o = o$$
$$S_{n+1} = AS_n + b$$

avec $y' = b$.

Enfin appelons $\{v_k\}$ la suite des vecteurs obtenus par la méthode des moments. Alors on peut montrer que :

$$\varepsilon_{2k}^{(o)} = x_k = v_k \qquad \text{pour } k = 0,\dots,p$$

et l'on a :

$$\varepsilon_{2p}^{(o)} = x_p = v_p = B^{-1}b.$$

La théorie des polynômes orthogonaux peut également être utilisée pour comprendre l'ε-algorithme topologique. Soit $P_k(x) = a_0 + \ldots + a_k x^k$ le polynôme orthogonal de degré k par rapport à la suite $\{c_n = \langle y, \Delta S_n \rangle\}$; alors on montre que l'ε-algorithme topologique est tel que :

$$\varepsilon_{2k}^{(0)} = (a_0 S_0 + \ldots + a_k S_k) / P_k(1)$$

L'ε-algorithme topologique peut également être relié à la méthode des moments, à celle de Lanczos et au gradient biconjugué dans le cas où la matrice B est quelconque.

VI - 5 Le développement en série de Taylor

Il est évident que, par un changement de variable, on peut transformer le problème du calcul de $\lim_{t\to\infty} f(t)$ en celui du calcul de $\lim_{t\to 0} f(t)$.

On va supposer que f se comporte comme un polynôme en t au voisinage de zéro et on va essayer de définir une forme confluente de la méthode de Richardson que nous avons utilisé dans le cas discret (paragraphe III-3) :

$$\cdot T_0^{(n)} = S_n$$

$$T_{k+1}^{(n)} = \frac{x_{n+k+1} T_k^{(n)} - x_n T_k^{(n+1)}}{x_{n+k+1} - x_n} \qquad k, n = 0, 1, \ldots$$

Remplaçons la variable discrète n par la variable continue $t = a + n.\Delta t$ et $x_{n+p} = t + p.\Delta t$.

On obtient :

$$T_{k+1}^{(n)} = T_k^{(n)} + \frac{x_n (T_k^{(n)} - T_k^{(n+1)})}{x_{n+k+1} - x_n}$$

d'où :

$$T_{k+1}(t) = T_k(t) + \frac{t}{k+1} \frac{T_k(t) - T_k(t+\Delta t)}{\Delta t}$$

Faisons tendre Δt vers zéro, on obtient la forme confluente du procédé de Richardson :

$$T_0(t) = f(t)$$

$$T_{k+1}(t) = T_k(t) - \frac{t}{k+1}\; T_k'(t) \qquad k = 0, 1, \ldots$$

On a

$$T_1(t) = f(t) - t\, f'(t)$$

$$T_2(t) = f(t) - t\, f'(t) - \frac{t}{2}\, (f'(t) - t\, f''(t) - f'(t))$$

d'où

$$T_2(t) = f(t) - t\, f'(t) + \frac{t^2}{2!}\; f''(t)$$

Supposons que $T_k(t) = f(t) - t\, f'(t) + \ldots + \frac{(-1)}{k!}\, t^k\, f^{(k)}(t)$

on démontre facilement que :

$$T_{k+1}(t) = f(t) - t\, f'(t) + \ldots + \frac{(-1)^{k+1}}{(k+1)!}\; t^{k+1}\; f^{(k+1)}(t)$$

ceci n'est autre que le développement en série de Taylor de f au voisinage de zéro. Dans la pratique, l'utilisation du développement de Taylor peut rendre des services. Prenons, par exemple, $f(t) = e^{-t}$. On obtient pour $t = 0.25$:

$$T_0(t) = 0.77$$

$$T_1(t) = 0.97$$

$$T_2(t) = 0.997$$

$$T_3(t) = 0.9998$$

$$T_4(t) = 0.999993$$

$$T_5(t) = 0.9999997$$

VI - 6 Forme confluente du procédé d'Overholt

Il est possible de construire, pour les fonctions, un procédé analogue au procédé d'Overholt pour les suites (paragraphe IV-1). Soit f une fonction telle que :

$$f(t) - S = \sum_{i>0} a_i\; [f'(t)]^i$$

Le problème est de trouver des estimations de S d'ordre de plus en plus élevé à partir de f(t), f'(t) ... On a :

$$f' = f'' \sum_i i\; a_i\; f'^{\,i-1}$$

Posons $V_0(t) = f(t)$ et $V_1(t) = V_0(t) - \frac{f'(t)}{f''(t)} V'_1(t)$.

On a :

$$V_1 = f - \sum_i i\, a_i\, f'^i = S + \sum_{i=1} (1-i)\, a_i\, f_i' = S + \sum_{i=2} (1-i)\, a_i\, f_i'$$

$$V_1' = f'' \sum_{i=2} i\,(1-i)\, a_i\, f'^{i-1}$$

Posons $V_2(t) = V_1(t) - \frac{f'(t)}{f''(t)} \frac{V_1(t)}{2}$

On trouve que :

$$V_2(t) = S + \sum_{i=3} (1 - \frac{i}{2})(1-i)\, a_i\, f'^i$$

cela suggère donc que la forme confluente du procédé d'Overholt est donnée par la règle :

$$V_0(t) = f(t)$$

$$V_{k+1}(t) = V_k(t) - \frac{f'(t)}{f''(t)} \frac{V_k'(t)}{k+1} \qquad k = 0, 1, \ldots$$

Si l'on suppose que :

$$V_k(t) = S + \sum_{i=k+1} (1 - \frac{i}{k})(1 - \frac{i}{k-1}) \ldots (1-i)\, a_i\, f'^i$$

on trouve facilement que $V_{k+1}(t)$ vérifie la même relation où k est remplacé par k+1.

On a le :

Théorème 133 :

Une condition suffisante pour que $\lim_{t\to\infty} V_k(t) = \lim_{t\to\infty} f(t)\ \forall k$ est que :

$$\lim_{t\to\infty} \frac{f''(t)}{f'(t)} \neq 0$$

démonstration : puisque $\lim_{t\to\infty} f(t) = S$ alors $\lim_{t\to\infty} V_0(t) = S$.

Par conséquent $\lim_{t\to\infty} V_1(t) = S$ si la condition du théorème est remplie. On peut faire le même raisonnement de proche en proche pour tout k.

Pour ce procédé on a :

$$V_1(t) = f(t) - \frac{f'^2(t)}{f''(t)} = \varepsilon_2(t)$$

$$V_2(t) = f - \frac{f'^2}{2f''^3} (f''^2 + f' f''')$$

Malgré sa linéarité ce procédé est plus difficile à mettre en oeuvre que la première forme confluente de l'ε-algorithme car pour ce dernier on utilise, pour effectuer les calculs, la relation de récurrence qui existe entre les déterminants fonctionnels de Hankel.

VI - 7 Transformation rationnelle d'une fonction

On peut définir pour les fonctions [39] des transformations rationnelles analogues à celles définies par Pennacchi pour les suites (paragraphe IV - 7).

Définition 28 : On appelle transformation rationnelle d'ordre p et de degré m l'application $T_{p,m}$ qui à la fonction f fait correspondre la fonction $V_{p,m}$ définie par :

$$V_{p,m}(t) = f(t) + \frac{P_m \; (f'(t), \ldots, f^{(p)}(t))}{Q_{m-1} \; (f'(t), \ldots, f^{(p)}(t))}$$

où P_m, Q_{m-1} sont des polynômes homogènes de degrés respectifs m et m-1 par rapport aux variables $f'(t), \ldots, f^{(p)}(t)$. On posera $R_m = P_m \; / \; Q_{m-1}$ et $R_m \equiv 0$ si $f'(t) = \ldots = f^{(p)}(t) = 0$ pour $m > 1$.

L'application $T_{p,m}$ possède les propriétés suivantes :

Propriété 63 :

- $T_{p,m} [a \, f(t) + b] = a \, T_{p,m} [f(t)] + b$
- $T_{p,m} [a] = a$
- les puissances successives d'une transformation rationnelle ne sont pas en général des transformations rationnelles.

Définition 29 : On dit que f est régulière si :

- $\lim_{t\to\infty} f(t) = S$ existe et est finie
- $\exists T : \forall t > T \qquad f'(t) \neq 0$
- $\lim_{t\to\infty} \frac{f'(t)}{f(t) - S} = \rho \neq 0$

Théorème 134 :

Si f est régulière et si

$$Q_{m-1}(1, \rho, \ldots, \rho^{p-1}) \neq 0$$

alors $\lim_{t\to\infty} V_{p,m}(t) = S$

démonstration : on pose pour $t > T$ $\rho_k(t) = f^{(k+1)}(t) / f^{(k)}(t)$ pour $k = 1, \ldots, p-1$.

On a donc :

$$f^{(k)}(t) / f'(t) = \rho_1(t) \ldots \rho_{k-1}(t)$$

d'où $V_{p,m}(t) = f(t) + f'(t) R_m(1, \rho_1, \ldots, \rho_1 \ldots \rho_{p-1})$

on pose $\sigma_0(t) = 1$ et $\sigma_i(t) = \rho_1(t) \ldots \rho_i(t)$ pour $i = 1, \ldots, p-1$ ce qui donne :

$$V_{p,m}(t) = f(t) + f'(t) R_m(1, \sigma_1, \ldots, \sigma_{p-1})$$

d'après la règle de l'Hospital on a :

$$\lim_{t\to\infty} \rho_k(t) = \rho \qquad k = 1, \ldots, p-1$$

et par conséquent :

$$\lim_{t\to\infty} V_{p,m}(t) = \lim_{t\to\infty} f(t) + R_m(1, \rho, \ldots, \rho^{p-1}) \lim_{t\to\infty} f'(t)$$

d'où $\lim_{t\to\infty} V_{p,m}(t) = S$ si $Q_{m-1}(1, \rho, \ldots, \rho^{p-1}) \neq 0$ puisque $\lim_{t\to\infty} f'(t) = 0$; ce qui démontre le théorème.

Pour l'accélération de la convergence nous utiliserons la :

Définition 30 : On dit que $T_{p,m}$ accélère la convergence si :

$$\lim_{t\to\infty} \frac{V_{p,m}(t) - S}{f(t) - S} = 0$$

Théorème 135 :

Une condition nécessaire et suffisante pour que $T_{p,m}$ accélère la convergence est que :

$$R_m(1, \rho, \ldots, \rho^{p-1}) = -1/\rho$$

démonstration :

$$V_{p,m}(t) - S = f(t) - S + f'(t) R_m(\sigma_0, \ldots, \sigma_{p-1})$$

$$\frac{V_{p,m}(t) - S}{f(t) - S} = 1 + \frac{f'(t)}{f(t) - S} R_m(\sigma_0, \ldots, \sigma_{p-1})$$

d'où :

$$0 = 1 + \rho R_m (1, \rho, \ldots, \rho^{p-1})$$

ce qui démontre le théorème.

On obtient également des résultats analogues à ceux donnés par Pennacchi pour les transformations rationnelles de suites. Les démonstrations sont laissées en exercices :

Théorème 136 :

$T_{1,m}$ et $T_{p,1}$ ne peuvent pas accélérer la convergence de toute fonction régulière.

Théorème 137 :

Il existe une et une seule transformation $T_{2,2}$ qui accélère la convergence de toute fonction régulière. Cette transformation est donnée par :

$$V_{2,2}(t) = f(t) - f'^2(t) / f''(t)$$

on voit que $V_{2,2}(t) = \varepsilon_2(t)$.

Définition 31 : on dit que $T_{p,m}$ et $T_{q,k}$ sont équivalentes si :

$$T_{p,m} [f(t)] = T_{q,k} [f(t)]$$

on peut démontrer les :

Théorème 138 :

Pour m > 2, toute transformation $T_{2,m}$ qui accélère la convergence est toujours équivalente à $T_{2,2}$.

Théorème 139 :

il existe une transformation unique d'ordre 2 qui accélère la convergence : c'est $\varepsilon_2(t)$.

VI - 8 Applications

Dans ce paragraphe nous allons donner quelques applications de la première forme confluente de l'ε-algorithme et de celle du ρ-algorithme.

Il est évident que la forme confluente de l'ε-algorithme est difficile à mettre en oeuvre directement sur ordinateur ; il faudrait en effet disposer d'un compilateur capable de dériver formellement les fonctions ε_k. On réalise la mise en oeuvre effective en utilisant l'une des relations :

$$\varepsilon_{2k}(t) = H_{k+1}^{(0)}(t)/H_k^{(2)}(t)$$

ou

$$\varepsilon_{2k}(t) = \varepsilon_{2k-2}(t) - \frac{[H_k^{(1)}(t)]^2}{H_{k-1}^{(2)}(t).H_k^{(2)}(t)}$$

avec $\varepsilon_o(t) = f(t)$. On calcule les déterminants fonctionnels de Hankel à l'aide de leur relation de récurrence :

$$H_{k+2}^{(n-1)}(t).H_k^{(n+1)}(t) + [H_{k+1}^{(n)}(t)]^2 = H_{k+1}^{(n-1)}(t).H_{k+1}^{(n+1)}(t)$$

en partant des conditions initiales :

$$H_o^{(n)}(t) = 1 \text{ et } H_1^{(n)}(t) = f^{(n)}(t) \text{ pour } n = 0,1,\ldots$$

On trouvera dans [19,22,35] des programmes FORTRAN. Signalons qu'il est utile d'avoir à sa disposition un programme de dérivation formelle pour calculer les $f^{(n)}(t)$.

Au lieu d'utiliser la relation de récurrence des déterminants de Hankel fonctionnels on peut également se servir du ω-algorithme qui a été spécialement mis au point par Wynn [238] dans ce but et qui est plus économique :

Les règles du ω-algorithme sont les suivantes :

$$\omega_{-1}^{(n)} = 0 \qquad \omega_0^{(n)} = f^{(n)}(t) \qquad \text{pour } n = 0,1,\ldots$$

$$\left.\begin{aligned} \omega_{2k+1}^{(n)} &= \omega_{2k-1}^{(n+1)} + \omega_{2k}^{(n)} / \omega_{2k}^{(n+1)} \\ \omega_{2k+2}^{(n)} &= \omega_{2k}^{(n+1)}(\omega_{2k+1}^{(n)} - \omega_{2k+1}^{(n+1)}) \end{aligned}\right. \qquad n,k = 0,1,\ldots$$

En utilisant de nouveau le développement de Schweins, Wynn a démontré que l'on avait :

$$\omega_{2k}^{(n)} = H_{k+1}^{(n)}(t) \;/\; H_k^{(n+2)}(t)$$

et par conséquent :

$$\omega_{2k}^{(0)} = \varepsilon_{2k}(t)$$

Dans la mise en oeuvre de cet algorithme, il peut évidemment se produire une division par zéro. Wynn a donné une forme particulière du ω-algorithme qu'il faut utiliser lorsque les $\bar{n}$ premières dérivées de f en t sont nulles. On trouvera dans [238] des programmes ALGOL et dans [19] des programmes FORTRAN.

Remarque : l'étude d'un algorithme similaire au ω-algorithme pour mettre en oeuvre la forme confluente de l'ε-algorithme topologique reste à faire.

La mise en oeuvre de la forme confluente du ρ-algorithme qui est :

$$\rho_{-1}(t) = 0 \quad \rho_0(t) = f(t) \text{ et } \rho_{k+1}(t) = \rho_{k-1}(t) + (k+1)/\rho_k'(t)$$

s'effectue à l'aide des mêmes relations que celles du ω-algorithme, seules les initialisations changent. Cet algorithme est le ω'-algorithme que l'on initialise avec :

$$\omega_0^{(n)'} = f^{(n)}(t) \ / \ n\,! \qquad \text{pour } n = 0,1,\ldots$$

Wynn a démontré que l'on avait alors :

$$\omega_{2k}^{(0)'} = \rho_{2k}(t)$$

et que, comme pour la forme confluente de l'ε-algorithme, les quantités $\rho_{2k}(t)$ s'expriment sous forme d'un rapport de deux déterminants :

$$\rho_{2k}(t) = H_{k+1}^{(0)'}(t) \ / \ H_k^{(2)'}(t)$$

où $H_k^{(n)'}(t)$ est le déterminant obtenu en remplaçant $f^{(i)}(t)$ par $f^{(i)}(t)/i!$ pour tout i dans $H_k^{(n)}(t)$.

On trouvera dans [19] de nombreuses applications au calcul des intégrales impropres et dans [224] la théorie de la convergence de telles méthodes d'intégration.
Soit donc à calculer $I = \int_a^\infty g(x)\,dx$.

Posons $f(t) = \int_a^t g(x)\,dx$. On aura donc $f^{(n)}(t) = g^{(n-1)}(t)$ pour $n = 1, 2, \ldots$ Les quantités $\varepsilon_{2k}(t)$ seront donc des approximations de I. Inversement si l'on connait $\int_a^\infty g(x)\,dx$ on pourra déduire des $\varepsilon_{2k}(t)$ des approximations de $\int_a^t g(x)\,dx$.

La première forme confluente de l'ε-algorithme apparait donc ainsi comme un moyen pour passer d'un intervalle d'intégration fini à un intervalle semi-infini et inversement. C'est une propriété que ne possèdent pas les transformations G de Gray, Atchison, Clark et Schucany [98 à 103] qui fournissent des approximations de $\lim_{t\to\infty} f(t)$ connaissant $f(t)$ et $f(t+k)$ ou $f(t)$ et $f(kt)$.

La valeur de $f(t) = \int_a^t g(x)\,dx$ sera calculée si possible par intégration directe ; dans le cas contraire on l'estimera à l'aide d'une formule de quadrature numérique. Donnons trois exemples :

1°) Passage d'un intervalle d'intégration fini à un intervalle semi-infini

$$\Gamma(\tfrac{1}{2}, t^2) = \sqrt{\pi}\,(1 - \mathrm{erf}\ t) = \int_{t^2}^\infty \frac{e^{-x}}{\sqrt{x}}\,dx.$$

Prenons $f(t) = \int_0^{t^2} \frac{e^{-x}}{\sqrt{x}}\,dx$. Nous aurons :

$$\int_0^\infty \frac{e^{-x}}{\sqrt{x}}\,dx = \Gamma(\tfrac{1}{2}, 0) = \sqrt{\pi} \simeq \varepsilon_{2k}(t)$$

On aura donc :

$$\mathrm{erf}\ t \simeq 1 - \frac{1}{\sqrt{\pi}} \sum_{i=1}^{k} D_{2i-1}(t) = E_k(t)$$

On obtient les résultats suivants :

$t = 1$ $\quad D_1(t) = -0.13836917$ $\quad D_3(t) = -0.\ 415651176.10^{-1}$ $\quad D_5(t) = -0.30309000\ 10^{-2}$

$E_1(t) = 0.86163084$ $\quad E_2(t) = 0.84706566$ $\quad E_3(t) = 0.84403476$

$\mathrm{erf}(1) = 0.84270079$

$t = 1.5$ $\quad D_1(t) = -0.32435536.10^{-1}$ $\quad D_3(t) = -0.12909670.10^{-2}$ $\quad D_5(t) = -0.13913150.10^{-3}$

$E_1(t) = 0.96756448$ $\quad E_2(t) = 0.96627350$ $\quad E_3(t) = 0.96613437$

$\mathrm{erf}(1.5) = 0.96610515$

$t = 2$ $\quad D_1(t) = -0.45926636.10^{-2}$ $\quad D_3(t) = -0.79872380.10^{-4}$ $\quad D_5(t) = -0.46709767\ .10^{-5}$

$E_1(t) = 0.99540734$ $\quad E_2(t) = 0.99532747$ $\quad E_3(t) = 0.99532279$

$\mathrm{erf}(2) = 0.99532227.$

On observe une très nette amélioration de la précision quand t augmente. On remarque également que $D_3(t)$ et $D_5(t)$ sont une bonne approximation de l'erreur sur $E_1(t)$ et $E_2(t)$ et que l'erreur sur $E_3(t)$ est petite devant $D_5(t)$ comme cela avait été mis en évidence au paragraphe VI-3.

Sur cet exemple si l'on effectue les calculs analytiquement on s'aperçoit que l'on retrouve exactement les convergents successifs de la fraction continue obtenue par Levy-Soussan [132].

2°) Passage d'un intervalle d'intégration semi-infini à un intervalle fini. On veut calculer $\Gamma(x) = \int_0^\infty t^{x-1} e^{-t} dt$. Prenons $x = 2$ et $f(t) = \int_0^t x e^{-x} dx$. On a $\Gamma(2) = 1$ et f(2) est calculé par une formule de quadrature dont la précision est de 10^{-5}. On obtient :

t	$\varepsilon_2(t)$	$\varepsilon_4(t)$
6	1.0049	0.99980
8	1.00056	0.999986
10	1.000068	0.9999989
12	1.0000086	0.99999991
14	1.0000011	1.00000002
16	1.0000004	1.00000005

3°) $J_0(x) = \frac{2}{\pi} \int_0^\infty \sin(x \operatorname{ch} u)\, du$. Prenons $f(t) = \frac{2}{\pi} \int_0^t \sin(x \operatorname{ch} u)\, du$ et $t = 7$. f(t) est calculé avec une précision de 10^{-8}.

x	$J_0(x)$	$\varepsilon_2(7)$	$\varepsilon_4(7)$	$\varepsilon_6(7)$
0.1	0.9975	1.0774	0.9983	0.9983
0.3	0.97762	0.96849	0.97754	0.97752
0.5	0.93846	0.94195	0.93849	0.93851

Sur la liaison entre la première forme confluente de l'ε-algorithme et les intégrales définies on pourra consulter [218].

La première forme confluente de l'ε-algorithme peut être appliquée à la résolution d'une équation $g(x) = 0$.

Posons $y = g(x)$; on a $x = g^{-1}(y)$, résoudre $g(x) = 0$ revient donc à chercher $\lim_{y \to 0} g^{-1}(y)$.

En posant $y = 1/t$ et $f(t) = g^{-1}(1/t)$ on voit encore que résoudre $g(x) = 0$ revient à calculer $\lim_{t\to\infty} f(t)$.

Appliquons à f la première forme confluente de l'ε-algorithme. On obtient :

$$\varepsilon_2(t) = x - w_0 \frac{g(t)\, g'(t)}{2g'^2(t) - g(t)\, g''(t)}$$

si l'on suppose que la racine est une racine simple on trouve que $w_0 = 2$, ce qui nous donne la méthode itérative suivante :

$$x_{n+1} = x_n - 2 \frac{g(x_n)\, g'(x_n)}{2g'^2(x_n) - g(x_n)\, g''(x_n)}$$

On retrouve ainsi une méthode itérative connue : la méthode de Schröder. C'est une méthode d'ordre trois. Soit par exemple à résoudre $x = e^{-x}$ dont la racine unique est $x = 0.56714329$ ... Avec $x_0 = 0$ on trouve

	Méthode de Newton	Méthode de Schröder
x_1	0.506	0.571
x_2	0.5603	0.56714329

Si la racine est multiple alors on ne sait plus calculer w_0. On remplacera donc comme précédemment w_0 par :

$$w_0(t) = - \frac{g'(t)}{D_1'(t)}$$

ce qui donne la méthode itérative :

$$x_{n+1} = x_n - \frac{gg'(2g'^2 - gg'')}{2g'^4 - 2gg'^2 g'' + g^2 g' g''' - g^2 g''^2}$$

où toutes les fonctions sont calculées en donnant la valeur x_n à la variable. Soit à résoudre $(x - 1)^6 = 0$ en partant de $x_0 = -2$ à l'aide de cette méthode ; on obtient $x_1 = 1.0000001$ alors que la méthode de Schröder n'est plus que du premier ordre.

Donnons maintenant une application de la forme confluente du ρ-algorithme à l'intégration des équations différentielles [43].

Soit à intégrer l'équation différentielle :

$$y' = f(x,y)$$
$$y(x_0) = y_0$$

avec les hypothèses habituelles sur f. On a :

$$y(x+h) - y(x) = \lim_{t\to\infty} \int_x^{x+h-1/t} f(u,y(u))\, du$$

où h est un paramètre positif arbitraire. D'où l'idée de poser :

$$g(t) = y(x) + \int_x^{x+h-1/t} f(u,y(u))\, du = y(x+h-1/t)$$

Appliquons la forme confluente du ρ-algorithme à cette fonction g. On obtient :

$$\rho_2(t) = y(x+h-1/t) - 2g'^2(t)/g''(t)$$

avec $g'(t) = y'(x+h-1/t)/t^2$

$g''(t) = y''(x+h-1/t)/t^4 - 2y'(x+h-1/t)/t^3$

Puisque $\lim_{t\to\infty} g(t) = y(x+h)$ ceci nous donne l'idée de prendre $\rho_2(t)$ comme approximation de y(x+h). En donnant à t la valeur 1/h on obtient le schéma d'intégration suivant :

y_0 donné

$$y_{n+1} = y_n + 2h \frac{y_n'^2}{2y_n' - hy_n''}$$

où y_n' et y_n'' sont les valeurs respectives de y'(x) et y"(x) obtenues en donnant à x la valeur x_n et à y la valeur approchée y_n dans les relations :

$$y'(x) = f(x,y) \qquad \text{et} \qquad y''(x) = \frac{\partial f(x,y)}{\partial x} + \frac{\partial f(x,y)}{\partial y} f(x,y)$$

Cette méthode est une méthode à pas séparés de la forme

$$y_{n+1} = y_n + h\phi(x_n,y_n,h) \qquad \text{avec} \qquad \phi(x,y,h) = \frac{2y'^2}{2y'-hy''}$$

Il est bien évident que φ n'est définie que si $2y' - hy'' \neq 0$. Si $y' = y'' = 0$ on prendra $\phi(x,y,h) = 0$. Si $y'' \neq 0$ et $y' = 0$ on posera également $\phi(x,y,h) = 0$.

On démontre que cette méthode est consistante avec l'équation différentielle. De plus si f et f' vérifient une condition de Lipschitz par rapport à leur seconde variable et si $f'(x,y) = O(f(x,y))$ pour tout x appartenant à l'intervalle d'intégration et pour tout y tel que $f(x,y) \neq 0$ alors la méthode est stable. Elle est donc convergence et l'on démontre quelle est du second ordre c'est-à-dire que :

$$y_n - y(x_n) = 0(h^2)$$

Mais l'intérêt principal de cette méthode est d'être A-stable au sens de Dahlquist [68] c'est-à-dire que si l'on intégre l'équation différentielle $y' = -\lambda y$ avec $\mathrm{Re}\lambda > 0$ on a $\lim_{n\to\infty} y_n = 0$.

Soit par exemple à intégrer $y' = -10y$ avec $y(0) = 1$. On obtient respectivement avec cette méthode et avec la méthode de Runge-Kutta classique d'ordre 2, les erreurs relatives suivantes :

	x	méthode A-stable	Runge-Kutta
h = 0,01	0,3	$0,25\ 10^{-2}$	$-\ 0,54\ 10^{-2}$
	0,6	$0,50\ 10^{-2}$	$-\ 0,11\ 10^{-1}$
	1,0	$0,83\ 10^{-2}$	$-\ 0,18\ 10^{-1}$
h = 0,04	0,6	$0,79\ 10^{-1}$	$-\ 0,24$
	1,0	0,13	$-\ 0,43$
h = 0,16	0,96	0,97	$-\ 0,15\ 10^{4}$

Remarque 1 : il est théoriquement possible d'obtenir des méthodes d'ordre plus élevé en utilisant ρ_{2k} au lieu de ρ_2 mais il est évident que la méthode devient rapidement d'une utilisation trop difficile puisqu'il faut commencer par dériver l'équation différentielle à intégrer.

Remarque 2 : les méthodes explicites et A-stables sont d'un grand intérêt pratique pour l'intégration des équations différentielles. De nombreuses études ont été faites sur ce sujet depuis un certain temps [165,166,167,178]. Signalons que la méthode précédente peut également être obtenue à partir des approximants de Padé de e^{-x} [73,74,125].

Remarque 3 : la généralisation aux systèmes d'équations différentielles n'est pas encore résolue actuellement.

Remarque 4 : dans la méthode précédente on peut remplacer hy''_n par son approximation $y'_n - y'_{n-1}$. On obtient alors une méthode à pas liés dont l'étude reste à terminer.

Cette méthode peut être appliquée au calcul des intégrales définies [193]. Soit, en effet, à calculer :

$$I = \int_a^b f(x)\, dx$$

ce calcul est équivalent à intégrer l'équation différentielle :

$$y' = f(x)$$

$$y(a) = 0$$

On a bien évidemment y(b) = I et la méthode précédente se simplifie puisque f ne dépend pas de y. Dans ce cas on on :

$$y_0 = 0$$

$$y_{n+1} = y_n + 2h \frac{f^2(x_n)}{2f(x_n) - hf'(x_n)} \qquad (1)$$

Si l'on remplace $hf'(x_n)$ par son approximation $f(x_{n+1}) - f(x_n)$ on obtient :

$$y_0 = 0$$

$$y_{n+1} = y_n + 2h \frac{f^2(x_n)}{3f(x_n) - f(x_{n+1})} \qquad (2)$$

On peut comparer les méthodes (1) et (2) à la méthode des trapézes (T) et à la méthode de Simpson (S) à nombre égal d'évaluations de fonctions (une évaluation supplémentaire est nécessaire pour la méthode (1)). Les exemples suivants sont empruntés à Wuytack [194] qui a étudié trés complètement cette méthode de calcul des intégrales définies.

Soit à calculer $$I = \int_0^1 e^x\, dx = 1{,}7182818...$$

On obtient :

évaluations de fonctions	T	S	(1)	(2)
5	1,727	1,7183	1,73	1,76
15	1,719	1,7182821	1,72	1,72
25	1,7185	1,7182819	1,719	1,719
35	1,7184	1,7182818	1,7187	1,7188
45	1,7183	1,7182818	1,7185	1,7186

Soit maintenant à calculer $I = \int_0^1 \frac{e^x}{(3-e^x)^2} dx = 3,0496468...$

évaluations de fonctions	T	S	(1)	(2)
5	5,3	4,07	3,17	- 63,7
15	3,3	3,10	3,057	76,9
25	3,15	3,059	3,052	3,65
35	3,09	3,052	3,0507	3,27
45	3,08	3,0507	3,0502	3,17

Si f est la dérivée d'une fraction rationnelle dont numérateur et dénominateur sont des polynômes du premier degré alors (1) fournit le résultat exact. La méthode (2) semble souffrir d'une certaine instabilité. Si f possède un pôle à l'extérieur de l'intervalle d'intégration mais au voisinage de l'une de ces bornes les méthodes (1) et (2) donnent des résultats mailleurs que les méthodes classiques ; cela tient au fait que f est mieux représentée alors par une fraction rationnelle que par un polynôme. Pour les fonctions bien "lisses" les méthodes classiques donnent de meilleurs résultats que les méthodes (1) et (2). De telles méthodes d'intégration semblent cependant très intéressantes mais beaucoup de travail reste encore à faire sur ce sujet.

CHAPITRE VII

LES FRACTIONS CONTINUES

VII-1 - Définitions et propriétés

Considérons l'expression suivante :

$$b_0 + \cfrac{a_1}{b_1 + \cfrac{a_2}{b_2 + \cfrac{a_3}{b_3 + \cfrac{a_4}{\ddots}}}} \qquad (1)$$

Pour des raisons typographiques évidentes (1) sera écrite sous la forme :

$$b_0 + \frac{a_1}{b_1 +} \; \frac{a_2}{b_2 +} \; \frac{a_3}{b_3 +} \cdots \qquad (2)$$

ou sous la forme :

$$b_0 + \frac{a_1 |}{|b_1} + \frac{a_2 |}{|b_2} + \frac{a_3 |}{|b_3} + \cdots \qquad (3)$$

Nous utiliserons cette dernière forme car elle nous parait la plus claire.

L'expression (1) (ou les formes équivalentes (2) et (3)) est appelée une fraction continue.

Voyons quelle signification on peut donner à une telle fraction continue.

Donnons d'abord quelques définitions :

a_k et b_k s'appellent respectivement $k^{\text{ième}}$ numérateur partiel et $k^{\text{ième}}$ dénominateur partiel. Le rapport a_k/b_k est le $k^{\text{ième}}$ quotient partiel et la quantité

$$C_n = b_0 + \frac{a_1 |}{|b_1} + \frac{a_2 |}{|b_2} + \cdots + \frac{a_n |}{|b_n} \qquad (4)$$

s'appelle le $n^{\text{ième}}$ convergent (ou approximant) de la fraction continue (1). Le nombre C_n ne peut évidemment être défini que si aucun des dénominateurs rencontrés dans les divisions successives ne s'annule.

Si tous les convergents C_n sont définis, sauf peut-être un nombre fini d'entre eux, et si la quantité :

$$C = \lim_{n \to \infty} C_n \qquad (5)$$

existe alors nous écrirons :

$$C = b_0 + \frac{a_1|}{|b_1} + \frac{a_2|}{|b_2} + \ldots . \qquad (6)$$

On dit dans ce cas que la fraction continue (1) est convergente et qu'elle a C comme valeur. Elle sera dite divergente dans le cas contraire.
Le concept de fraction continue est important en théorie de l'approximation. Considérons par exemple la fraction continue suivante qui a été étudiée par Gauss :

$$\frac{z|}{|1} - \frac{z^2|}{|3} - \frac{z^2|}{|5} - \ldots . - \frac{z^2|}{|2n-1} - \ldots . \qquad (7)$$

Cette formule est valable pour toute valeur de la variable complexe z et sa valeur, qui dépend de z ainsi que ses convergents, est C(z) = tg z.
Calculons par exemple $\text{tg}\,\frac{\pi}{4} = 1$ à l'aide des convergents successifs de cette fraction continue ; on obtient :

$C_1(\frac{\pi}{4}) = 0.78$ $\qquad C_2(\frac{\pi}{4}) = 0.988$

$C_3(\frac{\pi}{4}) = 0.99978$ $\qquad C_4(\frac{\pi}{4}) = 0.9999978$

$C_5(\frac{\pi}{4}) = 0.999999986$ $\qquad C_6(\frac{\pi}{4}) = 0.999999999941$

On voit ainsi que l'utilisation des fractions continues fournit des approximations précises ; elles sont d'ailleurs utilisées pour le calcul de nombreuses fonctions mathématiques standard sur ordinateur [108,132].

Le calcul effectif des convergents successifs d'une fraction continue peut s'effectuer de deux façons différentes. Nous ne donnerons la première que pour mémoire car elle n'est pas utilisée en pratique :

$$D_0 = b_n$$
$$D_{k+1} = b_{n-k-1} + \frac{a_{n-k}}{D_k} \qquad k = 0,\dots,n-1$$

On aura :

$$D_n = C_n$$

La démonstration est évidente. On voit que l'on calcule la suite des dénominateurs de (4) en partant du $n^{\text{ième}}$ quotient partiel pour arriver au premier.

Thèorème 140 :

Posons $C_n = A_n/B_n$. On peut calculer A_n et B_n récursivement à l'aide des relations :

$$\begin{aligned} A_k &= b_k A_{k-1} + a_k A_{k-2} \\ B_k &= b_k B_{k-1} + a_k B_{k-2} \end{aligned} \qquad \text{pour } k = 1,2,\dots \qquad (8)$$

en partant des conditions initiales :

$$A_0 = b_0 \qquad A_{-1} = 1$$
$$B_0 = 1 \qquad B_{-1} = 0$$

démonstration [220] : elle se fait par récurrence. Pour C_1 on a

$$C_1 = b_0 + \frac{a_1|}{|b_1} = \frac{b_0 b_1 + a_1}{b_1}$$

Les relations de récurrence donnent :

$$A_1 = b_1 A_0 + a_1 A_{-1} = b_0 b_1 + a_1$$
$$B_1 = b_1 B_0 + a_1 B_{-1} = b_1$$

Supposons que les relations sont vérifiées jusqu'à $k=n$ et démontrons qu'elles sont encore vraies pour $k=n+1$.

En effet C_{n+1} est obtenu à partir de C_n en remplaçant simplement b_n par $b_n + \frac{a_{n+1}|}{|b_{n+1}}$; d'où d'après (8) :

$$A_{n+1} = (b_n + \frac{a_{n+1}}{b_{n+1}}) A_{n-1} + a_n A_{n-2}$$

$$= \frac{b_{n+1}(b_n A_{n-1} + a_n A_{n-2}) + a_{n+1} A_{n-1}}{b_{n+1}}$$

et de même :

$$B_{n+1} = \frac{b_{n+1}(b_n B_{n-1} + a_n B_{n-2}) + a_{n+1} B_{n-1}}{b_{n+1}}$$

on a donc :

$$A_{n+1} = \frac{b_{n+1} A_n + a_{n+1} A_{n-1}}{b_{n+1}} \quad \text{et} \quad B_{n+1} = \frac{b_{n+1} B_n + a_{n+1} B_{n-1}}{b_{n+1}} \qquad (9)$$

Par conséquent :

$$C_{n+1} = \frac{A_{n+1}}{B_{n+1}} = \frac{b_{n+1} A_n + a_{n+1} A_{n-1}}{b_{n+1} B_n + a_{n+1} B_{n-1}}$$

ce qui termine la démonstration.

Voyons maintenant la relation qui existe entre C_{n-1} et C_n.

On a le :

Théorème 141: deux convergents successifs de la fraction continue (1) sont reliés par :

$$\frac{A_n}{B_n} - \frac{A_{n-1}}{B_{n-1}} = (-1)^{n-1} \frac{a_1 a_2 \ldots a_n}{B_n B_{n-1}} \qquad n = 1,2,\ldots.$$

démonstration : il suffit de montrer que :

$$A_n B_{n-1} - A_{n-1} B_n = (-1)^{n-1} a_1 a_2 \ldots a_n$$

ce qui peut être fait par récurrence. Pour n=1 on a :

$$A_1B_0 - A_0B_1 = a_1$$

Supposons que la formule est vraie jusqu'à l'indice n et démontrons qu'elle reste valable pour n+1. On a pour n+1 :

$$B_nA_{n+1} - A_nB_{n+1} = B_n(b_{n+1}A_n + a_{n+1}A_{n-1})$$

$$- A_n(b_{n+1}B_n + a_{n+1}B_{n-1})$$

d'après le théorème (1). D'où :

$$B_nA_{n+1} - A_nB_{n+1} = - a_{n+1}(B_{n-1}A_n - A_{n-1}B_n)$$

$$= (-1)^n a_1a_2\ldots a_{n+1}$$

ce qui termine la démonstration.

Théorème 142: On peut exprimer le $n^{\text{ième}}$ convergent de la fraction continue (1) sous forme de la somme finie :

$$\frac{A_n}{B_n} = b_0 + \frac{a_1}{B_0B_1} - \frac{a_1a_2}{B_1B_2} + \frac{a_1a_2a_3}{B_2B_3} - \cdots +(-1)^{n+1}\frac{a_1a_2\cdots a_n}{B_{n-1}B_n}$$

démonstration : elle découle de l'utilisation du théorème 141 dans la relation :

$$\frac{A_n}{B_n} = \left(\frac{A_n}{B_n} - \frac{A_{n-1}}{B_{n-1}}\right) + \left(\frac{A_{n-1}}{B_{n-1}} - \frac{A_{n-2}}{B_{n-2}}\right) + \ldots + \left(\frac{A_1}{B_1} - \frac{A_0}{B_0}\right) + \frac{A_0}{B_0}$$

remarque : supposons que $a_i \neq 0$ pour $i=1,\ldots,n$ et que $a_{n+1} = 0$.

D'après la relation du théorème 141 on a

$$\frac{A_{n+1}}{B_{n+1}} - \frac{A_n}{B_n} = 0$$

et par conséquent $C_p = C_n$ pour $p = n+1, n+2, \ldots$

On dit dans ce cas que la fraction continue est d'ordre fini n. Elle est égale à C_n.

Le théorème 140 nous a montré comment l'on pouvait exprimer les convergents d'une fraction continue en fonction de ses éléments a_n et b_n. Exprimons maintenant les éléments en fonction des convergents. Pour cela supposons que $a_i \neq 0$ pour tout i ; alors les relations du théorème 140 nous donnent immédiatement :

$$a_n = -\frac{A_n B_{n-1} - A_{n-1} B_n}{A_{n-1} B_{n-2} - A_{n-2} B_{n-1}}$$

$$b_n = \frac{A_n B_{n-2} - B_n A_{n-2}}{A_{n-1} B_{n-2} - A_{n-2} B_{n-1}} \tag{10}$$

avec $b_0 = C_0$, $b_1 = 1$ et $a_1 = C_1 - C_0$

ou encore :

$$a_n = \frac{B_n}{B_{n-2}} \frac{C_{n-1} - C_n}{C_{n-1} - C_{n-2}}$$

$$b_n = \frac{B_n}{B_{n-1}} \frac{C_n - C_{n-2}}{C_{n-1} - C_{n-2}} \tag{11}$$

avec $b_0 = C_0$, $b_1 = 1$ et $a_1 = C_1 - C_0$.

Puisque le rapport $C_n = A_n/B_n$ n'est déterminé qu'à un facteur multiplicatif près, on voit que les B_n peuvent être pris arbitrairement. On obtient ainsi des fractions continues ayant même suite de convergents mais ayant des éléments a_n et b_n différents : on dit, dans ce cas, que les fractions continues ainsi obtenues sont équivalentes. En particulier on peut choisir les B_n de sorte que $B_n/B_{n-1} = 1$ pour tout n.

Soit C une fraction continue :

$$C = b_0 + \frac{a_1|}{|b_1} + \frac{a_2|}{|b_2} + \dots$$

et soit $d_1, d_2, \dots$ des nombres non nuls. Alors, on montre facilement que la fraction continue :

$$C' = b_0 + \frac{d_1 a_1|}{|d_1 b_1} + \frac{d_1 d_2 a_2|}{|d_2 b_2} + \dots + \frac{d_{n-1} d_n a_n|}{|d_n b_n} + \dots$$

est équivalente à la fraction continue C. De plus on a :

$$A'_k = d_1 d_2 \dots d_k A_k \quad \text{et} \quad B'_k = d_1 d_2 \dots d_k B_k$$

Toutes les fractions continues équivalentes à C peuvent être obtenues de cette manière.

VII-2 - Transformation d'une série en fraction continue.

Considérons la série :

$$S = u_0 + u_1 + \dots$$

et appelons S_n ses sommes partielles :

$$S_n = \sum_{i=0}^{n} u_i \qquad n=0,1,\dots$$

On veut lui associer une fraction continue :

$$C = b_0 + \frac{a_1|}{|b_1} + \frac{a_2|}{|b_2} + \dots$$

telle que :

$$C_n = S_n \quad \text{pour} \quad n = 0,1,2\dots$$

Puisque l'on connait les convergents successifs S_n de cette fraction continue on peut obtenir immédiatement ses éléments a_n et b_n à l'aide des relations (11) étudiées au paragraphe précédent.

Pour $n \geq 2$ on a donc :

$$a_n = \frac{S_{n-1} - S_n}{S_{n-1} - S_{n-2}} = - \frac{u_n}{u_{n-1}}$$

$$b_n = \frac{S_n - S_{n-2}}{S_{n-1} - S_{n-2}} = 1 + \frac{u_n}{u_{n-1}} \qquad (12)$$

avec

$$b_0 = S_0 = u_0$$

$$\frac{a_1}{b_1} = S_1 - S_0 = u_1$$

d'où la fraction continue :

$$C = u_0 + \frac{u_1|}{|1} - \frac{\frac{u_2}{u_1}\Big|}{\Big|1+\frac{u_2}{u_1}} - \ldots - \frac{\frac{u_n}{u_{n-1}}\Big|}{\Big|1+\frac{u_n}{u_{n-1}}} - \ldots \qquad (13)$$

Réciproquement, une fraction continue correspond à la série de terme général :

$$u_n = C_n - C_{n-1}.$$

Si nous prenons, comme série particulière, la série de puissances :

$$S = c_0 + c_1 x + c_2 x^2 + \ldots.$$

on obtient, en faisant $u_n = c_n x^n$ dans (13) :

$$S = c_0 + \frac{c_1 x|}{|1} - \frac{\frac{c_2}{c_1}x\Big|}{\Big|1+\frac{c_2}{c_1}x} - \ldots - \frac{\frac{c_n}{c_{n-1}}x\Big|}{\Big|1+\frac{c_n}{c_{n-1}}x} - \ldots \qquad (14)$$

exemple : on a ainsi :

$$\text{Log}(1+x) = \frac{x}{1} - \frac{x^2}{2} + \frac{x^3}{3} - \ldots + (-1)^{n-1}\frac{x^n}{n} + \ldots$$

$$= \frac{x|}{|1} + \frac{\frac{x}{2}|}{|1-\frac{x}{2}} + \ldots + \frac{\frac{n-1}{n}x|}{|1-\frac{n-1}{n}x} + \ldots$$

$$= \frac{x|}{|1} + \frac{1^2x|}{|2-x} + \ldots + \frac{(n-1)^2\,x|}{|n-(n-1)x} + \ldots$$

Etant donnée une suite $\{S_n\}$ qui converge vers S on peut lui associer la série :

$$u_0 + u_1 + \ldots$$

avec $u_0 = S_0$, $u_1 = \Delta S_0, \ldots,$ $u_n = \Delta S_{n-1}, \ldots$

Les sommes partielles de cette série sont égales aux termes S_n de la suite et cette série converge vers S.
Exprimée à l'aide de la suite initiale $\{S_n\}$la fraction continue (13) s'écrit :

$$S_0 + \frac{\Delta S_0|}{|1} - \frac{\frac{\Delta S_1}{\Delta S_0}|}{|1+\frac{\Delta S_1}{\Delta S_0}} - \ldots - \frac{\frac{\Delta S_{n+1}}{\Delta S_n}|}{|1+\frac{\Delta S_{n+1}}{\Delta S_n}} - \ldots \tag{15}$$

Si tous les convergents de cette fraction continue existent sauf un nombre fini d'entre eux alors la fraction continue est convergente et sa valeur est S puisque $C_n = S_n$ et que $\lim\limits_{n\to\infty} S_n = S$.

VII-3 - Contraction d'une fraction continue

Soit $\{C_n\}$ la suite des convergents successifs d'une fraction continue C et soit $\{C_{p_n}\}$ une suite extraite de $\{C_n\}$. Considérons la fraction continue C', d'éléments a'_n et b'_n, dont les convergents successifs C'_n sont égaux à C_{p_n} : on a effectué une contraction de la fraction continue C en la fraction continue C'.

D'après (11) on voit que l'on a :

$$a'_n = \frac{C_{p_{n-1}} - C_{p_n}}{C_{p_{n-1}} - C_{p_{n-2}}} \qquad (16)$$

$$b'_n = \frac{C_{p_n} - C_{p_{n-2}}}{C_{p_{n-1}} - C_{p_{n-2}}}$$

ainsi que $b'_1 = 1$, $a'_1 = C_{p_1} - C_{p_0}$ et $b'_0 = C_{p_0}$

Considérons en détail le cas où $p_n = 2n$; on a :

$$a'_n = \frac{C_{2n-2} - C_{2n}}{C_{2n-2} - C_{2n-4}}$$

$$b'_n = \frac{C_{2n} - C_{2n-4}}{C_{2n-2} - C_{2n-4}}$$

or $C'_n = A'_n/B'_n = C_{2n} = A_{2n}/B_{2n}$; d'où :

$$A_{2n} = b_{2n} A_{2n-1} + a_{2n} A_{2n-2}$$

$$A_{2n-1} = b_{2n-1} A_{2n-2} + a_{2n-1} A_{2n-3} \qquad (17)$$

$$A_{2n-2} = b_{2n-2} A_{2n-3} + a_{2n-2} A_{2n-4}$$

Multiplions la première de ces égalités par b_{2n-2}, la seconde par $b_{2n}\ b_{2n-2}$, la dernière par $-\ a_{2n-1}\ b_{2n}$ et faisons la somme ; il vient :

$$b_{2n-2}\ A_{2n} = (a_{2n}b_{2n-2} + b_{2n}\ b_{2n-1}\ b_{2n-2} + a_{2n-1}\ b_{2n})\ A_{2n-2}$$

$$-\ a_{2n-1}\ a_{2n-2}\ b_{2n}\ A_{2n-4}$$

d'où :

$$A'_n = \frac{a_{2n}\ b_{2n-2} + b_{2n}\ b_{2n-1}\ b_{2n-2} + a_{2n-1}\ b_{2n}}{b_{2n-2}} A'_{n-1} - \frac{a_{2n-1}\ a_{2n-2}\ b_{2n}}{b_{2n-2}} A'_{n-2}$$

et une relation analogue pour les B'_n. On a donc :

$$a'_n = -\frac{a_{2n-1}\ a_{2n-2}\ b_{2n}}{b_{2n-2}}$$

$$\tag{18}$$

$$b'_n = \frac{a_{2n}\ b_{2n-2} + b_{2n}\ b_{2n-1}\ b_{2n-2} + a_{2n-1}\ b_{2n}}{b_{2n-2}}$$

avec $b'_0 = b_0$, $b'_1 = 1$ et $a'_1 = C_2 - C_0 = a_1b_2/(b_1b_2+a_2)$.

Nous venons donc d'effectuer la contraction de la fraction continue

$C = b_0 + \frac{a_1|}{|b_1} + \ldots$ en la fraction continue $C' = b'_0 + \frac{a'_1|}{|b'_1} + \ldots$

où les éléments a'_n et b'_n sont donnés par les relations (18).

VII-4 - Fractions continues associée et correspondante

Considérons la fraction continue :

$$C^{(0)} = b_0 + \frac{a_1x|}{|1} + \frac{a_2x|}{|1} + \ldots \tag{19}$$

On voit, en utilisant les relations de récurrence du théorème 1 que $A_{2k-1}^{(0)}$, $A_{2k}^{(0)}$ et $B_{2k}^{(0)}$ sont des polynômes de degré k en x et que $B_{2k-1}^{(0)}$ est un polynôme de degré k-1 en x.

D'autre part, d'après le théorème 2, on a :

$$C_k^{(0)} - C_{k-1}^{(0)} = (-1)^{k-1} \frac{a_1 a_2 \dots a_k}{B_k^{(0)} B_{k-1}^{(0)}} x^k$$

$$= (-1)^{k-1} \frac{a_1 a_2 \dots a_k}{b_0 + \dots} x^k \tag{20}$$

Ceci montre que les développements de $C_k^{(0)}$ et de $C_{k-1}^{(0)}$ en puissances croissantes de x ont leurs k premiers termes identiques.

Considérons maintenant une série formelle :

$$f(x) = \sum_{i=0}^{\infty} c_i \, x^i \tag{21}$$

Il est possible de choisir b_0, a_1, a_2,... de telle sorte que $C_k^{(0)}$ possède un développement en puissances croissantes de x identique à celui de f(x) jusqu'au terme de degré k compris. On dit que la fraction continue (19) est la fraction continue correspondante à la série (21).

En effectuant une contraction de la fraction continue correspondante, par la méthode exposée au paragraphe précédent, on obtient une fraction continue dont le développement du $k^{\text{ième}}$ convergent en puissances croissantes de x est analogue à celui de f(x) jusqu'au terme de degré 2k compris ; cette fraction continue s'appelle la fraction continue associée à la série (21).
Nous verrons plus loin comment l'on obtient les nombres a_k à partir des coefficients de la série.
Examinons maintenant la connexion entre les fractions continues associée et correspondante et la table de Padé.

Connexion avec l' ε-algorithme

D'après ce que l'on vient de voir, $C_{2k}^{(0)}$ est le rapport de deux polynômes de degré k en x et qui, de plus, possède la propriété :

$$C_{2k}^{(0)} - f(x) = 0(x^{2k+1})$$

Cette propriété n'est autre que la propriété fondamentale de l'approximant de Padé $[k/k]$. Par conséquent, d'après la propriété d'unicité de ceux-ci et la connexion entre l' ε-algorithme et la table de Padé, on a :

$$C_{2k}^{(0)} = [k/k] = \varepsilon_{2k}^{(0)}$$

L'approximant $C_{2k}^{(0)}$ de la fraction continue correspondante à la série est égal à l'approximant $D_k^{(0)}$ de la fraction continue associée.

De même $C_{2k+1}^{(0)}$ est le rapport d'un polynôme de degré k+1 en x sur un polynôme de degré k et qui vérifie :

$$C_{2k+1}^{(0)} - f(x) = 0(x^{2k+2})$$

On a donc également :

$$C_{2k+1}^{(0)} = [k+1/k] = \varepsilon_{2k}^{(1)}$$

Considérons maintenant la série (21) dans laquelle on a groupé les n+1 premiers termes. On peut écrire :

$$f(x) = (c_0 + c_1 x + \ldots + c_n x^n) + x^n(c_{n+1} x + c_{n+2} x^2 + \ldots) \quad (22)$$

Considérons également la fraction continue $C^{(n)}$ correspondante à cette série. Soient $C_k^{(n)}$ ses approximants successifs. $A_{2k-1}^{(n)}$ et $A_{2k}^{(n)}$ sont des polynômes de degré n+k en x, $B_{2k}^{(n)}$ est de degré k et $B_{2k-1}^{(n)}$ est de degré k-1.

Si l'on effectue la division de $A_{2k}^{(n)}$ par $B_{2k}^{(n)}$ suivant les puissances croissantes de x on retrouve les k+1 premiers termes de (22) c'est-à-dire que l'on a , puisque x^n est en facteur :

$$C_{2k}^{(n)} - f(x) = O(x^{n+2k+1})$$

On a donc par conséquent :

$$C_{2k}^{(n)} = [n+k/k] = \varepsilon_{2k}^{(n)} = D_k^{(n)}$$

et de même on aurait :

$$C_{2k+1}^{(n)} = [n+k+1/k] = \varepsilon_{2k}^{(n+1)}$$

On voit que ces différentes fractions continues correspondantes sont reliées par la relations :

$$C_{2k}^{(n+1)} = C_{2k+1}^{(n)} \qquad n,k=0,1,\ldots$$

L' ε-algorithme apparait donc ainsi comme une méthode pour transformer les sommes partielles d'une série en les approximants successifs de diverses fractions continues correspondantes et associées à la série.

Ces diverses fractions continues correspondantes se distinguent par le choix du premier terme (celui correspondant à b_0 dans (19)). Appelons $C^{(n)}$ la fraction continue correspondante à la série (22) de premier terme $c_0 + c_1 x + \ldots + c_n x^n$ et écrivons $C^{(n)}$ sous la forme suivante qui sera plus adaptée à la suite de l'exposé :

$$C^{(n)} = c_0+c_1x+\ldots+c_n x^n + \frac{c_{n+1}x^{n+1}|}{|1} - \frac{q_1^{(n+1)}x|}{|1}$$

$$- \frac{e_1^{(n+1)}x|}{|1} - \ldots - \frac{e_{k-1}^{(n+1)}x|}{|1} - \frac{q_k^{(n+1)}x|}{|1} - \frac{e_k^{(n+1)}x|}{|1} - \ldots \qquad (23)$$

Calcul des éléments de la fraction continue correspondante

Nous allons maintenant donner les expressions des éléments $e_k^{(n)}$ et $q_k^{(n)}$ de ces diverses fractions continues correspondantes. Nous verrons au paragraphe 4.3 un algorithme récursif pour les calculer.

Puisque les coefficients des polynômes $A_{2k}^{(n)}$ et $B_{2k}^{(n)}$ ne sont que des intermédiaires de calcul nous écrirons, pour simplifier les notations :

$$B_{2k}^{(n)} = b_0 + b_1 x + \ldots + b_k x^k$$

On a vu, dans l'étude de la table de Padé, que les coefficients b_i sont solutions du système :

$$c_{n+1} b_k + c_{n+2} b_{k-1} + \ldots + c_{n+k} b_1 + c_{n+k+1} b_0 = 0$$

$$- -$$

$$c_{n+k} b_k + c_{n+k+1} b_{k-1} + \ldots + c_{n+2k-1} b_1 + c_{n+2k} b_0 = 0$$

avec $b_0 = 1$.

On a donc :

$$b_k = (-1)^k \frac{H_k^{(n+2)}(c_{n+2})}{H_k^{(n+1)}(c_{n+1})}$$

D'autre part, en utilisant les relations de récurrence du théorème 140 et les notations de (23) on voit facilement que :

$$b_k = (-1)^k q_1^{(n+1)} q_2^{(n+1)} \ldots q_k^{(n+1)}$$

d'où finalement :

$$q_1^{(n+1)} \ldots q_k^{(n+1)} = \frac{H_k^{(n+2)}(c_{n+2})}{H_k^{(n+1)}(c_{n+1})}$$

et par conséquent :

$$q_k^{(n)} = \frac{H_k^{(n+1)}(c_{n+1})\, H_{k-1}^{(n)}(c_n)}{H_k^{(n)}(c_n)\, H_{k-1}^{(n+1)}(c_{n+1})} \tag{24}$$

Les quantités $e_k^{(n)}$ sont déterminées de façon tout à fait analogue. On trouve que

$$e_k^{(n)} = \frac{H_{k+1}^{(n)}(c_n)\, H_{k-1}^{(n+1)}(c_{n+1})}{H_k^{(n)}(c_n)\, H_k^{(n+1)}(c_{n+1})} \tag{25}$$

L'algorithme Q D

Il existe, comme c'est le cas pour l'ε-algorithme, un algorithme récursif qui évite le calcul effectif des déterminants de Hankel qui interviennent dans les expressions de $q_k^{(n)}$ et de $e_k^{(n)}$: c'est l'algorithme QD de Rutishauser [109,110,164].

$$q_1^{(n)} = c_{n+1}/c_n \qquad e_0^{(n)} = 0 \qquad n = 0,1,\ldots$$

$$q_{k+1}^{(n)}\, e_k^{(n)} = q_k^{(n+1)}\, e_k^{(n+1)} \qquad k = 1,2,\ldots \quad n = 0,1,\ldots \tag{26}$$

$$q_k^{(n)} + e_k^{(n)} = q_k^{(n+1)} + e_{k-1}^{(n+1)}$$

En utilisant (24) et (25) on voit immédiatement que la première des relations (26) est satisfaite. La seconde des relations (26) se démontre de façon analogue à partir de (24), de (25) et de la relation de récurrence entre déterminants de Hankel.

Les nombres $e_k^{(n)}$ et $q_k^{(n)}$ sont placés dans un tableau à double entrée :

$$
\begin{array}{cccccc}
 & q_1^{(0)} & & & & \\
0 & & e_1^{(0)} & & & \\
 & q_1^{(1)} & & q_2^{(0)} & & \\
0 & & e_1^{(1)} & & e_2^{(0)} & \cdots \\
 & q_1^{(2)} & & q_2^{(1)} & \vdots & \\
0 & & e_1^{(2)} & \vdots & \vdots & \\
\vdots & q_1^{(3)} & \vdots & \vdots & \vdots & \\
\vdots & \vdots & \vdots & \vdots & \vdots &
\end{array}
$$

Ils sont calculés à l'aide des relations (26) en allant de gauche et de haut en bas dans ce tableau, à partir des valeurs initiales $e_0^{(n)}$ et $q_1^{(n)}$ $\forall n$.

Il est facile de voir les règles de l'algorithme QD peuvent aussi se déduire de la relation $C_{2k}^{(n+1)} = C_{2k+1}^{(n)}$

Liaison entre l'algorithme QD et l'ε-algorithme

Nous allons, dans ce paragraphe, relier les quantités $q_k^{(n)}$ et $e_k^{(n)}$ calculées à l'aide des relations (26) en partant des conditions initiales $q_1^{(n)} = c_{n+1}/c_n$ aux quantités $\varepsilon_{2k}^{(n)}$ obtenues avec l' ε-algorithme et les conditions initiales $\varepsilon_0^{(n)} = \sum_{i=0}^{n} c_i x^i$.

Utilisons les relations (11) et le fait que les coefficients de la fraction continue sont donnés par :

$$
\begin{aligned}
a_1 &= c_{n+1} x^{n+1} \\
a_{2k} &= - q_k^{(n+1)} x \\
a_{2k+1} &= - e_k^{(n+1)} x
\end{aligned}
\quad \Bigg\} \quad k = 1,2,\ldots
$$

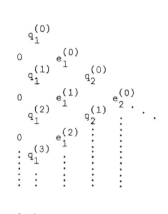

On obtient alors :

$$- q_{k+1}^{(n+1)} x = \frac{B_{2k+2}^{(n)}}{B_{2k}^{(n)}} \quad \frac{C_{2k+1}^{(n)} - C_{2k+2}^{(n)}}{C_{2k+1}^{(n)} - C_{2k}^{(n)}}$$

$$- e_{k+1}^{(n+1)} x = \frac{B_{2k+3}^{(n)}}{B_{2k+1}^{(n)}} \quad \frac{C_{2k+2}^{(n)} - C_{2k+3}^{(n)}}{C_{2k+2}^{(n)} - C_{2k+1}^{(n)}}$$

or $\qquad C_{2k}^{(n)} = \varepsilon_{2k}^{(n)}$ et $C_{2k+1}^{(n)} = \varepsilon_{2k}^{(n+1)}$; d'où :

$$q_{k+1}^{(n+1)} x = \frac{B_{2k+2}^{(n)}}{B_{2k}^{(n)}} \quad \frac{\varepsilon_{2k+2}^{(n)} - \varepsilon_{2k}^{(n+1)}}{\varepsilon_{2k}^{(n+1)} - \varepsilon_{2k}^{(n)}}$$

$$e_{k+1}^{(n+1)} x = \frac{B_{2k+3}^{(n)}}{B_{2k+1}^{(n)}} \quad \frac{\varepsilon_{2k+2}^{(n+1)} - \varepsilon_{2k+2}^{(n)}}{\varepsilon_{2k+2}^{(n)} - \varepsilon_{2k}^{(n+1)}}$$

Utilisons de nouveau les relations (11) et le fait que tous les dénominateurs partiels sont égaux à un. On trouve que :

$$B_{2k+1}^{(n)} \left[C_{2k+1}^{(n)} - C_{2k}^{(n)} \right] = B_{2k+2}^{(n)} \left[C_{2k+2}^{(n)} - C_{2k}^{(n)} \right]$$

$$B_{2k+2}^{(n)} \left[C_{2k+2}^{(n)} - C_{2k+1}^{(n)} \right] = B_{2k+3}^{(n)} \left[C_{2k+3}^{(n)} - C_{2k+1}^{(n)} \right]$$

ou encore :

$$B_{2k+1}^{(n)} \left[\varepsilon_{2k}^{(n+1)} - \varepsilon_{2k}^{(n)} \right] = B_{2k+2}^{(n)} \left[\varepsilon_{2k+2}^{(n)} - \varepsilon_{2k}^{(n)} \right]$$

$$B_{2k+2}^{(n)} \left[\varepsilon_{2k+2}^{(n)} - \varepsilon_{2k}^{(n+1)} \right] = B_{2k+3}^{(n)} \left[\varepsilon_{2k+2}^{(n+1)} - \varepsilon_{2k}^{(n+1)} \right]$$

Par conséquent on obtient :

$$\frac{B_{2k+3}^{(n)}}{B_{2k+1}^{(n)}} = \frac{\varepsilon_{2k+2}^{(n)} - \varepsilon_{2k}^{(n+1)}}{\varepsilon_{2k+2}^{(n+1)} - \varepsilon_{2k}^{(n+1)}} \quad \frac{\varepsilon_{2k}^{(n+1)} - \varepsilon_{2k}^{(n)}}{\varepsilon_{2k+2}^{(n)} - \varepsilon_{2k}^{(n)}}$$

et de même :

$$\frac{B_{2k+2}^{(n)}}{B_{2k}^{(n)}} = \frac{\varepsilon_{2k}^{(n+1)} - \varepsilon_{2k}^{(n)}}{\varepsilon_{2k+2}^{(n)} - \varepsilon_{2k}^{(n)}} \quad \frac{\varepsilon_{2k}^{(n)} - \varepsilon_{2k-2}^{(n+1)}}{\varepsilon_{2k}^{(n+1)} - \varepsilon_{2k-2}^{(n+1)}}$$

d'où finalement :

$$e_{k+1}^{(n+1)} x = \frac{\varepsilon_{2k}^{(n+1)} - \varepsilon_{2k}^{(n)}}{\varepsilon_{2k+2}^{(n)} - \varepsilon_{2k}^{(n)}} \quad \frac{\varepsilon_{2k+2}^{(n+1)} - \varepsilon_{2k+2}^{(n)}}{\varepsilon_{2k+2}^{(n+1)} - \varepsilon_{2k}^{(n+1)}} \qquad k = 0,1,\ldots$$

$$q_{k+1}^{(n+1)} x = \frac{\varepsilon_{2k}^{(n)} - \varepsilon_{2k-2}^{(n+1)}}{\varepsilon_{2k}^{(n+1)} - \varepsilon_{2k-2}^{(n+1)}} \quad \frac{\varepsilon_{2k+2}^{(n)} - \varepsilon_{2k}^{(n+1)}}{\varepsilon_{2k+2}^{(n)} - \varepsilon_{2k}^{(n)}} \qquad k = 1,2,\ldots$$

On vérifiera que les relations (26) sont satisfaites. On voit qu'en faisant des rapports de telles quantités on obtient des constantes indépendantes de x ; par exemple $e_{k+1}^{(n+1)} / q_{k+1}^{(n+1)}$ est indépendant de x.

Un tel invariant a également été obtenu par Baker [8] qui démontre que le rapport suivant est indépendant de x :

$$\frac{\left[\varepsilon_{2k}^{(n+1)} - \varepsilon_{2k}^{(n)}\right] \left[\varepsilon_{2k+2}^{(n+1)} - \varepsilon_{2k+2}^{(n)}\right]}{\left[\varepsilon_{2k}^{(n)} - \varepsilon_{2k+2}^{(n+1)}\right] \left[\varepsilon_{2k}^{(n+1)} - \varepsilon_{2k+2}^{(n)}\right]}$$

Nous venons donc de voir comment calculer les quantités $e_k^{(n)}$ et $q_k^{(n)}$ à partir des $\varepsilon_{2k}^{(n)}$.

On sait également calculer les $\varepsilon_{2k}^{(n)}$ à partir des $e_k^{(n)}$ et des $q_k^{(n)}$ en écrivant que $\varepsilon_{2k}^{(n)} = C_{2k}^{(n)}$.

D'autre part comme pour l' ε-algorithme les relations (26) relient des quantités situées aux quatre sommets d'un losange.

Mais la liaison qui existe entre l' ε-algorithme et l'algorithme QD ne s'arrête pas là. Bauer [15,16,17] a mis en évidence un algorithme qui semble être l'algorithme de base ainsi que l'algorithme qui leur sert de lien.

VII-5 - Les algorithmes de losange

Il est bien évident, d'après ce qui précède, qu'il existe une connexion entre l' ε-algorithme de Wynn et l'algorithme QD de Rutishauser. Cette connexion a été trouvée par Bauer ; elle est basée sur la décomposition g d'une fraction continue [17]. Le lien qui existe entre ces deux algorithmes est le η-algorithme [16] . Cet algorithme peut être utilisé à la place de l'ε-algorithme dans toutes les applications ; son avantage est qu'il semble être plus stable numériquement dans certains cas [93]. Tous ces algorithmes relient des quantités situées aux quatre sommets d'un losange ; c'est ce qui leur donne leur nom.

La décomposition g

posons :

$$q_k^{(n)} = g_{2k-2}^{(n)} (C - g_{2k-1}^{(n)})$$

$$e_k^{(n)} = g_{2k-1}^{(n)} (1 - g_{2k}^{(n)})$$

où C est un nombre arbitraire.

Portons ces expressions dans les règles de l'algorithme QD. On voit facilement que ces relations (26) sont satisfaites si les quantités $g_k^{(n)}$ vérifient :

$$g_{2k-1}^{(n)}\, g_{2k}^{(n)} = g_{2k-2}^{(n+1)}\, g_{2k-1}^{(n+1)}$$

$$(1-g_{2k}^{(n)})(C-g_{2k+1}^{(n)}) = (C-g_{2k-1}^{(n+1)})(1-g_{2k}^{(n+1)}) \qquad (27)$$

pour $k = 1,2,\ldots$ et $n = 0,1,\ldots$ .Ces relations (27) sont initialisées avec les conditions :

$$g_0^{(n)} = 1 \qquad g_1^{(n)} = C - c_{n+1}/c_n \qquad \text{pour } n = 0,1,\ldots$$

Il est évident que la fraction continue correspondante (23) peut être exprimée à l'aide de ces quantités $g_k^{(n)}$ au lieu des quantités $e_k^{(n)}$ et $q_k^{(n)}$.
On obtient alors ce qu'on appelle la décomposition g de la fraction continue.

le η-algorithme

Posons maintenant :

$$\eta_k^{(n)} = c_n \prod_{i=1}^{k} r_i^{(n)} \qquad \text{avec } r_{2i}^{(n)} = \frac{1-g_{2i}^{(n)}}{g_{2i}^{(n)}}$$

$$\text{et} \qquad r_{2i+1}^{(n)} = \frac{C-g_{2i+1}^{(n)}}{g_{2i+1}^{(n)}}$$

On vérifiera facilement que :

$$1 + r_{2k}^{(n)} = 1/g_{2k}^{(n)} \qquad 1+r_{2k+1}^{(n)} = C/g_{2k+1}^{(n)}$$

$$1+1/r_{2k}^{(n)} = 1/(1-g_{2k}^{(n)}) \qquad 1+1/r_{2k+1}^{(n)} = C/(C-g_{2k+1}^{(n)})$$

En remplaçant dans les relations (27) du g-algorithme on trouve que les quantités $r_k^{(n)}$ satisfont :

$$(1+r_{2k-1}^{(n)})(1+r_{2k}^{(n)}) = (1+r_{2k-2}^{(n+1)})(1+r_{2k-1}^{(n+1)}) \tag{28}$$

$$(1+1/r_{2k}^{(n)})(1+1/r_{2k+1}^{(n)}) = (1+1/r_{2k-1}^{(n+1)})(1+1/r_{2k}^{(n+1)})$$

avec les conditions initiales :

$$r_0^{(n)} = 0 \qquad \text{et} \qquad r_1^{(n)} = \frac{c_{n+1}}{c\, c_n - c_{n+1}}$$

L'établissement des règles de l' η-algorithme est un peu plus compliqué.

On a :

$$\eta_{2k-1}^{(n)} + \eta_{2k}^{(n)} = c_n \; (1+r_{2k}^{(n)}) \prod_{i=1}^{2k-1} r_i^{(n)}$$

$$\eta_{2k-2}^{(n+1)} + \eta_{2k-1}^{(n+1)} = c_{n+1} \; (1+r_{2k-1}^{(n)}) \prod_{i=1}^{2k-2} r_i^{(n+1)}$$

On a également :

$$c\, c_n = c_{n+1}(1+1/r_1^{(n)})$$

et l'on peut écrire :

$$r_k^{(n)} = (1+r_k^{(n)}) \frac{1}{1+1/r_k^{(n)}}$$

En portant dans les relations (28) on obtient les règles de l'η-algorithme :

$$C(\eta_{2k-1}^{(n)} + \eta_{2k}^{(n)}) = \eta_{2k-2}^{(n+1)} + \eta_{2k-1}^{(n+1)}$$

$$\frac{1}{C}\left(\frac{1}{\eta_{2k}^{(n)}} + \frac{1}{\eta_{2k+1}^{(n)}}\right) = \frac{1}{\eta_{2k-1}^{(n+1)}} + \frac{1}{\eta_{2k}^{(n+1)}}$$

avec les conditions initiales :

$$\frac{1}{\eta_{-1}^{(n)}} = 0 \qquad \text{et} \qquad \eta_0^{(n)} = c_n$$

On montre également que le η-algorithme et l'algorithme QD sont reliés par :

$$\frac{C}{q_k^{(n)}} = (1 + \eta_{2k-2}^{(n)} / \eta_{2k-3}^{(n)})(1 + \eta_{2k-2}^{(n)} / \eta_{2k-1}^{(n)})$$

$$\frac{C}{e_k^{(n)}} = (1 + \eta_{2k-1}^{(n)} / \eta_{2k-2}^{(n)})(1 + \eta_{2k-1}^{(n)} / \eta_{2k}^{(n)})$$

L' ε-algorithme

Posons maintenant :

$$\varepsilon_{2k}^{(n)} = \sum_{i=0}^{n} \frac{\eta_0^{(i)}}{C^i} + \frac{1}{C^{n+1}} \sum_{i=0}^{2k-1} \eta_i^{(n+1)}$$

$$\varepsilon_{2k+1}^{(n)} = C^{n+1} \sum_{i=0}^{2k} \frac{1}{\eta_i^{(n+1)}}$$

On montre, en utilisant la premières des règles (29) de l' η-algorithme, que l'on a :

$$\varepsilon_{2k}^{(n+1)} - \varepsilon_{2k}^{(n)} = \eta_{2k}^{(n+1)} / C^{n+1}$$

$$\varepsilon_{2k+2}^{(n)} - \varepsilon_{2k}^{(n+1)} = \eta_{2k+1}^{(n+1)} / C^{n+1}$$

Avec la seconde des relations (29) on trouve de même que :

$$\varepsilon_{2k+1}^{(n+1)} - \varepsilon_{2k+1}^{(n)} = C^{n+1} / \eta_{2k+1}^{(n+1)}$$

$$\varepsilon_{2k+1}^{(n)} - \varepsilon_{2k-1}^{(n+1)} = C^{n+1} / \eta_{2k}^{(n+1)}$$

On obtient par conséquent :

$$(\varepsilon_k^{(n+1)} - \varepsilon_k^{(n)})(\varepsilon_{k+1}^{(n)} - \varepsilon_{k-1}^{(n+1)}) = 1$$

qui n'est autre que la règle habituelle de l' ε-algorithme. On voit que cette règle est indépendante de C. Les conditions initiales sont obtenues directement à partir de celles de l' η-algorithme :

$$\varepsilon_{-1}^{(n)} = 0 \qquad \varepsilon_0^{(n)} = \sum_{i=0}^{n} \frac{c_i}{C^i} = \sum_{i=0}^{n} c_i\, x^i$$

en posant $x = 1/C$.

On retrouve donc ainsi les résultats classiques de l' ε-algorithme.

VII-6 - Quelques résultats de convergence

L'importance des fractions continues dans la théorie de l'ε-algorithme et de la table de Padé se manifeste surtout dans les résultats de convergence ; en effet la convergence des diagonales du tableau ε et de la moitié supérieure de la table de Padé revient à la convergence de la fraction continue associée à la série.

Nous ne donnerons ici que quelques résultats ; pour des compléments on pourra se reporter à [122,123,143,152,185,197,220].

Convergence des fractions continues correspondantes

Considérons une série :

$$c_0 + c_1 x \text{ et } c_2 x^2 + \ldots$$

et sa fraction continue correspondante :

$$\frac{1|}{|1} - \frac{a_2x|}{|1} - \frac{a_3x|}{|1} - \ldots$$

Le premier problème qui se pose est le suivant : si la série et la fraction continue convergent ont-elles mêmes limites ? La réponse est donnée par un théorème dû à Van Vleck [183] :

Théorème 143 : Si la fraction continue correspondante converge uniformément pour $|x| \leq M$ alors la série a un rayon de convergence au moins égal à M et sa somme est égale à la valeur de la fraction continue correspondante.

Démonstration : Soit $C_k(x)$ le $k^{\text{ième}}$ approximant de la fraction continue correspondante à la série.

Si la suite $\{C_k(x)\}$ converge uniformément pour $x \leq M$ alors il existe K tel que $\forall k > K$ le développement de $C_k(x)$ suivant les puissances croissantes de x converge pour $|x| \leq M$. Posons :

$$u_1(x) = C_k(x)$$

$$u_i(x) = C_{k+i-1}(x) - C_{k+i-2}(x) \qquad i = 2,3,\ldots$$

On a :

$$\sum_{i=1}^{\infty} u_i(x) = \lim_{k\to\infty} C_k(x) = u(x)$$

uniformément pour $x \leq M$, ou u est une fonction analytique pour $|x| < M$.

D'après le théorème de Weierstrass la série des dérivées $n^{\text{ièmes}}$ converge vers $u^{(n)}(x)$ pour $x < M$:

$$\sum_{i=1}^{\infty} u_i^{(n)}(x) = u^{(n)}(x)$$

Puisque le développement de $C_k(x)$ en puissances croissantes de x est identique à la série depuis le premier terme jusqu'au $k^{\text{ième}}$ terme inclus, on a : en faisant tendre k vers l'infini.

$$\lim_{k\to\infty} C_k(0) = u^{(n)}(0) = \sum_{i=0}^{\infty} u_i^{(n)}(0) = n!\, c_n \qquad n=0,1,\ldots$$

d'où pour $|x| < M$:

$$u(x) = \sum_{i=0}^{\infty} \frac{u^{(i)}(0)}{i!} x^i = \sum_{i=0}^{\infty} c_i x^i$$

ce qui démontre le théorème.

Donnons maintenant un résultat de convergence uniforme pour la fraction continue correspondante [185]:

<u>Théorème 144</u> : Si $|a_k| \leq M$ pour $k = 2,3,\ldots$ alors la fraction continue correspondante converge uniformément pour $|x| \leq 1/4M$.

Démonstration : d'après le théorème 142 on a :

$$\sum_{k=1}^{\infty} \left(\frac{A_k}{B_k} - \frac{A_{k-1}}{B_{k-1}}\right) = 1 + \sum_{k=1}^{\infty} \rho_1 \rho_2 \ldots \rho_k \qquad (30)$$

avec $$\rho_k = \frac{a_{k+1} x B_{k-1}}{B_{k+1}}$$

Démontrons maintenant le résultat intermédiaire suivant :

S'il existe des nombres $r_n \geq 0$ tels que :

$$r_n|1-a_n x-a_{n+1}x| \geq r_n r_{n-2}|a_n x|+|a_{n+1}x| \quad n = 1,2,\ldots \tag{31}$$

avec $a_1 = 0$, $r_0 = r_{-1} = 0$ alors tous les dénominateurs partiels B_k de la fraction continue correspondante sont différents de zéro et, de plus, $|\rho_k| \leq r_k$ pour $k = 1,2,\ldots$

Pour k = 1 et 2 on a :

$$r_1|1-a_2x| \geq |a_2x|$$

$$r_2|1-a_2x-a_3x| \geq |a_3x|$$

Par conséquent :

$$B_2 = 1-a_2x \neq 0$$

$$B_3 = 1-a_2x-a_3x \neq 0$$

et

$$|\rho_1|=\left|\frac{a_2x}{1-a_2x}\right| \leq r_1$$

$$|\rho_2|=\left|\frac{a_3x}{1-a_2x-a_3x}\right| \leq r_2$$

Démontrons, par récurrence, que cela est vrai pour tout k.

Il faut distinguer deux cas : si $a_{k+2} = 0$ alors $B_{k+2} = B_{k+1}$ et :

$$|\rho_{k+1}| = \left|\frac{a_{k+2} \times B_k}{B_{k+2}}\right| = 0 \leq r_{k+1}$$

Si $a_{k+2} \neq 0$ en prenant $n = k+1$ dans (31) on voit que $r_{k+1} > 0$. De plus :

$$B_{k+2} = (1-a_{k+1}\,x - a_{k+2}\,x)\,B_k - a_k\,a_{k+1}\,x^2\,B_{k-2}$$

ce qui entraine que :

$$\left|\frac{B_{k+2}}{a_{k+2}x\,B_k}\right| = \left|\frac{1-a_{k+1}\,x - a_{k+2}\,x}{a_{k+2}\,x} - \frac{a_{k+1}}{a_{k+2}}\;\frac{a_k\,x\,B_{k-2}}{B_k}\right|$$

$$\geqslant \left|\frac{1 - a_{k+1}\,x - a_{k+2}\,x}{a_{k+2}\,x}\right| - \left|\frac{a_{k+1}}{a_{k+2}}\right|\,r_{k-1} \geqslant \frac{1}{r_{k+1}} > 0$$

Par conséquent $B_{k+2} \neq 0$ et $|\rho_{k+1}| \leqslant r_{k+1}$; ce qui termine la démonstration de ce résultat intermédiaire.

On vérifiera facilement que si $|a_k x| \leqslant \frac{1}{4}$ alors l'inégalité (31) est satisfaite avec $r_k = k/(k+2)$ pour $k = 1,2,\ldots$

De plus, puisque $|\rho_k| \leqslant r_k$, $1 + \sum_{k=1}^{\infty} r_1\,r_2\ldots\,r_k$ est un majorant de la série (30). On a :

$$1 + \sum_{k=1}^{\infty} r_1\,r_2\ldots r_k = 1 + \sum_{k=1}^{\infty} \frac{2}{(k+1)(k+2)} = 2$$

Par conséquent la série (30) converge uniformément pour $|a_k x| \leqslant 1/4$ $k = 2,3,\ldots$ et son module est inférieur ou égal à deux ; ceci démontre donc la convergence uniforme de la fraction continue correspondante sous les conditions du théorème puisque la série (30) converge et est égale à la valeur de la fraction continue.

Les fractions continues correspondantes aux séries de Stieltjes

Soit la série formelle :

$$f(x) = \sum_{i=0}^{\infty} (-1)^i c_i x^i$$

On dit que cette série est une série de Stieltjes [171] si :

$$c_i = \int_0^{\infty} t^i \, dg(t) \qquad i=0,1,\ldots \tag{32}$$

où g est une fonction bornée non décroissante dans $[0,+\infty)$.

Si la fonction g est donnée et si toutes les intégrales (32) existent alors les nombres c_i sont déterminés de façon unique : ce sont les moments de la fonction g. Réciproquement si la suite $\{c_n\}$ est donnée le problème de la construction de la fonction g s'appelle le problème des moments de Stieltjes. On trouvera dans Widder [188] des conditions pour que la solution de ce problème existe. Une de ces conditions, qui a été démontrée par Carleman [52], est que :

$$H_k^{(0)}(c_0) > 0 \quad \text{et} \quad H_k^{(1)}(c_1) > 0 \qquad \text{pour } k = 0,1,\ldots$$

Considérons la fonction F définie par :

$$F(x) = \int_0^{\infty} \frac{dg(t)}{1 + xt}$$

et supposons que la série $f(x)$ converge pour $|x| < R$.

Alors pour $|x| < R$ $f(x) = F(x)$; en effet on a :

$$f(x) = \sum_{i=0}^{\infty} (-1)^i x^i \int_0^{\infty} t^i \, dg(t)$$

$f(x)$ étant uniformément convergente dans $|x| < R$ on peut intervertir l'intégration et la sommation, d'où :

$$f(x) = \int_0^{\infty} \left\{ \sum_{i=0}^{\infty} (-1)^i (xt)^i \right\} dg(t)$$

et par conséquent :

$$f(x) = \int_0^\infty \frac{dg(t)}{1 + xt} = F(x)$$

Pour $|x| > R$ alors $F(x)$ est le prolongement analytique de la série $f(x)$. On dira $f(x)$ est le développement formel de $F(x)$.

La fonction F ainsi définie est analytique dans tout domaine ouvert borné du plan complexe ne contenant aucun point du demi axe réel $(-\infty,0]$. Sur cette question on pourra consulter [152]. Une discussion complète est également donnée dans [211] et [218].

Considérons maintenant le cas où la fonction g est constante pour $x > b$. On a alors :

$$c_i = \int_0^b t^i \, dg(t) \qquad i = 0,1,\ldots$$

et
$$F(x) = \int_0^b \frac{dg(t)}{1 + xt}$$

L'étude de la convergence de la fraction continue correspondante à $f(x)$ a été faite par Markov [137] dans le cas ou $0< b< \infty$ et où g est une fonction bornée non décroissante sur $[0,b]$. Le résultat de Markov est le suivant :

<u>Théorème 145</u> La fraction continue correspondante à la série $f(x) = \sum_{i=0}^{\infty} (-1)^i c_i x^i$ avec :

$$c_i = \int_0^b t^i \, dg(t) \qquad i = 0,1,\ldots \qquad 0<b<\infty$$

où g est une fonction bornée non décroissante sur $[0,b]$, converge uniformément vers $F(x) = \int_0^b dg(t)/(1+xt)$ pour tout x appartenant à un ouvert borné du plan complexe ne contenant aucun point de $(-\infty, -b^{-1}]$

remarque : F(x) est analytique dans $|x| < b^{-1}$ et par conséquent f(x) converge pour $|x| < b^{-1}$.

Si g est telle que $g(b-0) \neq g(b)$ alors Wynn [211] a démontré la convergence de f(x) pour $x = b^{-1}$ ainsi que la convergence uniforme de toutes les diagonales du tableau de l' ε-algorithme vers F(x) pour tout x appartenant à un ouvert borné du plan complexe ne contenant aucun point de $(-\infty,-b^{-1}]$.

Dans le même article Wynn a également étudié la convergence des colonnes du tableau de l' ε-algorithme.

Si la suite des coefficients $\{c_n\}$ est une suite totalement monotone alors on est dans un cas particulier d'application du théorème de Markov et du théorème de Wynn qui en découle. On sait en effet que l'on a :

$$c_i = \int_0^1 t^i \, dg(t) \qquad i = 0, 1, \ldots$$

où g est une fonction bornée non décroissante sur $[0,1]$.

Si $0 \leq x \leq 1$ alors la suite $\{x^n\}$ est totalement monotone. Le produit terme à terme de deux suites totalement monotones étant une suite totalement monotone (voir par exemple [185]) il en résulte que $\{c_n x^n\}$ est totalement monotone et que la suite $\{u_n = S_n - S\}$ avec $S_n = \sum_{i=0}^{n} (-1)^i c_i x^i$ est totalement oscillante. On peut donc utiliser également les résultats de III-6 pour démontrer la convergence des colonnes du tableau de l'ε-algorithme vers F(x).

Si maintenant $-1 < x \leq 0$ alors $\{x^n\}$ et $\{c_n x^n\}$ sont des suites totalement oscillantes. Dans ce cas $\{u_n = S - S_n\}$ est totalement monotone et les résultats de III-6 démontrent la convergence des diagonales et des colonnes du tableau de l' ε-algorithme vers F(x).

Il faut remarquer que les résultats de III-6 ne sont que des résultats de convergence ponctuelle et non pas de convergence uniforme.

Pour les séries de Stieltjes dont les coefficients forment une suite totalement monotone, on peut, grâce à certaines inégalités sur les déterminants de Hankel démontrées par Wynn [234] , obtenir de nombreuses inégalités entre approximants de Padé pour $x \in]-R, R[$. La majorité de ces inégalités peut être démontrées uniquement à l'aide de propriétés algébriques des approximants de Padé [28].

Wynn [237] a montré sur des exemples numériques que si $\{c_n\}$ est une suite totalement monotone alors l' ε-algorithme est un procédé très puissant d'accélération de la convergence. Considérons, par exemple, la série formelle :

$$f(x) = \sum_{i=0}^{\infty} (-1)^i \frac{x^i}{i+1}$$

on a donc $\quad c_i = \frac{1}{i+1} = \int_0^1 t^i \, dt$

$$\text{et} \quad F(x) = \int_0^1 \frac{dt}{1+xt} = \frac{1}{x} \operatorname{Log}(1+x)$$

On est par conséquent dans les conditions d'applications des théorèmes de Markov et de Wynn. On sait que la série converge pour $x \in]-1,1]$. Appliquons l' ε-algorithme aux sommes partielles de la série $x f(x)$ pour $x = 1$.

On obtient :

$$\varepsilon_0^{(0)} = 1$$

$$\varepsilon_2^{(0)} = 0,7$$

$$\varepsilon_4^{(0)} = 0,6933\ldots \qquad \operatorname{Log} 2 = 0,6931471805\ldots$$

$$\varepsilon_6^{(0)} = 0,69315\ldots$$

$$\varepsilon_8^{(0)} = 0,6931473\ldots$$

$$\varepsilon_{10}^{(0)} = 0,69314718\ldots$$

alors que $S_{10} = 0,7365...$

Lorsque $x=2$ la série $f(x)$ diverge et la fraction continue correspondante doit cependant converger vers $\mathrm{Log}(1+x)$ qui est le prolongement analytique de la série. Dans ce cas on obtient :

$$\varepsilon_0^{(0)} = 2$$

$$\varepsilon_0^{(0)} = 1,14...$$

$$\varepsilon_4^{(0)} = 1,101...$$

$$\varepsilon_6^{(0)} = 1,0988.... \qquad \mathrm{Log}\ 3 = 1,0986122886681...$$

$$\varepsilon_8^{(0)} = 1,098625...$$

$$\varepsilon_{10}^{(0)} = 1,098613...$$

$$\varepsilon_{20}^{(0)} = 1,0986122886698...$$

alors que $S_{10} = 121,35...$ et $S_{20} = 65504,6...$

remarque 1 : le cas où $\{c_n\}$ est une suite totalement monotone et où l'on considère la série $f(x) = \sum_{i=0}^{\infty} (-1)^i c_i x^i$ pour $0 \leqslant x \leqslant 1$ est analogue à celui où l'on considère la série $v(x) = \sum_{i=0}^{\infty} c_i x^i$ pour $-1 \leqslant x \leqslant 0$. Inversement le cas de $f(x)$ pour $-1 \leqslant x \leqslant 0$ est identique au cas de $v(x)$ pour $0 \leqslant x \leqslant 1$. On peut également relier aux deux cas précédents tous les cas où la suite $\{c_n\}$ est totalement oscillante.

remarque 2 : sur l'exemple précédent on pourra consulter [92].

VII-7 - Les fractions continues d'interpolation

Soit f une fonction dont on connait la valeur aux abscisses distinctes $x_0, x_1, \ldots$ On sait que l'on peut définir les différences réciproques de f par [142] :

$$\rho_0(x_k) = f(x_k) \qquad k = 0, 1, \dots$$

$$\rho_1(x_0, x_1) = \frac{x_0 - x_1}{\rho_0(x_0) - \rho_0(x_1)}$$

$$\rho_2(x_0, x_1, x_2) = \frac{x_0 - x_2}{\rho_1(x_0, x_1) - \rho_1(x_1, x_2)} + \rho_0(x_1) \qquad \text{etc...}$$

Ces différences réciproques ne sont autres que les quantités $\rho_k^{(0)}$ rencontrées dans le ρ-algorithme. En remplaçant x_0 par x_n, x_1 par $x_{n+1}, \dots$ on obtiendrait de même les quantités notées $\rho_k^{(n)}$.

La formule d'interpolation de Thiele

A partir de ces différences réciproques, il est possible de développer $f(x)$ en fraction continue. C'est la formule d'interpolation de Thiele [174]; d'après ce qui précède on a :

$$\rho_1(x, x_0) = \frac{x - x_0}{f(x) - f(x_0)}$$

d'où :

$$f(x) = f(x_0) + \frac{x - x_0}{\rho_1(x, x_0)}$$

or on a, en utilisant la notation $\rho_k^{(n)} = \rho_k(x_n, x_{n+1}, \dots, x_{n+k})$:

$$\rho_1(x, x_0) = \rho_1^{(0)} + \frac{x - x_1}{\rho_2(x, x_0, x_1) - \rho_0^{(0)}}$$

$$\rho_{k-1}(x,x_0,\ldots,x_{k-2}) = \rho_{k-1}^{(0)} + \frac{x - x_{k-1}}{\rho_k(x,x_0,\ldots,x_{k-1}) - \rho_{k-2}^{(0)}}$$

d'où finalement :

$$f(x) = \rho_0^{(0)} + \frac{x-x_0|}{|\rho_1^{(0)}} + \frac{x-x_1|}{|\rho_2^{(0)}-\rho_0^{(0)}} + \frac{x-x_2|}{|\rho_3^{(0)} - \rho_1^{(0)}} + \ldots$$

ou encore :

$$f(x) = \alpha_0 + \frac{x-x_0|}{|\alpha_1} + \frac{x-x_1|}{|\alpha_2} + \ldots \qquad (33)$$

avec $\alpha_0 = \rho_0^{(0)}$, $\alpha_k = \rho_k^{(0)} - \rho_{k-2}^{(0)}$ pour $k=1,\ldots$

et la convention $\rho_{-1}^{(n)} = 0$ pour tout n.

Appelons $C_k(x)$ le $k^{\text{ième}}$ approximant de cette fraction continue pour $k = 0,1,\ldots$

On a la propriété fondamentale :

$$C_k(x_i) = f(x_i) \quad \text{pour} \quad i=0,\ldots,k$$

Cette propriété découle du fait que, si $x=x_i$, le $i^{\text{ème}}$ numérateur partiel de la fraction continue est nul ; par conséquent la fraction continue ne comporte qu'un nombre fini de termes et l'on a :

$$C_k(x_i) = \alpha_0 + \frac{x_i-x_0|}{|\alpha_1} + \ldots + \frac{x_i-x_{i-1}|}{|\alpha_i} \qquad i=0,\ldots,k$$

d'après la construction même de cette fraction continuè on a l'identité :

$$f(x_i) = \alpha_0 + \frac{x_i - x_0|}{|\alpha_1} + \ldots + \frac{x_i - x_{i-1}|}{|\alpha_i} + \frac{x_i - x_i|}{|\rho_{i+1}(x_i, x_0, \ldots, x_i) - \rho^{(0)}_{i-1}}$$

ce qui démontre la propriété fondamentale.

De façon plus générale on peut considérer la fraction continue :

$$f(x) = \alpha_0^{(n)} + \frac{x - x_n|}{|\alpha_1^{(n)}} + \frac{x - x_{n+1}|}{|\alpha_2^{(n)}} + \ldots \qquad (34)$$

avec $\alpha_0^{(n)} = \rho_0^{(n)}$, $\alpha_k^{(n)} = \rho_k^{(n)} - \rho_{k-2}^{(n)}$ pour $k=1,\ldots$ et $\rho_{-1}^{(n)} = 0$

Appelons $C_k^{(n)}(x)$ le $k^{\text{ième}}$ convergent de cette fraction continue pour $k = 0,1,\ldots$

On a de même :

$$C_k^{(n)}(x_i) = f(x_i) \qquad i = n,\ldots,n+k$$

L'utilisation des différences réciproques permet donc de développer $f(x)$ en fraction continue. Cette fraction continue prend, aux abscisses x_i utilisées dans la construction des différences réciproques, la même valeur que la fonction f.

En utilisant les relations de récurrence du théorème 140 on montre facilement que :

$$A_{2k-1}^{(n)}(x) = \sum_{i=0}^{k} a_i^{(2k-1)} x^i$$

$$A_{2k}^{(n)}(x) = \sum_{i=0}^{k} a_i^{(2k)} x^i$$

$$B_{2k-1}^{(n)}(x) = \sum_{i=0}^{k-1} b_i^{(2k-1)} x^i$$

$$B_{2k}^{(n)}(x) = \sum_{i=0}^{k} b_i^{(2k)} x^i$$

avec

$$A_0^{(n)}(x) = a_0^{(0)} = \alpha_0^{(n)}$$

$$B_0^{(n)}(x) = b_0^{(0)} = 1$$

$$A_{-1}^{(n)}(x) = a_0^{(-1)} = 1$$

$$B_{-1}^{(n)}(x) = b_0^{(-1)} = 0$$

En identifiant les coefficients de termes de même degré on montre également que les coefficients $a_i^{(k)}$ et $b_i^{(k)}$ sont obtenues à l'aide des relations suivantes :

$$a_0^{(2k-1)} = \alpha_{2k-1}^{(n)} a_0^{(2k-2)} - x_{2k-2+n} a_0^{(2k-3)}$$

$$a_i^{(2k-1)} = \alpha_{2k-1}^{(n)} a_i^{(2k-2)} - x_{2k-2+n} a_i^{(2k-3)} + a_i^{(2k-3)} \qquad i=1,\dots,k-1$$

$$a_k^{(2k-1)} = a_{k-1}^{(2k-3)}$$

puis

$$a_0^{(2k)} = \alpha_{2k}^{(n)} a_0^{(2k-1)} - x_{2k-1+n} a_0^{(2k-2)}$$

$$a_i^{(2k)} = \alpha_{2k}^{(n)} a_i^{(2k-1)} - x_{2k-1+n} a_i^{(2k-2)} + a_{i-1}^{(2k-2)} \qquad i=1,\dots,k-1$$

$$a_k^{(2k)} = \alpha_{2k}^{(n)} a_k^{(2k-1)} + a_{k-1}^{(2k-2)}$$

et de même :

$$b_0^{(2k-1)} = \alpha_{2k-1}^{(n)} b_0^{(2k-2)} - x_{2k-2+n} b_0^{(2k-3)}$$

$$b_i^{(2k-1)} = \alpha_{2k-1}^{(n)} b_i^{(2k-2)} - x_{2k-2+n} b_i^{(2k-3)} + b_{i-1}^{(2k-3)} \qquad i=1,\dots,k-2$$

$$b_{k-1}^{(2k-1)} = \alpha_{2k-1}^{(n)} b_{k-1}^{(2k-2)} + b_{k-2}^{(2k-3)}$$

puis :

$$b_0^{(2k)} = \alpha_{2k}^{(n)} b_0^{(2k-1)} - x_{2k-1+n} b_0^{(2k-2)}$$

$$b_i^{(2k)} = \alpha_{2k}^{(n)} b_i^{(2k-1)} - x_{2k-1+n} b_i^{(2k-2)} + b_{i-1}^{(2k-2)} \qquad i=1,\ldots,k-1$$

$$b_k^{(2k)} = b_{k-1}^{(2k-2)}$$

On voit également en utilisant ces relations que :

$$a_k^{(2k-1)} = 1 \qquad b_{k-1}^{(2k-1)} = \rho_{2k-1}^{(n)}$$

$$a_k^{(2k)} = \rho_{2k}^{(n)} \qquad b_k^{(2k)} = 1$$

D'après ce qui précède on peut donc considérer l'utilisation des différences réciproques comme une méthode pour construire des fractions rationnelles d'interpolation. On voit que les fractions rationnelles ainsi obtenues sont soit le rapport de deux polynômes de degré k soit le rapport d'un polynome de degré k sur un polynôme de degré k-1. Différents auteurs ont étudié le problème général de l'interpolation (ou de l'extrapolation) par une fraction rationnelle où numérateur et dénominateur sont de degré quelconque. Nous y reviendrons plus loin (VII-8). On trouvera dans [34] le cas où la fraction rationnelle est le rapport de deux polynômes généralisés de la forme :

$$a_0 + a_1 \varphi(x) + \ldots + a_k \left[\varphi(x)\right]^k$$

où φ est une fonction arbitraire donnée.

Notons enfin que les fractions continues d'interpolation sont également appelées approximants de Padé de type II. On trouvera dans [13,14,245] des résultats et des applications les concernant.

Il faut signaler une application de l'interpolation par une fraction rationnelle qui peut être intéressante : c'est l'inversion de la transformée de Laplace.

Soit f une fonction réelle ou complexe de la variable réelle t. On appelle transformée de Laplace de f, la fonction F définie par :

$$F(p) = \int_{0}^{\infty} e^{-pt} f(t)\, dt$$

Nous supposerons naturehlement que cette intégrale existe. Le problème de l'inversion de la transformée de Laplace consiste à trouver f lorsque F est connue. L'idée de base de la méthode est simple : on commence par remplacer F par une fraction rationnelle de la variable p (il faut que le degré du dénominateur soit supérieur à celui du numérateur puisque $\lim_{p\to\infty} F(p) = o$). On décompose ensuite cette fraction rationnelle en éléments simples puis on inverse chacun de ces éléments.

Si F est connue pour un certain nombre de valeurs de p alors on peut construire une fraction rationnelle d'interpolation en utilisant le procédé qui vient d'être décrit. L'idée de cette méthode est due à Fouquart [78,79] qui a obtenu de très bons résultats numériques.

Si F est connue par son développement en série alors on peut utiliser les approximants de Padé pour trouver cette fraction rationnelle. Cette idée est due à Longman [134] à qui l'on doit également une méthode d'inversion d'une fraction rationnelle qui ne nécessite pas la décomposition en éléments simples [135] (recherche des racines d'un polynôme). Sur cette question voir également [131].

Ces deux méthodes sont très bonnes numériquement mais beaucoup de travail théorique reste encore à faire pour les étudier complètement.

Etude de l'erreur

On peut écrire :

$$f(x) = C_k^{(n)}(x) + R_k^{(n)}(x)$$

$R_k^{(n)}(x)$ représente l'erreur faite en remplaçant $f(x)$ par le convergent $C_k^{(n)}(x)$.
Le but de ce paragraphe est de donner l'expression de $R_k^{(n)}(x)$ sous l'hypothèse que f est k+1 fois différentiable dans le plus petit intervalle $[a,b]$ contenant $x, x_n, \ldots, x_{n+k}$.
Supposons que, dans $[a,b]$, f ait les pôles $\alpha_1, \alpha_2, \ldots, \alpha_j$ de multiplicités $r_1, r_2, \ldots, r_j$ avec $r_1 + \ldots + r_j = m$.
Supposons de plus qu'aucun de ces pôles ne coïncide avec l'un des points d'interpolation $x_n, \ldots, x_{n+k}$, qu'en dehors des pôles f admette une dérivée $(k+1)^{\text{ième}}$ bornée et que le degré de $B_k^{(n)}$ est plus grand ou égal à m. Posons :

$$\phi(x) = (x-\alpha_1)^{r_1}(x-\alpha_2)^{r_2}\ldots(x-\alpha_j)^{r_j}$$

Alors $f(x)\ \phi(x)$ est borné en tout point de $[a,b]$.

Soit ψ un polynôme tel que $Q(x) = \phi(x)\ \psi(x)$ soit de même degré que $B_k^{(n)}$.
Posons :

$$R_k^{(n)}(x) = g(x)\,\frac{(x-x_n)\ldots(x-x_{n+k})}{B_k^{(n)}(x)\ Q(x)}$$

et considérons :

$$f(t) - \frac{A_k^{(n)}(t)}{B_k^{(n)}(t)} - g(x)\,\frac{(t-x_n)\ldots(t-x_{n+k})}{B_k^{(n)}(t)\ Q(t)}$$

Cette quantité s'annule en $t=x_n,\ldots,x_{n+k}$ et en $t=x$.
On pose donc :

$$\omega(t) = f(t)B_k^{(n)}(t)Q(t) - A_k^{(n)}(t)Q(t) - g(x)(t-x_n)\dots(t-x_{n+k})$$

ω s'annule en $x, x_n, \dots, x_{n+k} \in [a,b]$. D'après le théorème de Rolle ω' s'annule $k+1$ fois dans $[a,b]$, ω'' k fois dans $[a,b], \dots$ et $\omega^{(k+1)}$ s'annule une fois dans $[a,b]$; soit ξ cette abscisse.

Si $k = 2p$ alors Q est de degré p ainsi que $A_k^{(n)}$. Si $k = 2p-1$ alors Q est de degré $p-1$ et $A_k^{(n)}$ est de degré p. Par conséquent $Q(t)\ A_k^{(n)}(t)$ est de degré k et sa dérivée $(k+1)^{\text{ième}}$ est identiquement nulle. On a donc :

$$g(x) = \frac{1}{(k+1)!} \frac{d^{k+1}}{d\xi^{k+1}} \left[f(\xi)\ B_k^{(n)}(\xi)\ Q(\xi)\right]$$

d'où finalement :

$$R_k^{(n)}(x) = \frac{(x-x_n)\dots(x-x_{n+k})}{(k+1)!\ B_k^{(n)}(x)Q(x)} \frac{d^{k+1}}{d\xi^{k+1}} \left[f(\xi)\ B_k^{(n)}(\xi)Q(\xi)\right] \qquad (35)$$

Si f n'a pas de pôles dans $[a,b]$ on peut prendre $Q(x) = B_k^{(n)}(x)$; l'erreur est alors donnée par :

$$R_k^{(n)}(x) = \frac{(x-x_n)\dots(x-x_{n+k})}{(k+1)!\left[B_k^{(n)}(x)\right]^2} \frac{d^{k+1}}{d\xi^{k+1}} \{f(\xi)\ \left[B_k^{(n)}(\xi)\right]^2\} \qquad (36)$$

Le cas confluent

Dans les paragraphes précédents nous avons supposé que les abscisses $x_0, x_1, \dots$ qui interviennent dans les différences réciproques étaient deux à deux distinctes. Nous allons maintenant étudier ce qui se passe lorsque toutes ces abscisses coïncident.

Posons $x_n = t+nh$ pour $n = 0,1 \dots$

Alors les différences réciproques s'écrivent :

$$\rho_0(x_k) = f(x_k)$$

$$\rho_1(x_0,x_1) = \frac{h}{\rho_0(x_1)-\rho_0(x_0)}$$

$$\rho_2(x_0,x_1,x_2) = \rho_0(x_1) + \frac{2h}{\rho_1(x_1,x_2)-\rho_1(x_0,x_1)} \qquad \text{etc...}$$

Faisons maintenant tendre h vers zéro. On obtient la première forme confluente du ρ-algorithme qui a été donnée par Wynn [239] :

$$\rho_{-1}(t) = 0 \qquad \rho_0(t) = f(t)$$

$$\rho_{k+1}(t) = \rho_{k-1}(t) + \frac{k+1}{\rho_k'(t)} \qquad k = 0,1,\ldots$$

On a donc en posant $x = t + h$:

$$f(t+h) = f(t) + \frac{h\,|}{|\alpha_1} + \frac{h\,|}{|\alpha_2} + \ldots \tag{37}$$

avec $\alpha_k = \rho_k(t) - \rho_{k-2}(t)$ pour $k = 1,2,\ldots$

C'est ce qu'on appelle le développement de Thiele d'une fonction. Le développement de Taylor donne le développement d'une fonction en série tandis que celui de Thiele le donne sous forme de fraction continue. De même que le développement de Taylor se termine lorsque la fonction est un polynôme, celui de Thiele se termine lorsque la fonction est une fraction rationnelle dont numérateur et dénominateur sont de mêmes degrés ou dont le degré du dénominateur est inférieur de un à celui du numérateur. L'erreur est donnée par :

$$f(t+h) = C_k(t+h) + R_k(t+h)$$

et

$$R_k(t+h) = \frac{h^{k+1}}{(k+1)!}\,\frac{1}{B_k(t+h)Q(t+h)}\,\frac{d^{k+1}}{d\xi^{k+1}}\left[f(\xi)B_k(\xi)Q(\xi)\right]$$

avec $\xi \in [x,x+h]$.

Remplacons maintenant t par 0 et h par x ; il vient :

$$f(x) = f(0) + \frac{x|}{|\alpha_1} + \frac{x|}{|\alpha_2} + \ldots \qquad (38)$$

avec $\alpha_k = \rho_k(0) - \rho_{k-2}(0)$ pour $k = 1,2,\ldots$

Soient $C_k(x)$ les approximants successifs de cette fraction continue : $C_k(x) = A_k(x)/B_k(x)$. A_{2k-1}, A_{2k} et B_{2k} sont des polynômes de degré k en x tandis que B_{2k-1} est de degré k-1.

Voyons ce que devient la propriété d'interpolation pour la fraction continue lorsque toutes les abscisses coïncident en zéro. Cette propriété d'interpolation peut encore s'écrire :

$$\Delta^p C_k(x_0) = \Delta^p f(x_0) \qquad p = 0,\ldots,k$$

En faisant tendre h vers 0 on voit que l'on a :

$$\frac{d^p}{dt^p} C_k(t) = f^{(p)}(t) \qquad p = 0,\ldots,k$$

Supposons maintenant que f soit un développement en série formelle :

$$f(t) = \sum_{i=0}^{\infty} c_i t^i$$

On a :

$$f^{(p)}(0) = p!\ c_p$$

D'autre part on peut développer C_k suivant les puissances croissantes de t ; d'où :

$$C_k(t) = \sum_{i=0}^{\infty} c_i^! \, t^i$$

et par conséquent :

$$f^{(p)}(0) = p! \; c_p = C_k^{(p)}(0) = p! \; c_p' \qquad \text{pour } p = 0,\ldots,k$$

Ce qui montre que :

$$c_p = c_p' \quad \text{pour } p=0,\ldots,k$$

Le résultat fondamental auquel on aboutit est par conséquent le suivant :

$$C_k(x) - f(x) = O(x^{k+1})$$

Les convergents successifs de cette fraction continue sont donc les approximants de Padé de f puisque ceux-ci sont uniques lorsqu'ils existent :

$$C_{2k}(x) = [k/k] = \varepsilon_{2k}^{(0)}$$

$$C_{2k-1}(x) = [k/k-1] = \varepsilon_{2k-2}^{(1)}$$

De plus on a l'expression de l'erreur :

$$f(x) - C_k(x) = \frac{x^{k+1}}{(k+1)! \; B_k(x)Q(x)} \; \frac{d^{k+1}}{dt^{k+1}} [f(t) \; B_k(t)Q(t)] \tag{39}$$

avec $t \in [0,x]$. Cette relation donne par conséquent la constante qui intervient dans la notation $O(x^{k+1})$. Si f n'a pas de pôle dans $[0,x]$ alors :

$$f(x)-C_k(x) = \frac{x^{k+1}}{(k+1)! [B_k(x)]^2} \; \frac{d^{k+1}}{dt^{k+1}} \{f(t) \; [B_k(t)]^2\} \tag{40}$$

Une autre conséquence de ceci est que la fraction continue précédente (38) est équivalente à la fraction continue (19) ou (23) pour n=0 obtenue à l'aide de l'algorithme QD de Rutishauser ; en d'autres termes il existe une connexion entre l'algorithme QD et la forme confluente du ρ-algorithme. C'est ce que nous allons maintenant exposer :

On a vu que $c_p = f^{(p)}(0)/p!$. Il est facile de voir [238] que si on applique la première forme confluente du ρ-algorithme à la fonction f donnée par son développement en série alors :

$$\rho_{2k}(0) = \frac{H_{k+1}^{(0)}(c_0)}{H_k^{(2)}(c_2)}$$

$$k=0,1,\ldots$$

$$\rho_{2k+1}(0) = \frac{H_k^{(3)}(c_3)}{H_{k+1}^{(1)}(c_1)}$$

Ecrivons maintenant que la fraction continue (38) est équivalente à la fraction continue (23) dans laquelle on a pris $n=0$. On doit donc (voir paragraphe VII-1) trouver les nombres $d_1, d_2, \ldots$ tels que :

$$\alpha_1 d_1 = 1$$
$$d_1 = c_1$$
$$\alpha_2 d_2 = 1$$
$$d_1 d_2 = -q_1^{(1)}$$
$$\ldots\ldots\ldots\ldots$$
$$\alpha_{2k} d_{2k} = 1$$
$$d_{2k-1} d_{2k} = -q_k^{(1)}$$
$$\alpha_{2k+1} d_{2k+1} = 1$$
$$d_{2k} d_{2k+1} = -e_k^{(1)}$$
$$\ldots\ldots\ldots\ldots$$

d'où finalement les relations :

$$-\alpha_{2k}\,\alpha_{2k+1}\,e_k^{(1)} = 1$$

$$-\alpha_{2k}\,\alpha_{2k-1}\,q_k^{(1)} = 1 \qquad (41)$$

En utilisant la définition des quantités α_k, $\rho_k(0)$, $q_k^{(1)}$ et $e_k^{(1)}$ ainsi que la relation de récurrence entre les déterminants de Hankel, on vérifiera facilement que les relations précédentes sont satisfaites.

En utilisant le fait que $\rho_k(0) - \rho_{k-2}(0) = k/\rho'_{k-1}(0)$ les relations précédentes peuvent également s'écrire :

$$- 2k(2k+1)\, e_k^{(1)} = \rho'_{2k-1}(0) \quad \rho'_{2k}(0)$$

$$- 2k(2k-1)\, q_k^{(1)} = \rho'_{2k-1}(0) \quad \rho'_{2k-2}(0) \qquad (42)$$

Ces relations sont a rapprocher de celles du ω'-algorithme défini par Wynn et utilisées pour le calcul des intégrales impropres lement comparer ces relations à celles de la généralisation de l'algorithme QD donnée par Wuytack [190] qui est également utilisée pour construire des fractions continues d'interpolation.

Les relations (41) sont reliées à celles établies au paragraphe VII-4. de la façon suivante :
d'après les relations (11) on peut exprimer les éléments d'une fraction continue en fonction de ses approximants successifs ; on a :

$$x = \frac{B_{2k+1}(x)}{B_{2k-1}(x)} \; \frac{C_{2k}(x)-C_{2k+1}(x)}{C_{2k}(x)-C_{2k-1}(x)}$$

$$\alpha_{2k} = \frac{B_{2k}(x)}{B_{2k-1}(x)} \; \frac{C_{2k}(x)-C_{2k-2}(x)}{C_{2k-1}(x)-C_{2k-2}(x)}$$

$$\alpha_{2k+1} = \frac{B_{2k+1}(x)}{B_{2k}(x)} \; \frac{C_{2k+1}(x)-C_{2k-1}(x)}{C_{2k}(x) \;\; -C_{2k-1}(x)}$$

Dans (41) remplaçons α_{2k} et α_{2k+1} par leurs expressions et multiplions par x : on retrouve immédiatement les relations du paragraphe VII-4.
On peut également lier directement l'ε-algorithme et la première forme confluente du ρ-algorithme. A partir des relations du paragraphe VII-4 et de (41) on obtient :

$$\frac{\varepsilon_{2k}^{(1)}-\varepsilon_{2k}^{(0)}}{\varepsilon_{2k+2}^{(0)}-\varepsilon_{2k}^{(0)}} \qquad \frac{\varepsilon_{2k+2}^{(1)}-\varepsilon_{2k+2}^{(0)}}{\varepsilon_{2k+2}^{(1)}-\varepsilon_{2k}^{(1)}} = - \frac{x}{[\rho_{2k+2}(0)-\rho_{2k}(0)]\,[\rho_{2k+3}(0)-\rho_{2k+1}(0)]}$$

$$\frac{\varepsilon_{2k}^{(0)}-\varepsilon_{2k-2}^{(1)}}{\varepsilon_{2k}^{(1)}-\varepsilon_{2k-2}^{(1)}}\;\frac{\varepsilon_{2k+2}^{(0)}-\varepsilon_{2k}^{(1)}}{\varepsilon_{2k+2}^{(0)}-\varepsilon_{2k}^{(0)}} = -\frac{x}{[\rho_{2k+4}(0)-\rho_{2k+2}(0)]\,[\rho_{2k+3}(0)-\rho_{2k+1}(0)]}$$

lorsque : $\varepsilon_0^{(n)} = \sum_{i=0}^{n} c_i\, x^i$

$$f(t) = \sum_{i=0}^{\infty} c_i\, x^i$$

$$\rho_0(0) = f(0) = c_0$$

VII-8 - L'interpolation d'Hermite rationnelle

Le problème de l'interpolation d'Hermite par des fractions rationnelles ne conduit pas directement à des algorithmes d'accélération de la convergence. Cependant, comme nous allons le voir, il existe un lien très étroit avec ceux-ci et c'est la raison pour laquelle nous allons en parler brièvement.

Le problème de l'interpolation d'Hermite consiste à chercher une fraction rationnelle r telle que :

$$r^{(i)}(x_j) = y_j^{(i)}$$

pour $i=0,\ldots,n_j$ et $j=0,\ldots,m$ où les abscisses d'interpolation x_j sont données ainsi que les nombres $y_j^{(i)}$.

On voit que, formulé de cette façon, ce problème contient certains de ceux que nous avons étudiés précédemment. En effet si m=0 ce problème n'est rien d'autre que celui des approximants de Padé. Par contre si $n_j = 0$ pour tout j c'est le problème de l'interpolation par une fraction rationnelle dont numérateur et dénominateur sont de degré quelconque ; il généralise donc le problème d'interpolation étudié au paragraphe précédent à l'aide du ρ-algorithme.

Si maintenant le degré du dénominateur de r est nul et si m=0 la solution du problème est donnée par le développement en série de

Taylor (paragraphe VI-5) tandis que si $n_j = o$ pour tout j c'est le procédé de Neville-Aitken qui résoud la question (paragraphe II-3).

Les premières études sur le problème d'interpolation d'Hermite sont dues à Cauchy qui a traité le cas où tous les n_j sont nuls. Jacobi [116] trouva ensuite des expressions avec des déterminants pour ces fractions rationnelles d'interpolation. Il fallut attendre Kronecker [124] et Thiele [174] pour voir apparaître les premiers algorithmes de calcul. Plus tard, l'étude de ce problème fut reprise, parallèlement à celle des approximants de Padé ; on trouve alors chronologiquement les contributions de Wynn [203], Thacher et Tukey [173], Stoer [172], Larkin [126,127] et Meinguet [140].

Ces toutes dernières années enfin, les bases mêmes de ce problème ont été réexaminées en détail. Wuytack [191,192] a étudié l'existence et la construction de la table des fractions rationnelles d'interpolation ; il a démontré certaines propriétés de cette table ainsi que des relations entre ses éléments. Il a prouvé l'existence de fractions continues dont les convergents successifs forment les éléments de cette table. Dans un autre article, Wuytack [190] a donné un algorithme qui généralise l'algorithme q-d et qui permet de calculer les numérateurs et dénominateurs partiels de ces fractions continues. On trouvera des applications à l'accélération de la convergence dans [189].

Dans sa thèse en 1974, Warner [187] s'est livré à une étude très complète de cette table d'interpolation rationnelle et a obtenu un nombre considérable de relations algébriques la concernant. Il a notamment généralisé la règle de la croix de Wynn (propriété 17). Il s'est livré à une étude systématique des algorithmes de calcul existants et en a proposé un nouveau basé sur la règle de la croix généralisée. Il a enfin également étudié la convergence de ces fractions rationnelles d'interpolation. On pourra consulter également [186].

En 1976, Claessens [62] dans sa thèse a étudié la structure en blocs de la table d'interpolation rationnelle et unifié les définitions de normalité (abscence de blocs) données par Wuytack et par Warner qui différaient quelque peu. En généralisant les déterminants de Hankel ainsi que la notion de bigradient [113] il a donné des formules des interpolants rationnels faisant intervenir les déterminants. Claessens a également étudié les algorithmes qui permettent de construire la table d'interpolation rationnelle à l'aide des fractions continues. Il a notamment simplifié la généralisation de l'algorithme q-d donnée par Wuytack et dont nous avons parlé plus haut. Enfin il a établi la connexion avec les travaux de Barnsley [11,12] ainsi qu'avec l'algorithme d'Euclide pour trouver le p.g.c.d. de deux polynômes. D'autres résultats sont donnés dans [81].

Tous ces travaux récents, trop longs et trop complexes pour être présentés ici, permettent une bonne connaissance théorique du problème d'interpolation d'Hermite par des fractions rationnelles. Il existe de nombreux algorithmes pour construire ces fractions rationnelles. Les applications à l'analyse numérique restent encore à trouver.

RÉFÉRENCES

[1] *A.C. AITKEN* - On Bernoulli's numerical solution of algebraic equations - Proc. Roy. Soc. Edinburgh, 46 (1926) 289-305.

[2] *A.C. AITKEN* - Determinants and matrices - Oliver and Boyd, 1951.

[3] *N.I. AKHIEZER* - The classical moment problem - Oliver and Boyd, London, 1965.

[4] *G.D. ALLEN, C.K. CHUI, W.R. MADYCH, F.J. NARCOWICH, P.W. SMITH* - Padé approximation and gaussian quadrature - Bull. Austral. Math. Soc., 11 (1974) 63-69.

[5] *G.D. ALLEN, C.K. CHUI, W.R. MADYCH, F.J. NARCOWICH, P.W. SMITH* - Padé approximation and orthogonal polynomials - Bull. Austral. Math. Soc., 10 (1974) 263-270.

[6] *G.D. ALLEN, C.K. CHUI, W.R. MADYCH, F.J. NARCOWICH, P.W. SMITH* - Padé approximation of Stieltjes series - J. Approx. Theory, 14 (1975) 302-316.

[7] *R. ALT* - Méthodes A-stables pour l'intégration des systèmes différentiels mal conditionnés - Thèse 3ème cycle, Paris, 1971.

[8] *G.A. BAKER Jr* - The Padé approximant method and some related generalization in "The Padé approximant in theoretical physics", G.A. Baker Jr. and J.L. Gammel eds., Academic Press, New York, 1970.

[9] *G.A. BAKER Jr* - Essential of Padé approximants - Academic Press, New York, 1975.

[10] *G.A. BAKER Jr, J.L. GAMMEL eds.* - The Padé approximant in theoretical physics - Academic Press, New York, 1972.

[11] *M. BARNSLEY* - The bounding properties of the multipoint Padé approximant to a series of Stieltjes - Rocky Mountains J. Math., 4 (1974) 331-334.

[12] *M. BARNSLEY* - The bounding properties of the multipoint Padé approximant to a series of Stieltjes on the real line - J. Math. Phys., 14 (1973) 299-313.

[13] *J.L. BASDEVANT* - Padé approximants - in "Methods in subnuclear physics", vol. IV, Gordon and Breach, London, 1970.

[14] *J.L. BASDEVANT* - The Padé approximation and its physical applications - Fort. der Physik, 20 (1972) 283-331.

[15] *F.L. BAUER* - Connections between the q-d algorithm of Rutishauser and the ε-algorithm of Wynn - Deutsche Forschungsgemeinschaft Tech. Rep. Ba/106, 1957.

[16] *F.L. BAUER* - Nonlinear sequence transformations - in "Approximation of functions", Garabedian ed., Elsevier, New York, 1965.

[17] *F.L. BAUER* - The g-algorithm - SIAM J., 8 (1960) 1-17.

[18] *N. BOURBAKI* - Fonctions d'une variable réelle (chapitre 5) - Hermann, Paris, 1951.

[19] *L.C. BREAUX* - A numerical study of the application of acceleration techniques and prediction algorithms to numerical integration - M. Sc. Thesis, Louisiana State Univ., New Orleans, 1971.

[20] *C. BREZINSKI* - Convergence d'une forme confluente de l'ε-algorithme - C.R. Acad. Sc. Paris, 273 A (1971) 582-585.

[21] *C. BREZINSKI* - L'ε-algorithme et les suites totalement monotones et oscillantes - C.R. Acad. Sc. Paris, 276 A (1973) 305-308.

[22] *C. BREZINSKI* - Méthodes d'accélération de la convergence en analyse numérique - Thèse, Univ. de Grenoble, 1971.

[23] *C. BREZINSKI* - Application du ρ-algorithme à la quadrature numérique - C.R. Acad. Sc. Paris, 270 A (1970) 1252-1253.

[24] *C. BREZINSKI* - Etudes sur les ε et ρ-algorithmes - Numer. Math., 17 (1971) 153-162.

[25] *C. BREZINSKI* - Résultats sur les procédés de sommations et l'ε-algorithme - RIRO, R3 (1970) 147-153.

[26] *C. BREZINSKI* - Forme confluente de l'ε-algorithme topologique - Numer. Math., 23 (1975) 363-370.

[27] *C. BREZINSKI* - Computation of Padé approximants and continued fractions - J. Comp. Appl. Math., 2 (1976) 113-123.

[28] *C. BREZINSKI* - Séries de Stieltjes et approximants de Padé - Colloque Euromech 58, Toulon, 12-14 mai 1975.

[29] *C. BREZINSKI* - Some results in the theory of the vector ε-algorithm - Linear Algebra, 8 (1974) 77-86.

[30] *C. BREZINSKI* - Some results and applications about the vector ε-algorithm - Rocky Mountains J. Math., 4 (1974) 335-338.

[31] *C. BREZINSKI* - Généralisations de la transformation de Shanks, de la table de Padé et de l'ε-algorithme - Calcolo 12 (1975) 317-360.

[32] *C. BREZINSKI* - Comparaison de suites convergentes - RIRO, R2 (1971) 95-99.

[33] *C. BREZINSKI* - Limiting relationships and comparison theorems for sequences - Rend. Circ. Mat. Palermo, à paraître.

[34] *C. BREZINSKI* - Généralisation des extrapolations polynomiales et rationnelles - RAIRO, R1 (1972) 61-66.

[35] *C. BREZINSKI* - Méthodes numériques générales pour l'accélération de la convergence - à paraître.

[36] *C. BREZINSKI* - Génération de suites totalement monotones et oscillantes - C.R. Acad. Sc. Paris, 280 A (1975) 729-731.

[37] *C. BREZINSKI* - A bibliography on Padé approximation and some related matters. dans "Padé approximants method and its applications to mechanics", Lecture Notes in Physics 47, H. Cabannes ed., Springer-Verlag.

[38] *C. BREZINSKI* - Accélération de suites à convergence logarithmique - C.R. Acad. Sc. Paris, 273 A (1971) 727-730.

[39] *C. BREZINSKI* - Transformation rationnelle d'une fonction - C.R. Acad. Sc. Paris, 273 A (1971) 772-774.

[40] *C. BREZINSKI* - Accélération de la convergence de suites dans un espace de Banach - C.R. Acad. Sc. Paris, 278 A (1974) 351-354.

[41] *C. BREZINSKI* - Conditions d'application et de convergence de procédés d'extrapolation - Numer. Math., 20 (1972) 64-79.

[42] *C. BREZINSKI* - Application de l'ε-algorithme à la résolution des systèmes non linéaires - C.R. Acad. Sc. Paris, 271 A (1970) 1174-1177.

[43] *C. BREZINSKI* - Intégration des systèmes différentiels à l'aide du ρ-algorithme - C.R. Acad. Sc. Paris, 278 A (1974) 875-878.

[44] *C. BREZINSKI* - Sur un algorithme de résolution des systèmes non linéaires - C.R. Acad. Sc. Paris, 272 A (1971) 145-148.

[45] *C. BREZINSKI* - Numerical stability of a quadratic method for solving systems of non linear equations - Computing, 14 (1975) 205-211.

[46] *C. BREZINSKI* - Computation of the eigenelements of a matrix by the ε-algorithm - Linear Algebra, 11 (1975) 7-20.

[47] *C. BREZINSKI, M. CROUZEIX* - Remarques sur le procédé Δ^2 d'Aitken - C.R. Acad. Sc. Paris, 270 A (1970) 896-898.

[48] *C. BREZINSKI, A.C. RIEU* - The solution of systems of equations using the ε-algorithm, and an application to boundary value problems - Math. Comp., 28 (1974) 731-741.

[49] *T.J. BROMWICH* - An introduction to the theory of infinite series - Macmillan, London, 1949, 2d ed.

[50] *R. BULIRSCH, J. STOER* - Fehlerabschatzungen und extrapolation mit rationalen funktionen bei verfahren von Richardson-typus - Numer. Math., 6 (1964) 413-427.

[51] *R. BULIRSCH, J. STOER* - Numerical quadrature by extrapolation - Numer. Math., 9 (1967) 271-278.

[52] *T. CARLEMAN* - Les fonctions quasi-analytiques - Gauthier-Villars, Paris, 1923.

[53] *E.W. CHENEY* - Introduction to approximation theory - McGraw-Hill, (1966).

[54] *J.S.R. CHISHOLM* - Rational approximants defined from double power series - Math. Comp., 27 (1973) 841-848.

[55] *J.S.R. CHISHOLM* - Padé approximants and linear integral equations - in "The Padé approximant in theoretical physics", G.A. Baker Jr. and J.L. Gammel eds., Academic Press, New York, 1970.

[56] *J.S.R. CHISHOLM* - Application of Padé approximation to numerical integration - Rocky Mountains J. Math., 4 (1974) 159-168.

[57] *J.S.R. CHISHOLM* - Padé approximation of single variable integrals - Colloquium on computational methods in theoretical physics, Marseille, 1970.

[58] *J.S.R. CHISHOLM* - Accelerated convergence of sequences of quadrature approximants - second colloquium on computational methods in theoretical physics, Marseille, 1971.

[59] *J.S.R. CHISHOLM, A.C. GENZ, G.E. ROWLANDS* - Accelerated convergence of sequences of quadrature approximation - J. Comp. Phys., 10 (1972) 284-307.

[60] *C.K. CHUI* - Recent results on Padé approximants and related problems - Approximation theory conference, Austin, 1976.

[61] *G. CLAESSENS* - A new look at the Padé table and the different methods for computing its elements - J. Comp. Appl. Math., 1 (1975) 141-151.

[62] *G. CLAESSENS* - Some aspects of the rational Hermite interpolation table and its applications - Thèse, Univ. d'Anvers, 1976.

[63] *W.D. CLARK* - Infinite series transformations and their applications - Thesis, University of Texas, 1967.

[64] *A.K. COMMON, P.R. GRAVES-MORRIS* - Some properties of Chisholm approximants - J. Inst. Maths. Applics., 13 (1974) 229-232.

[65] *F. CORDELLIER* - Interprétation géométrique d'une étape de l'ε-algorithme Publ. 40, Labo. de Calcul, Univ. de Lille, 1973.

[66] *F. CORDELLIER* - Particular rules for the vector ε-algorithm. Numer. Math., 27 (1977) 203-207.

[67] *F. CORDELLIER* - Détermination des suites que le Θ-algorithme transforme en une suite constante - à paraître.

[68] *G. DAHLQUIST* - Convergence and stability in the numerical integration of ordinary differential equations - Math. Scand., 4 (1956) 33-53.

[69] *P.J. DAVIS, P. RABINOWITZ* - Numerical integration - Blaisdell, Waltham, 1967.

[70] *J. DELLA DORA* - Approximation non archimédienne - Colloque d'analyse numérique, Port-Bail, 1976.

[71] *J. DIEUDONNE* - Fondements de l'analyse moderne - Gauthier-Villars, Paris, 1967.

[72] *J. DIEUDONNE* - Calcul infinitésimal - Hermann, Paris, 1968.

[73] *B.L. EHLE* - A-stable methods and Padé approximantions to the exponential - SIAM J. Math. Anal., 4 (1973) 671-680.

[74] *B.L. EHLE* - On Padé approximantions to the exponential function and A-stable methods for the numerical solution of initial value problems - Research rep. CSRR 2010, dept. of AACS, Univ. of Waterloo, Ontario, 1969.

[75] *C. ESPINOZA* - Applications de l'ε-algorithme à des suites non scalaires et comparaison de quelques résultats numériques obtenus avec les ε, ρ et Θ-algorithmes - Mémoire de DEA, Lille, 1975.

[76] *C. ESPINOZA* - Accélération de la convergence des méthodes de relaxation - Thèse 3ème cycle, à paraître.

[77] *V.N. FADDEEVA* - Computational methods of linear algebra - Dover, New York, 1959.

[78] *Y. FOUQUART* - Utilisation des approximants de Padé pour l'étude des largeurs équivalentes des raies formées en atmosphère diffusante - J. Quant. Spectrosc. Radiat. Transfert, 14 (1974) 497-508.

[79] *Y. FOUQUART* - Contribution à l'étude des spectres réfléchis par les atmosphères planétaires diffusantes. Application à Vénus - Thèse, Lille, 1975.

[80] *L. FOX* - Romberg integration for a class of singular integrands - Computer J., 10 (1967) 87-93.

[81] *M.A. GALLUCCI, W.B. JONES* - Rational approximations corresponding to Newton series - J. Approx. Theory, 17 (1976) 366-392.

[82] *F.R. GANTMACHER* - The theory of matrices, vol.1 - Chelsea, New York, 1960.

[83] *E. GEKELER* - On the solution of systems of equations by the epsilon algorithm of Wynn - Math. Comp., 26 (1972) 427-436.

[84] *A. GENZ* - Applications of the ε-algorithm to quadrature problems - in "Padé approximants and their applications", P.R. Graves-Morris ed., Academic Press, New York, 1973.

[85] *B. GERMAIN-BONNE* - Transformations de suites - RAIRO, R1 (1973) 84-90.

[86] *B. GERMAIN-BONNE* - Transformations non linéaires de suites - Séminaire d'analyse numérique, Lille, 28 mars 1973.

[87] *B. GERMAIN-BONNE* - Accélération de la convergence d'une suite par extrapolation - Colloque d'analyse numérique d'Anglet, juin 1971.

[88] *B. GERMAIN-BONNE* - Etude de quelques problèmes d'accélération de convergence - Publication 65, Laboratoire de Calcul, Université de Lille, 1976.

[89] *J. GILEWICZ* - Totally monotonic and totally positive sequences for the Padé approximation method - Rapport 74/P. 619, CPT-CNRS, Marseille.

[90] *J. GILEWICZ* - Thèse (à paraître).

[91] *W.B. GRAGG* - On extrapolation algorithms for ordinary initial value problems - SIAM J. Numer. Anal., 2 (1965) 384-403.

[92] *W.B. GRAGG* - Truncation error bounds for g-fractions - Numer. Math., 11 (1968) 370-379.

[93] *W.B. GRAGG* - The Padé table and its relation to certain algorithms of numerical analysis - SIAM Rev., 14 (1972) 1-62.

[94] *W.B. GRAGG* - Matrix interpretations and applications of the continued fraction algorithm - Rocky Mountains J. Math., 4 (1974) 213-226.

[95] *W.B. GRAGG, G.D. JOHNSON* - The Laurent - Padé table - Proceedings IFIP Congress, North-Holland, (1974) 632-637.

[96] *P.R. GRAVES-MORRIS ed.* - Padé approximants and their applications - Academic Press, New York, 1973.

[97] *P.R. GRAVES-MORRIS ed.* - Padé approximants - The institute of physics, London, 1973.

[98] *H.L. GRAY, T.A. ATCHISON* - A note on the G-transformation - J. Res. NBS, 72 B (1968) 29-31.

[99] *H.L. GRAY, T.A. ATCHISON* - Applications of the G and B transforms to Laplace transform - Proceedings ACM National conference, 1968.

[100] *H.L. GRAY, T.A. ATCHISON* - Nonlinear transformations related to the evaluation of improper integrals - SIAM J. Numer. Anal., 4 (1967) 363-371 et 5 (1968) 451-459.

[101] *H.L. GRAY, T.A. ATCHISON* - The generalized G-transform - Math. of Comp., 22 (1968) 595-606.

[102] *H.L. GRAY, W.D. CLARK* - On a class of nonlinear transformations and their applications to the evaluation of infinite series - J. Res. NBS, 73 B (1969) 251-274.

[103] *H.L. GRAY, W.R. SCHUCANY* - Some limiting cases of the G-transformation - Math. of Comp., 23 (1969) 849-859.

[104] *H.L. GRAY, T.A. ATCHISON, G.V. Mc WILLIAMS* - Higher order G transformations - SIAM J. Numer. Anal., 8 (1971) 365-381.

[105] *T.N.E. GREVILLE* - On some conjectures of P. Wynn concerning the ε-algorithm - MRC Technical summary report 877, Madison, 1968.

[106] *A.O. GUELFOND* - Calcul des différences finies - Dunod, Paris, 1963.

[107] *G.H. HARDY* - Divergent series - Clarendon Press, Oxford, 1949.

[108] *C. HASTING Jr.* - Approximations for digital computers - Princeton University Press, 1955.

[109] *P. HENRICI* - The quotient-difference algorithm - NBS appl. Math. series, 49 (1958) 23-46.

[110] *P. HENRICI* - Elements of numerical analysis - Wiley, 1964.

[111] *P. HENRICI* - Error propagation for difference methods - John Wiley and sons, Wiley, 1963.

[112] *A.S. HOUSEHOLDER* - The numerical treatment of a single nonlinear equation - Mc Graw-Hill, New York, 1970.

[113] *A.S. HOUSEHOLDER, G.W. STEWART* - Bigradients, Hankel determinants and the Padé table - in "Constructive aspects of the fundamental theorem of algebra", B. Dejon and P. Henrici eds., Academic Press, New York, 1969.

[114] *D.B. HUNTER* - The numerical evaluation of Cauchy principal values of integrals by Romberg integration - Numer. Math., 21 (1973) 185-192.

[115] *C.G.J. JACOBI* - De fractione continue, in quam integrale $\int_x^\infty e^{-x^2}\,dx$ evoldere licet - J. für die reine u. angew. math., 12 (1834), 346-347.

[116] *C.G.I. JACOBI* - Uber die Darstellung einer Reice gegebener Werte durch eine gebrochene Rationale Funktion - J. Reine u. angew. Math., 30 (1846) 127-156.

[117] *W.B. JONES, W.J. THRON* - On convergence of Padé approximants - SIAM J. Math. Anal., 6 (1975) 9-16.

[118] *D.C. JOYCE, W.J. THRON* - Survey of extrapolation processes in numerical analysis - SIAM Rev., 13 (1971) 435-490.

[119] *D.K. KAHANER* - Numerical quadrature by the ε-algorithm - Math. Comp., 26 (1972) 689-694.

[120] *L.V. KANTOROVITCH, G.P. AKILOV* - Functional analysis in normed spaces - Pergamon Press, 1964.

[121] *S.M. KEATHLEY, T.J. AIRD* - Stability theory of multistep methods - NASA - TN - D - 3976.

[122] *A. Ya. KHINTCHINE* - Continued fractions - P. Noordhoff, Groningen, 1963.

[123] *A.N. KHOVANSKII* - The application of continued fractions and their generalizations to problems in approximation theory - P. Noordhoff, Groningen, 1963.

[124] *L. KRONECKER* - Zur Theorie der Elimination einer Variabeln aus swei algeraischen Gelichungen - Montasber. Konigl. Preuss. Akad. Wiss. Berlin (1881) 535-600.

[125] *J.D. LAMBERT* - Nonlinear methods for stiff systems of ordinary differential equations - dans "Conference on the numerical solution of differential equations", Lecture Notes in Mathematics 363, Springer-Verlag, 1974.

[126] *F.M. LARKIN* - A class of methods for tabular interpolation - Proc. Cambridge Phil. Soc., 63 (1967) 1101-1114.

[127] *F.M. LARKIN* - Some techniques for rational interpolation - Computer J., 10 (1967) 178-187.

[128] *P.J. LAURENT* - Etude de procédés d'extrapolation en analyse numérique - thèse, Grenoble, 1964.

[129] *R.N. LEA* - On the stability on numerical solutions of ordinary differential equations - NASA - TN - D - 3760.

[130] *D. LEVIN* - Development of non-linear transformations for improving convergence of sequences - Intern. J. Comp. Math., B3 (1973) 371-388.

[131] *D. LEVIN* - Numerical inversion of the Laplace transform by accelerating the convergence of Bromwich's integral - J. Comp. Appl. Math., 1 (1975) 247-250.

[132] *G. LEVY-SOUSSAN* - Application des fractions continues à la programmation de quelques fonctions remarquables - Thèse 3ème cycle, Grenoble, 1962.

[133] *I.M. LONGMAN* - Computation of the Padé table - Intern. J. Comp. Math., 3B (1971) 53-64.

[134] *I.M. LONGMAN* - Numerical Laplace transform inversion of a function arising in viscoelasticity - J. Comp. Phys., 10 (1972) 224-231.

[135] *I.M. LONGMAN, M. SHARIR* - Laplace transform inversion of rational functions - Geophys. J. R. astr. Soc., 25 (1971) 299-305.

[136] *J.N. LYNESS, B.W. NINHAM* - Numerical quadrature and asymptotic expansions - Math. Comp., 21 (1967) 162-178.

[137] *A. MARKOV* - Deux démonstrations de la convergence de certaines fractions continues - Acta Math., 19 (1895) 93-104.

[138] *I. MARX* - Remark concerning a nonlinear sequence to sequence transformation J. Math. Phys., 42 (1963) 334-335.

[139] *J.B. McLEOD* - A note on the ε-algorithm - Computing, 7 (1971) 17-24.

[140] *J. MEINGUET* - On the solubility of the Cauchy interpolation problem - dans "Approximation theory", A. Talbot ed., Academic Press, 1970.

[141] *S.E. MIKELADZE* - Numerical methods of mathematical analysis - AEC - TR - 4285.

[142] *L.M. MILNE-THOMSON* - The calculus of finite differences - Macmillan, London, 1965.

[143] *P. MONTEL* - Leçons sur les récurrences et leurs applications - Gauthier-Villars, 1957.

[144] *R. DE MONTESSUS DE BALLORE* - Sur les fractions continues algébriques - Bull. Soc. Math. de France, 30 (1902) 28-36.

[145] *E.H. MOORE* - On the reciprocal of the general algebraic matrix - Bull. Amer. Math. Soc., 26 (1920) 394-395.

[146] *J.M. ORTEGA, W.C. RHEINBOLDT* - Iterative solution of nonlinear equations in several variables - Academic Press, New York, 1970.

[147] *A.M. OSTROWSKI* - Solution of equation and systems of equations - Academic Press, 1966.

[148] *K.J. OVERHOLT* - Extended Aitken acceleration - BIT, 5 (1965) 122-132.

[149] *H. PADE* - Sur la représentation approchée d'une fonction par des fractions rationnelles - Ann. Ec. Norm. Sup., 9 (1892) 1-93.

[150] *R. PENNACCHI* - La transformazioni razionali di una successione - Calcolo, 5 (1968) 37-50.

[151] *R. PENROSE* - A generalized inverse for matrices - Proc. Cambridge Phil. Soc., 51 (1955) 406-413.

[152] *O. PERRON* - Die Lehre von dem Kettenbrüchen - Chelsea Pub. Co., New York, 1950.

[153] *D. PETIT* - Etude de la transformation G - Mémoire de DEA, Lille, 1975.

[154] *D. PETIT* - Etude de certains procédés d'accélération de la convergence - Thèse 3ème cycle, Lille, à paraître.

[155] *A. PEYERIMHOFF* - Lectures on summability - Springer-Verlag, 1969.

[156] *R. PIESSENS* - Numerical evaluation of Cauchy principal values of integrals - BIT, 10 (1970) 476-480.

[157] *C. PISOT, M. ZAMANSKY* - Mathématiques Générales - Dunod, Paris, 1966.

[158] Procédures Algol en analyse numérique, tome 2 - CNRS, Paris, 1972.

[159] *W.C. PYE, T.A. ATCHISON* - An algorithm for the computation of higher order G-transformation - SIAM J. Numer. Anal., 10 (1973) 1-7.

[160] *L.D. PYLE* - A generalized inverse ε-algorithm for constructing intersection projection matrices, with applications - Numer. Math., 10 (1967) 86-102.

[161] *L.F. RICHARDSON* - The deferred approach to the limit - Trans. Phil. Roy. Soc., 226 (1927) 261-299.

[162] *A.C. RIEU* - Contribution à la résolution des problèmes différentiels à condition en deux ou plusieurs points - Thèse 3ème cycle, Paris, 1973.

[163] *J. RISSANEN* - Recursive evaluation of Padé approximants for matrix sequences - IBM J. Res. Develop., (juillet 1972) 401-406.

[164] *H. RUTISHAUSER* - Der quotienten, differenzen algorithms - Birkhauser Verlag, 1957.

[165] *E.B. SAFF, R.S. VARGA* - Convergence of Padé approximants to e^{-z} on unbounded sets - J. Approx. Theory, 13 (1975) 470- 488.

[166] *E.B. SAFF, R.S. VARGA* - On the zeros and poles of Padé approximants to e^z - Numer. Math., 25 (1975) 1-14.

[167] *E.B. SAFF, R.S. VARGA, W.C. NI* - Geometric convergence of rational approximations to e^{-z} in infinite sectors - Numer. Math., 26 (1976) 211-225.

[168] *J.R. SCHMIDT* - On the numerical solution of linear simultaneous equations by an iterative method - Phil. Mag., 7 (1951) 369-383.

[169] *R.E. SHAFER* - On quadratic approximantion - SIAM J. Numer. Anal., 11 (1974) 447-460.

[170] *D. SHANKS* - Non linear transformations of divergent and slowly convergent series - J. Math. Phys., 34 (1955) 1-42.

[171] *T.J. STIELTJES* - Recherches sur les fractions continues - Ann. Fac. Sci. Univ. Toulouse, 8 (1894) 1-122.

[172] *J. STOER* - Uber zwei algorithmen zur interpolation mit rationalen funktionen - Numer. Math., 3 (1961) 285-304.

[173] *H.C. THACHER Jr., J.W. TUKEY* - Rational interpolation made easy by recursive algorithm - manuscript non publié, 1960.

[174] *T.N. THIELE* - Interpolationsrechnung - Teubner, 1909.

[175] *W.F. TRENCH* - An algorithm for the inversion of finite Hankel matrices - SIAM J. Appl. Math., 13 (1965) 1102-1107.

[176] *R.P. TUCKER* - Remark concerning a paper by Imanuel Mark - J. Math. Phys., 45 (1966) 233-234.

[177] *S.Y. ULM* - Extension of Steffensen's method for solving operator equations - USSR Comp. Math. Phys., 4 (1964) 159-165.

[178] *C. UNDERHILL, A. WRAGG* - Convergence properties of Padé approximants to exp (z) and their derivatives - J. Inst. Maths. Applics., 11 (1973) 361-367.

[179] *A. VAN DER SLUIS* - General orthogonal polynomials - Thèse, Univ. d'Utrecht, 1956.

[180] *H. VAN ROSSUM* - A theory of orthogonal polynomials based on the Padé table - Van Gorcum, Assen, 1953.

[181] *H. VAN ROSSUM* - Contiguous orthogonal systems - Koninkl. Nederl. Akad. Wet., 63 A (1960) 323-332.

[182] *H. VAN ROSSUM* - Systems of orthogonal and quasi orthogonal polynomials connected with the Padé table - Koninkl. Nederl. Akad. Wet. 58 A (1955) 517-534 et 675-682.

[183] *E.B. VAN VLECK* - On the convergence of the continued fraction of Gauss and other continued fractions - Ann. Math., 3 (1901) 1-18.

[184] *Yu. VOROBYEV* - Method of moments in appleid mathematics - Gordon and Breach, New York, 1965.

[185] *H.S. WALL* - The analytic theory of continued fractions - Van Nostrand, New York, 1948.

[186] *D.D. WARNER* - An extension of Saff's theorem on the convergence of interpolating rational functions - J. Approx. Theory, à paraître.

[187] *D.D. WARNER* - Hermite interpolation with rational functions - Thèse, Univ. de Californie, 1974.

[188] *D.V. WIDDER* - The Laplace transform - Princeton University Press, 1946.

[189] *L. WUYTACK* - A new technique for rational extrapolation to the limit - Numer. Math., 17 (1971) 215-221.

[190] *L. WUYTACK* - An algorithm for rational interpolation similar to the qd-algorithm - Numer. Math., 20 (1973) 418-424.

[191] *L. WUYTACK* - On some aspects of the rational interpolation problem - SIAM J. Numer. Anal., 11 (1974) 52-60.

[192] *L. WUYTACK* - On the osculatory rational interpolation problem - Math. Comp., 29 (1975) 837-843.

[193] *L. WUYTACK* - Numerical integration by using nonlinear techniques - J. Comp. Appl. Math., à paraître.

[194] *L. WUYTACK* - The use of Padé approximation in numerical integration - dans "Padé approximants method and its applications to mechanics", Lecture Notes in Physics 47, H. Cabannes ed., Springer-Verlag.

[195] *P. WYNN* - Upon an invariant associated with the epsilon algorithm - MRC Technical summary report 675 (1966).

[196] *P. WYNN* - Sur les suites totalement monotones - C.R. Acad. Sc. Paris, 275 A (1972) 1065-1068.

[197] *P. WYNN* - The numerical efficiency of certain continued fraction expansions - Koninkl. Nederl. Akad. Wet., 65 A (1962) 127-148.

[198] *P. WYNN* - On a connection between the first and the second confluent form of the ε-algorithm - Nieuw. Arch. Wisk., 11 (1963) 19-21.

[199] *P. WYNN* - Upon a second confluent form of the ε-algorithm - Proc. Glasgow Math. Soc., 5 (1962) 160-165.

[200] *P. WYNN* - Upon the inverse of formal power series over certain algebras Centre de recherches mathématiques, Université de Montréal, 1970.

[201] *P. WYNN* - Upon the generalized inverse of a formal power series with vector valued coefficients - Compositio Math., 23 (1971) 453-460.

[202] *P. WYNN* - Sur l'équation aux dérivées partielles de la surface de Padé - C.R. Acad. Sc. Paris, 278 A (1974) 847-850.

[203] *P. WYNN* - Uber finen interpolations - algorithmus und gewise andere formeln, die in der theorie der interpolation durch rationale funktionen bestehen - Numer. Math., 2 (1961) 151-182.

[204] *P. WYNN* - Difference - differential recursions for Padé quotients - Proc. London Math. Soc., 23 (1971) 283-300.

[205] *P. WYNN* - A general system of orthogonal polynomials - Quart. J. Math., 18 ser. 2 (1967) 69-81.

[206] *P. WYNN* - Some recent developments in the theories of continued fractions and the Padé table - Rocky Mountains J. Math., 4 (1974) 297-324.

[207] *P. WYNN* - Upon the diagonal sequences of the Padé table - MRC Technical summary report 660, Madison, 1966.

[208] *P. WYNN* - Extremal properties of Padé quotients - Acta Math. Acad. Sci. Hungaricae, 25 (1974) 291-298.

[209] *P. WYNN* - Upon a convergence result in the theory of the Padé table - Trans. Amer. Math. Soc., 165 (1972) 239 - 249.

[210] *P. WYNN* - Zur theorie der mit gewissen speziellen funktionen verknüpften Padèschen tafeln - Math. Z., 109 (1969) 66-70.

[211] *P. WYNN* - Upon the Padé table derived from a Stieltjes series - SIAM J. Numer. Anal., 5 (1968) 805-834.

[212] *P. WYNN* - Upon systems of recursions which obtain among the quotients of the Padé table - Numer. Math., 8 (1966) 264-269.

[213] *P. WYNN* - L'ε-algoritmo e la tavola di Padé - Rend. di Mat. Roma, 20 (1961) 403-408.

[214] *P. WYNN* - Upon a conjecture concerning a method for solving linear equations, and certain other matters - MRC technical summary report 626, Madison, 1966.

[215] *P. WYNN* - Continued fractions whose coefficients obey a noncommutative law of multiplication - Arch. Rat. Mech. Anal., 12 (1963) 273-312.

[216] *P. WYNN* - A note on the convergence of certain noncommutative continued fractions - MRC technical summary report 750, Madison, 1967.

[217] *P. WYNN* - Vector continued fractions - Linear Algebra, 1 (1968) 357-395.

[218] *P. WYNN* - Upon the definition of an integral as the limit of a continued fraction - Arch. Rat. Mech. Anal., 28 (1968) 83-148.

[219] *P. WYNN* - An arsenal of Algol procedures for the evaluation of continued fractions and for effecting the epsilon algorithm - Chiffres, 9 (1966) 327-362.

[220] *P. WYNN* - Four lectures on the numerical application of continued fractions - CIME summer school lectures, 1965.

[221] *P. WYNN* - Partial differential equations associated with certain nonlinear algorithms - ZAMP, 15 (1964) 273-289.

[222] *P. WYNN* - A numerical method for estimating parameters in mathematical models - Centre de recherches mathématiques, Univ. de Montréal, rep. CRM, 443, 1974.

[223] *P. WYNN* - On a device for computing the $e_m(S_n)$ transformation - MTAC, 10 (1956) 91-96.

[224] *P. WYNN* - A convergence theory of some methods of integration - J. Reine Angew. Math., 285 (1976) 181-208.

[225] *P. WYNN* - Acceleration techniques in numerical analysis with particular reference to problems in one independant variable - Proc. IFIP Congress, North Holland, (1962) 149-156.

[226] *P. WYNN* - A note on programming repeated application of the ε-algorithm - Chiffres, 8 (1965) 23-62.

[227] *P. WYNN* - The rational approximation of functions which are formally defined by a power series expansion - Math. Comp., 14 (1960) 147-186.

[228] *P. WYNN* - The abstract theory of the epsilon algorithm - Centre de recherches mathématiques n°74, Univ. de Montréal, 1971.

[229] *P. WYNN* - Upon a hierarchy of epsilon arrays - Louisiana State Univ., New Orleans, techn. rep. 46, 1970.

[230] *P. WYNN* - Invariants associated with the epsilon algorithm and its first confluent form - Rend. Circ. Mat. Palermo, (2) 21 (1972) 31-41.

[231] *P. WYNN* - Singular rules for certain nonlinear algorithms - BIT, 3 (1963) 175-195.

[232] *P. WYNN* - A sufficient condition for the instability of the ε-algorithm - Nieuw. Arch. Wisk., 3 (1961) 117-119.

[233] *P. WYNN* - On the propagation of error in certain nonlinear algorithms - Numer. Math., 1 (1959) 142-149.

[234] *P. WYNN* - On the convergence and stability of the epsilon algorithm - SIAM J. Numer. Anal., 3 (1966) 91-122.

[235] *P. WYNN* - Hierarchies of arrays and function sequences associated with the epsilon algorithm and its first confluent form - Rend. Mat. Roma, 5 (1972) 819-852.

[236] *P. WYNN* - Accélération de la convergence de séries d'opérateurs en analyse numérique - C.R. Acad. Sc. Paris, 276 A (1973) 803-806.

[237] *P. WYNN* - Transformations de séries à l'aide de l'ε-algorithme - C.R. Acad. Sc. Paris, 275 A (1972) 1351-1353.

[238] *P. WYNN* - Upon some continuous prediction algorithms - Calcolo, 9 (1972) 197-234 and 235-278.

[239] *P. WYNN* - Confluent forms of certain nonlinear algorithms - Arch. Math., 11 (1960) 223-234.

[240] *P. WYNN* - A note on a confluent form of the ε-algorithm - Arch. Math., 11 (1960) 237-240.

[241] *P. WYNN* - On a procrustean technique for the numerical transformation of slowly convergent sequences and series - Proc. Camb. Phil. Soc., 52 (1956) 663-671.

[242] *P. WYNN* - Acceleration techniques for iteraded vector and matrix problems - Math. Comp., 16 (1962) 301-322.

[243] *K. YOSIDA* - Functional analysis - Springer-Verlag, 1968.

[244] *M. ZAMANSKY* - Introduction à l'algèbre et à l'analyse modernes - Dunod, Paris, 1967.

[245] *J. ZINN-JUSTIN* - Strong interactions dynamics with Padé approximants - Phys. Lett., 1 C (1971) 55-102.

INDEX